36种引进蔬菜

栽培技术

韩世栋 等　编著

中国农业出版社

图书在版编目（CIP）数据

36种引进蔬菜栽培技术/韩世栋等编著．—北京：中国农业出版社，2012.11
（种菜新亮点丛书）
ISBN 978-7-109-17211-1

Ⅰ.①3… Ⅱ.①韩… Ⅲ.①蔬菜园艺 Ⅳ.①S63

中国版本图书馆CIP数据核字（2012）第228006号

中国农业出版社出版
（北京市朝阳区农展馆北路2号）
（邮政编码 100125）
责任编辑 徐建华

北京中科印刷有限公司印刷 新华书店北京发行所发行
2012年12月第1版 2012年12月北京第1次印刷

开本：850mm×1168mm 1/32 印张：9.25
字数：232千字 印数：1～6 000册
定价：30.00元

作 者 名 单

韩世栋　周桂芳　王广印
冯学军　任大文

前言

引进蔬菜也叫西洋蔬菜，是指从境外引进栽培生产的高档蔬菜品种，包括稀有蔬菜、彩色蔬菜、观赏蔬菜、水果蔬菜、出口专用品种、替代国内品种等蔬菜类型。与国内其他蔬菜相比较，引进蔬菜在市场营销、营养保健、出口创汇、观赏以及增产增收等方面具有明显的优势。经过 20 多年的发展，特别是随着人们生活水平和消费水平的不断提高，现在引进蔬菜已走进寻常市民的餐桌，并成为人们相互馈赠的佳品，是大中城市蔬菜超市里的走俏蔬菜，同时也丰富和完善了国内蔬菜的种类与花色品种，为蔬菜的品种选育提供了种质资源，推进了国内蔬菜育种工作的发展。另外，作为以出口为主要目的的引进蔬菜，在国内也得到了迅猛的发展，成为出口蔬菜的主力。引入的观赏蔬菜具有优雅的株姿、奇特的外形或绚丽的色泽，已经成为观赏植物中的新宠。目前，种植引进蔬菜已经成为一种新潮，种植规模也扩大较快，在一些地方已经基本或完全取代当地的地方品种，成为主栽品种，发展引进蔬菜大有可为。

为适应新形势发展的需要，指导引进蔬菜生产的发展，在中国农业出版社的安排下，我们编写了《36 种引进蔬菜栽培技术》一书。

该书详细介绍了引进蔬菜的种类、引进蔬菜的生产优势和生产特点；引进蔬菜的栽培季节、保护地栽培茬口安排，以及引进蔬菜的无土栽培技术、立体种植技术、病虫害综合防治技术等配套生产措施；详细介绍了水果黄瓜、洋香瓜、微型西瓜、樱桃番茄、水果玉米等 10 种主要引进水果蔬菜的栽培特性，介绍了芦笋、日本大葱、牛蒡、西兰花等 7 种主要引进出口蔬菜的栽培特性，介绍了观赏南瓜、巨型南瓜、观赏葫芦、观赏辣椒等 12 种引进观赏蔬菜的栽培特性，介绍了荷兰豆、黄秋葵、芦荟等 7 种其他引进蔬菜的栽培特性。

该书语言通俗易懂，介绍的技术先进、实用，适合广大引进蔬菜生产技术指导人员和生产者阅读。由于时间仓促和作者的水平有限，书中错误之处在所难免，恭请批评指正。

作　者

2012 年 2 月 9 日

目 录

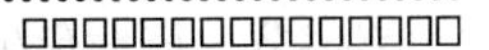

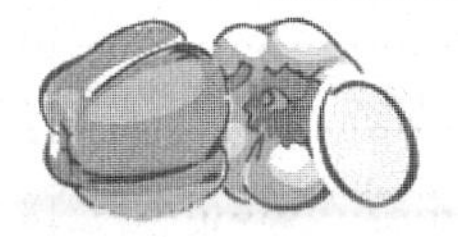

第一章 引进蔬菜生产概况

引进蔬菜也叫西洋蔬菜，是指从境外引进栽培生产的高档蔬菜品种。引进蔬菜早期主要在一些大城市郊区进行种植，重点供应高档饭店、宾馆以及主要节日用菜，同时一些引进蔬菜还是我国出口创汇农业的重要内容之一。经过 20 多年的发展，特别是随着人们生活水平和消费水平的不断提高，现在引进蔬菜已走进寻常市民的餐桌，并成为人们相互馈赠的佳品，是大中城市蔬菜超市里的走俏蔬菜。与此同时，随着我国农业对外交流的扩大，特别是一些工业发达国家对我国蔬菜出口依赖度的提高，出口蔬菜的种类与数量也与日俱增，引进蔬菜的出口份额也逐年增大，种植引进蔬菜的农户也因此获得可观的经济收入。

第一节　引进蔬菜的种类

引进蔬菜种类繁多，主要包括以下几种类型：

一、稀有蔬菜

稀有蔬菜是与大宗蔬菜相对而言的，是指在一定范围和一定时期内，生产面积小、产品数量少，不被多数人所认识、消费不多的蔬菜种类。

近些年来，我国引入的稀有特种蔬菜（包括一些新种类、变种、品种类型等）多用于出口创汇，专门加工外销或满足境内涉外单位外国消费者的需要，其经济效益较高。稀有蔬菜主要包括芦笋、牛蒡、西兰花、甜玉米、荷兰豆等。

稀有蔬菜的特点：

1. **风味各异，独特别致** 人们经常食用大宗菜，口味日感俗烦，风味已觉淡然。如果换用未食之稀有特种蔬菜，口味为之一新，食欲大增，在短期内因新异而吸引食客，随着餐桌上食品逐渐丰富，大多数稀特菜因其或诱人的香味，或鲜艳的色泽，或独特的形状，而会长期独占餐桌一席之地，这是稀有特种蔬菜能占领市场的重要原因。

2. **营养丰富** 很多稀特蔬菜，不仅含有丰富的蛋白质、脂肪、淀粉和碳水化合物等多种元素，而且还含有多种微量元素及多种氨基酸成分，如芦笋富含天冬酰胺和微量元素硒、钼、铬、锰等，其含量均高于一般水果和蔬菜；西兰花含有大量的蛋白质、脂肪、磷、铁、胡萝卜素、维生素 B_1、维生素 B_2 和维生素C、维生素A等，尤以维生素C丰富，每100克含88毫克，仅次于辣椒，是蔬菜中含量最高的一种；牛蒡茶含有丰富的蛋白质、钙、维生素，其中胡萝卜素的含量是胡萝卜的150倍。

3. **药菜兼用，强身防病** 很多稀有蔬菜具有药用价值。如西兰花含有“索弗拉芬”能刺激细胞制造对机体有益的保护酶——Ⅱ型酶。这种具有非常强的抗癌活性酶，可使细胞形成对抗外来致癌物侵蚀的膜，对防止多种癌症起到积极的作用；牛蒡含有维生素B，少量生物碱与脂肪油，油中主要成分为棕搁酸、硬脂酸、花生酸、油酸、α-亚油酸、牛蒡甾醇，经常食用牛蒡根有促进血液循环、清除肠胃垃圾、防止人体过早衰老、润泽肌肤、防止中风和高血压、清肠排毒、降低胆固醇和血糖，对癌症和尿毒症也有很好的预防和抑制作用。

4. **以供特需，出口换汇** 由境外引进的很多稀特蔬菜，开始多为涉外宾馆、饭店之特需，有些稀有特种蔬菜如芦笋、西兰花、牛蒡等在我国落户后，生长繁茂，产量高，质量优，却又成为我国出口创汇的重要蔬菜。

由于稀有特种蔬菜具有以上特点，加之生产量少，物以稀为贵，所以栽培稀有特种蔬菜经济效益较为可观。随着市场需求量的逐渐增加，很多菜农种植稀有特种蔬菜取得了较好的经济效益，从而走上了致富的道路。

二、彩色蔬菜

彩色蔬菜是指较常规蔬菜具有明显不同皮色或肉色的蔬菜。彩色蔬菜具有鲜艳的色彩，给人以赏心悦目的感觉。

目前，我国引入的彩色蔬菜主要有彩色辣椒、五彩番茄、紫色甘蓝、彩色茄子、红色菠菜等。

彩色蔬菜的主要特点：

1. 彩色蔬菜与普通蔬菜一样具有较高的营养价值，可以食用，适合多种形式的加工，尤其适合生食或做色拉、凉拌菜等，以保持其特色的颜色，特别是将彩色蔬菜与其他普通蔬菜进行颜色搭配，五颜六色的蔬菜更能改善人的心情，引起食欲。

2. 彩色蔬菜具有一定的观赏价值，适合进行观赏种植，具有观赏与食用双重功能。有些彩色蔬菜还含有丰富的维生素、色素等，具有较高的保健功效。近年来，彩色蔬菜在日本、中国台湾等地较为流行。在日本，叶柄和叶脉都是红色的菠菜因为做沙拉非常好看而广受欢迎。而在我国台湾，人们认为色彩与人体健康关系极其密切，彩色蔬菜畅销源于此。

3. 彩色蔬菜在我国栽培的时间尚较短，主要分布于大中城市附近以及主要蔬菜生产基地和绿色观光园中，属于稀有蔬菜，市场价格高。例如，普通辣椒价格一般每千克不超过 6 元，而彩色辣椒每千克最高可卖到 30 元以上；普通萝卜一般每千克价格 0.9 元左右，而红皮萝卜每千克能卖 1.5 元以上。因此，发展彩色蔬菜生产具有很大的经济空间。

三、观赏蔬菜

观赏蔬菜是指具有优雅的株姿、奇特的外形或绚丽的色泽，有极强观赏价值的蔬菜。

目前我国引入的观赏蔬菜主要有观赏茄子、观赏辣椒、迷你番茄、观赏南瓜，观赏葫芦、羽叶甘蓝等。

观赏蔬菜主要有以下特点：

（1）*多姿多彩* 观赏蔬菜种类繁多，有以特殊的果实形状作为观赏点，如大多数观赏葫芦、观赏南瓜，果实大小、形状丰富多样，有的大如磐石，有的小如珍珠，有的形似玉盘，有的形似铁锤，还有的形似磨盘等，形状奇异、古怪构成其主要观赏点；有的以特别的植株性状作为其观赏点，如羽衣甘蓝，以其特殊的羽状叶片构成其观赏点；有的以特殊的果实颜色构成其观赏点，如观赏茄子、迷你番茄等，均以与普通茄子和番茄不同的果实颜色构成其主要的观赏点。

（2）*观赏蔬菜所提供的审美享受与各种花卉相比毫不逊色* 例如五色辣椒，一株之中有青、红、黄、紫等颜色，而且在果实成熟过程中会慢慢地由绿变红或变黄，最终形成顶端红黄相杂、底部青翠相拥的亮丽色彩，美丽动人；再如迷你番茄，看上去枝叶舒展，枝条下附着的点点明珠，或绿似玛瑙，或粉如桃花，或红胜朝阳，让人爱不释手。

（3）*观赏蔬菜属于稀有蔬菜，价格较高* 观赏蔬菜在我国栽培的时间尚较短，主要分布于大中城市附近的绿色观光园中，属于稀有蔬菜，市场价格高，如一只普通观赏葫芦售价5元以上，而同样大小的菜葫芦售价还不到1元钱。

（4）观赏蔬菜以其具有观赏、食用、绿化、美化环境等多种功能而受到人们的喜爱，目前主要用于城市和休闲旅游风景区的美化，在城市观光农业园中，观赏蔬菜由于其速生性和易栽培等特点而成为了主流栽培植物，成为观光园中的主要美景。

近几年，随着观光蔬菜新品种的不断开发，既能当花卉进行观赏，又能作为蔬菜进行食用的观赏蔬菜正逐步进入普通百姓家中，成为探视病人、馈赠亲友的佳品之一。发展观赏蔬菜，前景广阔。

四、水果蔬菜

是指外形美观、小巧，适合生食，以做水果用为主要用途的一类蔬菜。

常见的水果蔬菜有微型黄瓜、樱桃番茄、微型西瓜、洋香瓜、水果玉米、生菜、萝卜、草莓等。目前我国栽培的水果蔬菜大多引自境外。

水果蔬菜的主要特点如下：

（1）水果蔬菜更适合生食　水果蔬菜通常具有体形较小、颜色鲜艳、口感好等特点，虽然它们仍然属于蔬菜，但是它们已经不像常规蔬菜那样具有良好的烹饪特性。因此，水果蔬菜的生食品质远远高于熟食品质。

（2）水果蔬菜大多体形较小，色泽丰富，适合搭配包装销售　如水果黄瓜、水果番茄、水果甜椒、水果萝卜等搭配包装，红色、黄色、绿色等多种颜色搭配，色彩丰富、美观，更能引起人们的食欲。

（3）水果蔬菜大多属于稀有蔬菜，产品价格高，如著名的水果萝卜——山东潍县萝卜，淡季销售，每个（0.4千克左右重）售价5元左右，旺季销售也要2元左右一个，而普通萝卜则合计不到0.4元一个。

（4）与普通的苹果、梨、葡萄等水果不同，水果蔬菜可以通过保护地进行常年栽培，使其一年四季都能够以新鲜的产品上市供应，从而保持产品的鲜艳和新鲜，更能受到市民的喜欢。

近年来，随着人们生活水平的不断提高，对食品的多样性要求也逐年提升，传统的苹果、梨、桃、葡萄等季节性较强的水果正逐渐淡出人们的生活，而花色品种众多、即采即食的各类水果蔬菜正逐步走进大小饭店和千家万户，成为饭店宾馆每餐必备的时尚食用项目，也成为家庭招待亲朋好友的重要水果之一。

五、出口专用品种

主要指一些在国内种植生产，产品以出口创汇为主的蔬菜，如日本大葱、日本洋葱、韩国白萝卜，以及牛蒡、芦笋、紫苏等。

出口专用品种目前在国内的种植规模相对较小，主要集中于一些蔬菜出口生产基地，对生产技术的要求也比较严格，必须按照蔬菜进口国的卫生标准进行生产。

六、替代国内品种

主要包括一些较国内当前广泛栽培的蔬菜品种在早熟性、产量、品质、加工特性等方面优势明显的蔬菜品种，如从韩国引进的茄子品种紫阳长茄、长川茄子等，引入的辣椒品种长虹辣椒、红利辣椒、单生六号等；从日本引入的春美大白菜高山栽培品种、黄心大白菜等，还有引自日本的大葱品种、洋葱品种等；引自欧美的番茄、茄子、辣椒、生菜品种等。

引进的优良蔬菜品种，较好地弥补了国内已有蔬菜在早熟性、品质、产量、适应性、抗病性等方面的不足，栽培规模扩大较快，以致有些品种在很大程度上还取代了当地的主栽蔬菜品种，成为新的主栽品种。

第二节　引进蔬菜生产优势

与国内长期栽培的普通蔬菜相比较，引进蔬菜具有以下几方面的生产优势：

一、市场优势

相对我国地方蔬菜而言，引进蔬菜大多具有形状、产量、营养、色泽等方面的优势，较受人们的喜爱，加之引进蔬菜的种植范围大多偏小、种子价格昂贵、种植规模有限、生产量少等原因，以致引进蔬菜的价格多偏高，主要在各大城市中的超市销售，属于高档蔬菜。

二、营养保健优势

目前，国内普遍种植的引进蔬菜，大部分是以其具有独特的营养保健功能而被引入的。如：西兰花中含有丰富的硫葡萄糖甙，抗癌作用十分明显，长期食用可以减少乳腺癌、直肠癌及胃癌等癌症的发病，健康的人经常食用西兰花也能起到预防癌症的作用；牛蒡根有促进血液循环、清除肠胃垃圾、防止人体过早衰老、润泽肌肤、防止中风和高血压、清肠排毒、降低胆固醇和血糖，并适合糖尿病患者长期食用（因牛蒡根中含有菊糖），类风湿，抗真菌有一定疗效，对癌症和尿毒症也有很好的预防和抑制作用，因此被誉为大自然的最佳清血剂；黄秋葵中的维生素 A 能有效地防护视网膜，确保良好的视力，防止白内障的产生，还可以增强人体的耐力，因此黄秋葵在国际上享有“植物伟哥”之美誉。

三、出口优势

由于引进用于出口用蔬菜的各项主要形状符合进口国的消费要求，出口效益较好，特别是为迎合出口国的消费习惯而引进的专用品种，更是出口蔬菜的主体。如引入的出口专用厚皮番茄品种，出口专用的表皮光滑黄瓜品种，引入的专门用于出口日本和韩国的大葱和洋葱品种等；另外，出口芦笋和牛蒡等也主要种植由境外引入的品种。

四、观赏优势

观赏蔬菜种植方面，境外一些农业发达国家和地区起步较早，蔬菜的花色品种也比较多，是目前我国观赏蔬菜种植的主要品种来源，广泛种植于各农业生态园、示范园中。如：广泛种植的微型南瓜、微型番茄、观赏辣椒、观赏茄子、观赏葫芦、彩色辣椒、彩色甜菜等品种主要引自境外。

五、增产增收优势

引进蔬菜大都具有丰产性，有很强的抗病抗逆性，适应性强、商品性状佳等明显的优势，特别是为改进国内某类蔬菜的生产性状不佳现状而引进的蔬菜品种，在丰产性和品质等方面，优势更为明显，增产性好，市场价格高，增产增收明显。一般增产30％～50％，年收入比种植普通大路蔬菜增加近1倍。因此，在我国种植推广有利用价值的西洋蔬菜，是一条极有效的致富新途径。

第三节　引进蔬菜生产特点

目前，引进蔬菜无论从栽培规模还是生产效益方面，所占比例均比较小，属于新兴蔬菜的一部分。与普通蔬菜相比较，引进蔬菜具有以下主要生产特点：

一、生产规模小

引进蔬菜往往带有明确的目的性，其用途也大多较为单一。因此，与国内广泛种植的大路蔬菜相比较，大部分引进蔬菜还属于稀有蔬菜，价格高，没有被广泛认可和接受，特别是在中小城市和广大农村，由于引进蔬菜的市场很小，大多只是被零星种植。目前，引进蔬菜主要局限于大中城市附近以及大中型蔬菜生产基地种植。

二、蔬菜品种数量少

我国引进蔬菜的生产开发工作起步较晚，其中，彩色蔬菜、观赏蔬菜、出口蔬菜和水果蔬菜的品种开发工作目前还处于刚刚起步阶段，大量的品种引自境外，国内自主研制的品种也大多来自对境外引进品种的改良后代，加上引进蔬菜的种子大多价格昂贵，是国内同类种子价格的数倍乃至十几倍，并且种植规模有限，因此目前我国的引进蔬菜种类以及品种数量均较少。

三、要求精细栽培

引进蔬菜属于精细蔬菜，大多进超市销售，对产品质量要求较高。因此，对栽培环境要求较为严格，不仅对栽培场地的质量要求较高，而且生产过程中还要求精心管理，按照有关质量标准进行生产，使产品符合超市销售的质量要求。

四、设施栽培为主

引进蔬菜对栽培环境条件的要求比较高，为保持良好的生产环境，目前生产上大多采取设施栽培，主要有日光温室栽培、智能温室栽培和塑料大棚栽培等。

另外，引进蔬菜大多要求以鲜菜上市，并且一年四季均要求有鲜菜供应，这也要求必须以设施栽培为主。

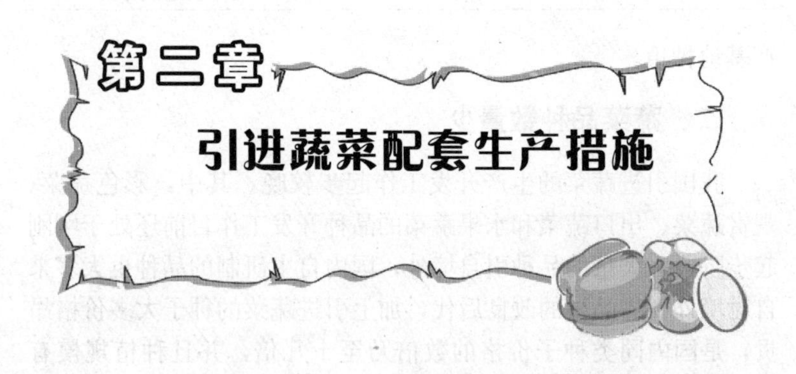

第一节　标准化生产

引进蔬菜作为一种高档蔬菜，其生产过程是受到严格控制的，特别是以食用为主要目的的引进蔬菜，对栽培环境、肥料和农药的使用、灌溉水质量以及产品质量等均有严格的要求，以确保产品的高档性。因此，高档引进蔬菜生产必须严格实行标准化生产。目前，我国引进蔬菜主要执行的是国家农业部颁发的绿色食品标准。

绿色蔬菜是指遵循可持续发展原则，按照特定生产方式生产，经专门机构认定，许可使用绿色食品商标标志的无污染的安全、优质、营养类蔬菜。可持续发展原则的要求是，生产的投入量和产出量保持平衡，既要满足当代人的需要，又要满足后代人同等发展的需要。

绿色食品分为 A 级和 AA 级两大类。

“AA”级绿色蔬菜：指在生态环境质量符合规定标准的产地，生产过程中不使用任何有害化学合成物质，按特定的生产操作规程生产、加工，产品质量及包装经检测、检查符合特定标准，经中国绿色食品发展中心认定，允许使用绿色食品标志的产品（与国际上的有机食品是一致的）。

“A”级绿色蔬菜：指在生态环境质量符合规定标准的产地，生产过程中允许限量使用限定的化学合成物质，其余条件与

“AA”级绿色蔬菜相同。

一、绿色蔬菜产地选择

1. **地域要求**　绿色蔬菜的生产基地必须具备良好的生态环境，应选择远离城市、工矿区及主干公路的地块。其次要考虑交通方便、土壤肥沃、地势平坦、排灌良好、适宜蔬菜生长、利于天敌繁衍及便于销售等条件。

2. **大气环境质量要求**　基地的大气环境质量要符合中华人民共和国农业行业标准《绿色食品产地环境技术条件》（表1）要求。

表1　空气中各项污染物的指标要求（标准状态）

项　目		指　标	
		日平均	1小时平均
总悬浮颗粒物（TSP），克/米^3	≤	0.30	—
二氧化硫（SO_2）毫克/米^3	≤	0.15	0.50
氮氧化物（NOx）克/米^3	≤	0.10	0.15
氟化物（F）	≤	7微克/米^3 1.8微克/（分米^2/天）（挂片法）	20微克/米^3

注

1　日平均指任何一日的平均指标。

2　1小时平均指任何一小时的平均指标。

3　连续采样三天，一日三次，晨、午和夕各一次。

4　氟化物采样可用动力采样滤膜法或用石灰滤纸挂片法，分别按各自规定的指标执行，石灰滤纸挂片法挂置7天。

3. **灌溉用水质量要求**　基地的灌溉用水质量要符合中华人民共和国农业行业标准《绿色食品产地环境技术条件》（表2）要求。

表2　农田灌溉水中各项污染物的指标要求

项　目		指　标
pH值		5.5～8.5
总汞，毫克/升	≤	0.001

（续）

项目		指标
总镉，毫克/升	≤	0.005
总砷，毫克/升	≤	0.05
总铅，毫克/升	≤	0.1
六价铬，毫克/升	≤	0.1
氟化物，毫克/升	≤	2.0
粪大肠菌群，个/升	≤	10 000

注：灌溉菜园用的地表水需测粪大肠菌群，其他情况不测粪大肠菌群。

4. 土壤环境质量要求　基地的土壤环境质量应符合中华人民共和国农业行业标准《绿色食品产地环境技术条件》（表3）要求。

表3　土壤中各项污染物的指标要求

耕作条件		旱田			水田		
pH值		<6.5	6.5～7.5	>7.5	<6.5	6.5～7.5	>7.5
镉	≤	0.30	0.30	0.40	0.30	0.30	0.40
汞	≤	0.25	0.30	0.35	0.30	0.40	0.40
砷	≤	25	20	20	20	20	15
铅	≤	50	50	50	50	50	50
铬	≤	120	120	120	120	120	120
铜	≤	50	60	60	50	60	60

注

1　果园土壤中的铜限量为旱田中的铜限量的一倍

2　水旱轮作用的标准值取严不取宽。

为了促进生产者增施有机肥，提高土壤肥力，生产AA级绿色食品时，转化后的耕地土壤肥力要达到土壤肥力分级1～2级指标（见表4）。生产A级绿色食品时，土壤肥力作为参考指标。

表4　土壤肥力分级参考指标

项　　目	级别	旱地	水田	菜地	园地	牧地
有机质，克/千克	Ⅰ	＞15	＞25	＞30	＞20	＞20
	Ⅱ	10～15	20～25	20～30	15～20	15～20
	Ⅲ	＜10	＜20	＜20	＜15	＜15
全氮，克/千克	Ⅰ	＞1.0	＞1.2	＞1.2	＞1.0	—
	Ⅱ	0.8～1.0	1.0～1.2	1.0～1.2	0.8～1.0	—
	Ⅲ	＜0.8	＜1.0	＜1.0	＜0.8	—
有效磷，毫克/千克	Ⅰ	＞10	＞15	＞40	＞10	＞10
	Ⅱ	5～10	10～15	20～40	5～10	5～10
	Ⅲ	＜5	＜10	＜20	＜5	＜5
有效钾，毫克/千克	Ⅰ	＞120	＞100	＞150	＞100	—
	Ⅱ	80～120	50～100	100～150	50～100	—
	Ⅲ	＜80	＜50	＜100	＜50	—
阳离子交换量，厘摩/千克	Ⅰ	＞20	＞20	＞20	＞15	—
	Ⅱ	15～20	15～20	15～20	15～20	—
	Ⅲ	＜15	＜15	＜15	＜15	—
质地	Ⅰ	轻壤、中壤	中壤、重壤	轻壤	轻壤	砂壤—中壤
	Ⅱ	砂壤、重壤	砂壤、轻黏土	砂壤、中壤	砂壤、中壤	重壤
	Ⅲ	砂土、黏土	砂土、黏土	砂土、黏土	砂土、黏土	砂土、黏土

二、绿色蔬菜生产技术

（一）品种选择

根据市场的需求、栽培条件、栽培方式等因素，选用优良适宜的品种，并且具有较强的抗病虫能力和抗逆能力。

（二）种植前场地的清理和消毒

前茬作物收获后，应认真清理前茬作物遗留的病残株、根茬、烂叶等废弃物及各种杂草，将它们清除栽培场地之外，断绝各种病虫害的传播媒介和寄主。播种前或定植前对土壤进行耕翻和消毒，减轻病虫危害，达到不施或少施农药的目的。

（三）合理安排茬口

茬口安排要实行合理的轮作、间作、套作，有效调节地力，创造良好的生态环境，有利于蔬菜的生长发育，减少病虫害的发生。

（四）培育无病虫壮苗　育苗时床土应做到无病菌、无虫卵、无杂草籽、富含有机质，营养元素齐全，保肥保水，通透性好，对床土应采用合理的方法消毒。播前对种子进行严格筛选和消毒处理，种子消毒最好用物理方法消毒，如温汤浸种，用化学物质处理种子时一定要合理用药，以控制种子传播病害，促使苗齐、苗全、苗壮。冬春季育苗可选用电热温床育苗，苗期要严格控制环境条件，加强苗期病虫害的防治，培育壮苗。

（五）加强田间管理

在栽培过程中要充分利用光、热、水、气等条件，要通过对栽培环境的控制创造一个有利于蔬菜生长而不利于病虫害发生的环境条件。如细致整地、施足基肥、选用高垄栽培、地膜覆盖、合理密植、适时灌水追肥、及时植株调整、适期采收等措施。设施生产应合理调节环境条件，注意加强通风透光，冬春季要预防低温高湿，增加光照，补充二氧化碳气肥，采用增温、保温技术，在高温多雨季节可利用遮阳网技术进行降温。

三、绿色蔬菜施肥技术

（一）肥料选择

1. **有机肥**　堆肥、沤肥、厩肥、沼气肥、绿肥、作物秸秆、饼肥等。

2. **商品有机肥**　微生物肥料、根瘤菌肥、磷细菌肥料、有机复合肥等。

3. **矿质肥料**　矿物钾肥、矿物磷肥、钙镁磷肥、硫酸钾等。

4. **化肥**　尿素、磷酸二铵、磷酸二氢钾等。

5. **微量元素肥料**　以铜、铁、锌、锰、硼等微量元素为主配制的叶面肥等。

（二）施肥

1. 注重有机肥、生物菌肥的施用。

2. 选用矿质肥料和微量元素肥料。

3. 限量使用化肥，注意施肥时期　绿色蔬菜生产应控制化肥，施用化肥时应选择优质高效的肥料，如蔬菜专用复合肥、尿素、磷酸二铵、过磷酸钙等，化肥应该深施，氮肥宜在蔬菜生育的早、中期施用，一般在收获前 15 天就应停止使用，使氮素在蔬菜体内有一个转化时间。

4. 推广配方施肥和测土施肥　测定菜田土壤氮、磷、钾的有效含量，根据各种蔬菜作物的需肥特性和土壤的肥力状况补施土壤中各元素亏缺的数量，减少盲目过量施用化肥。如叶菜类全生育期需氮较多，生长盛期需适量磷、钾肥；果菜类在幼苗期需氮较多，而进入生殖生长期则需磷较多，而氮的吸收量略减。

四、绿色蔬菜病虫害防治技术

（一）农业防治

主要措施有：选用抗病、耐病品种；合理轮作倒茬；采用嫁接换根栽培；加强田间管理。

（二）物理防治

主要措施有：种子消毒；设施消毒；色板或灯光诱杀；采用遮阳网或防虫网覆盖。

（三）生物防治

主要措施有：利用天敌；利用生物农药。

（四）化学防治

化学防治是在上述防治措施的基础上，当病虫数量达到防治指标时，而不得以采用的补充性防治措施。

1. 严禁使用高毒、高残留农药，应选用低毒、高效、低残留农药。设施蔬菜尽量选用烟雾剂和粉尘剂，降低设施内的湿度，减轻病害的发生。

严禁使用剧毒、高毒、高残留或具有三致（致癌、致畸、致突变）毒性的农药。表5为A级绿色食品生产禁止使用的农药。

表5 生产A级绿色（蔬菜）食品禁止使用的农药

种　类	农药名称
有机氯杀虫剂	滴滴涕、六六六、林丹、甲氧滴滴涕、硫丹
有机氯杀螨剂	三氯杀螨醇
有机磷杀虫剂	甲拌磷、乙拌磷、久效磷、对硫磷、甲基对硫磷、甲胺磷、甲基异柳磷、治螟磷、氧化乐果、磷胺、地虫硫磷、灭克磷（益收宝）、水胺硫磷、氯唑磷、硫线磷、杀扑磷、特丁硫磷、克线丹、苯线磷、甲基硫环磷
氨基甲酸酯杀虫剂	涕灭威、克百威、灭多威、丁硫克百威、丙硫克百威
二甲基甲脒类杀虫杀螨剂	杀虫脒
拟除虫菊酯类杀虫剂	所有拟除虫菊酯类杀虫剂（水稻及其他水生作物禁用）
卤代烷类熏蒸杀虫剂	二溴乙烷、环氧乙烷、二溴氯丙烷、溴甲烷
阿维菌素	
克螨特	
有机砷杀菌剂	甲基胂酸锌（稻脚青）、甲基胂酸钙胂（稻宁）、甲基胂酸铁铵（田安）、福美甲胂、福美胂
有机锡杀菌剂	三苯基醋酸锡（薯瘟锡）、三苯基氯化锡、三苯基氢基锡（毒菌锡）
有机汞杀菌剂	氯化乙基汞（西力生）、醋酸苯汞（赛力散）
取代苯类杀菌剂	五氯硝基苯、稻瘟醇（五氯苯甲醇）
2，4-D类化杀菌剂	除草剂或植物生长调节剂
二苯醚类除草剂	除草醚、草枯醚
植物生长调节剂	有机合成的植物生长调节剂
除草剂	各类除草剂蔬菜生长期（可用于土壤处理与芽前处理）

2. 每种有机合成农药（含A级绿色食品生产资料农药类的有机合成产品）在一种作物的生长期内只允许使用一次（其中菊酯类农药在作物生长期只允许使用一次）。

3. 应按照 GB4285、GB8321.1、GB8321.2、GB8321.3、GB8321.4、GB/T8321.5 的要求控制施药量与安全间隔期。见表6。

表6　蔬菜生产的农药安全使用标准（面积单位：亩*）

蔬菜	农药	剂型	常用药量或稀释倍数	最高用药量或稀释倍数	施药方法	最多使用次数	最后一次施药离收获的天数（安全间隔期）天	实施说明
青菜	乐果	40%乳油	50毫升 2 000倍	100毫升 800倍	喷雾	6	≥7	秋冬季间隔期8天
	敌百虫	90%固体	50克 2 000倍	100克 800倍	喷雾	5	≥7	秋冬季间隔期8天
	敌敌畏	80%乳油	100毫升 1 000～2 000倍	200毫升 500倍	喷雾	5	≥5	冬季间隔期7天
	乙酰甲胺磷	40%乳油	125毫升 1 000倍	250毫升 500倍	喷雾	2	≥7	秋冬季间隔期9天
	二氯苯醚菊酯	10%乳油	6毫升 10 000倍	24毫升 2 500倍	喷雾	3	≥2	
	辛硫磷	50%乳油	50毫升 2 000倍	100毫升 1 000倍	喷雾	2	≥6	每隔7天喷一次
	氰戊菊酯	20%乳油	10毫升 2 000倍	20毫升 1 000倍	喷雾	3	≥5	每隔7～10天喷一次
白菜	乐果	40%乳油	50毫升 2 000倍	100毫升 800倍	喷雾	4	≥10	
	敌百虫	90%固体	100克 1 000倍	100克 500倍	喷雾	5	≥7	秋冬季间隔期8天

（续）

蔬菜	农药	剂型	常用药量或稀释倍数	最高用药量或稀释倍数	施药方法	最多使用次数	最后一次施药离收获的天数（安全间隔期）天	实施说明
白菜	敌敌畏	80%乳油	100毫升 1 000～2 000倍	200毫升 500倍	喷雾	2	≥5	冬季间隔期7天
	乙酰甲胺磷	40%乳油	125毫升 1 000倍	250毫升 500倍	喷雾	2	≥7	秋冬季间隔期9天
	二氯苯醚菊酯	10%乳油	6毫升 10 000倍	24毫升 2 500倍	喷雾	3	≥2	
大白菜	辛硫磷	50%乳油	50毫升 1 000倍	100毫升 500倍	喷雾	3	≥6	
甘蓝	氰戊菊酯	20%乳油	20毫升 4 000倍	40毫升 2 000倍	喷雾	3	≥5	每隔8天喷一次
	辛硫磷	50%乳油	50毫升 1 500倍	75毫升，1 000倍	喷雾	4	≥5	每隔7天喷一次
	氯氰菊酯	10%乳油	80毫升 4 000倍	16毫升 2 000倍	喷雾	4	≥7	每隔8天喷一次
菜豆	乐果	40%乳油	50毫升 2 000倍	100毫升 800倍	喷雾	5	≥5	夏季豇豆、四季豆间隔期3天
	喹硫磷	25%乳油	100毫升 800倍	160毫升 500倍	喷雾	3	≥7	
萝卜	乐果	40%乳油	50毫升 2 000倍	100毫升 800倍	喷雾	6	≥5	叶若供食用，间隔期9天
	溴氰菊酯	2.5%乳油	10毫升 2 500倍	20毫升 1 250倍	喷雾	1	≥10	

（续）

蔬菜	农药	剂型	常用药量或稀释倍数	最高用药量或稀释倍数	施药方法	最多使用次数	最后一次施药离收获的天数（安全间隔期）天	实施说明
萝卜	氰戊菊酯	20%乳油	30毫升 2 500倍	50毫升 1 500倍	喷雾	2	≥21	
	二氯苯醚菊酯	10%乳油	25毫升 2 000倍	50毫升， 1 000倍	喷雾	3	≥14	
黄瓜	乐果	40%乳油	50毫升 2 000倍	100毫升 800倍	喷雾		≥2	施药次数按防治要求而定
	百菌清	75%可湿性粉剂	100克 600倍	40克 2 000倍	喷雾	3	≥10	结瓜前使用
	粉锈宁	15%可湿性粉剂	50克 1 500倍	100克 750倍	喷雾	2	≥3	
	粉锈宁	20%可湿性粉剂	30克 3 300倍	60克 1 700倍	喷雾	2	≥3	
	多菌灵	25%可湿性粉剂	50克 1 000倍	100克 500倍	喷雾	2	≥5	
	溴氰菊酯	2.5%乳油	30毫升 3 300倍	60毫升， 1 650倍	喷雾	2	≥3	
	辛硫磷	50%乳油	50毫升 2 000倍	50毫升， 2 000倍	喷雾	3	≥3	
番茄	氰戊菊酯	20%乳油	30毫升 3 300倍	40毫升， 2 500倍	喷雾	3	≥3	
	百菌清	75%可湿性粉剂	100克 600倍	120克 500倍	喷雾	6	≥23	每隔7～10天喷一次

（续）

蔬菜	农药	剂型	常用药量或稀释倍数	最高用药量或稀释倍数	施药方法	最多使用次数	最后一次施药离收获的天数（安全间隔期）天	实施说明
辣椒	喹硫磷	25%乳油	40毫升 1 500倍	60毫升，1 000倍	喷雾	2	≥5（青椒）	红辣椒安全间隔期≥10天
洋葱	辛硫磷	50%乳油	250毫升 2 000倍	500毫升，1 000倍	垄底浇灌	1	≥17	洋葱结头期使用
	喹硫磷	25%乳油	200毫升 2 500倍	400毫升，1 000倍	垄底浇灌	1	≥17	洋葱结头期使用
大葱	辛硫磷	50%乳油	500毫升，2 000倍	750毫升，1 000倍	行中浇灌	1	≥17	
	喹硫磷	25%乳油	100毫升，2 500倍	400毫升，700倍	垄底浇灌	1	≥17	
韭菜	辛硫磷	50%乳油	500毫升 800倍	750毫升，500倍	浇施灌根	2	≥10	浇于根际土中
甜瓜	粉锈宁	20%乳油	25毫升 2 000倍	50毫升，1 000倍	喷雾	2	≥5	
西瓜	百菌清	70%可湿性粉剂	100～120克 600倍	120克 500倍	喷雾	6	≥21	每隔7～15天喷一次

* 亩为非法定计量单位，1亩＝667平方米，全书同。

4. 有机合成农药在农产品中的最终残留应符合GB4285、GB8321.1、GB8321.2、GB8321.3、GB8321.4、GB/T8321.5的最高残留限量（MRL）要求。

5. 严禁使用高毒高残留农药防治贮藏期病虫害。

6. 严禁使用基因工程品种（产品）及制剂。

五、绿色蔬菜的产品包装、标签标志、运输与贮存

（一）包装

根据绿色食品全程控制的要求，绿色蔬菜的包装应严格遵守卫生、安全、不浪费资源、不污染环境、可循环利用等原则，除了遵守国家食品包装要求外，要有较长的保质期，不带来二次污染，不损失原来的营养及风味，包装成本低。

包装上必须有绿色食品标志，必须标注生产者或经销者的单位或地址、产品名称、质量等级、净重、生产日期、保存期以及其他需特殊标注的内容。

（二）加贴标志

绿色蔬菜经认证后，加贴绿色食品的统一标志。绿色食品商标已在国家工商行政管理局注册的有“绿色食品”、“Green-Food”、“绿色食品标志图形”及这三者相互组合等四种形式，见图1。

图1　绿色食品的标志

绿色食品标志图形由三部分构成：上方的太阳、下方的叶片和中心的蓓蕾，象征自然生态；标志图形为正圆形，意为保护、安全；颜色为绿色，象征着生命、农业、环保。

AA级绿色食品标志与字体为绿色，底色为白色；A级绿色食品标志与字体为白色，底色为绿色。

绿色食品标志使用期为 3 年，到期后必须重新检测认证。

（三）运输

绿色蔬菜必须采用绿色食品专运车运输，运输工具必须洁净卫生，不能引入污染。在运输过程中，严禁与非绿色产品混杂运输，不同级别的不能混堆在一起运输。

（四）贮存

绿色蔬菜的贮藏环境必须清洁卫生，选择的贮藏方法不能使绿色蔬菜的品质发生变化，可以采用冷藏、气调等技术贮藏，延缓和防治蔬菜变质。不能与非绿色蔬菜混堆贮藏，不同级别绿色蔬菜应分别贮藏。

第二节　设施栽培

一、主要栽培设施类型

（一）塑料大棚

一般棚体顶高 1.8 米以上，跨度 6 米以上。

塑料大棚主要结构形式有：

1. **竹拱结构大棚**　水泥预制柱作立柱，用径粗 5 厘米以上的粗竹竿作拱架，建造成本比较低，是目前农村中应用最普遍的一类塑料大拱棚。

该类大拱棚的主要缺点，一是竹竿拱架的使用寿命短，需要定期更换拱架；二是棚内的立柱数量比较多，地面光照不良，也不利于棚内的整地作畦和机械化管理。为减少棚内立柱的数量，该类大棚多采取“二拱一柱式”结构，也叫“悬梁吊柱式”结构。

2. **钢拱结构大棚**　该类大棚主要使用 ϕ8～16 毫米的圆钢以及 1.27 厘米或 2.54 厘米的钢管等加工成双弦拱圆形钢梁拱架。

钢拱结构大棚的结构比较牢固，使用寿命长，并且棚内无立柱或少立柱，环境优良，也便于在棚架上安装自动化管理设备，是现代塑料大拱棚的发展方向。该类大棚的主要缺点是建造成本比较高，设计和建造要求也比较严格。另外，钢架本身对塑料薄膜也容易造成损坏，缩短薄膜的使用寿命。

3. **管材组装结构大棚**　该类大棚采用一定规格（ϕ25～32 毫米×1.2～1.5 毫米）的薄壁热镀锌钢管，并用相应的配件，按照组装说明进行连接或固定而成。

管材组装结构大棚的棚架由工厂生产，结构设计比较合理，规格多种，易于选择，也易于搬运和安装，是未来大棚的发展主流。

4. **玻璃纤维增强水泥骨架结构大棚**　也叫GRC大棚。该大棚的拱杆由钢筋、玻璃纤维、增强水泥、石子等材料预制而成。一般先按同一模具预制成多个拱架构件，每一构件为完整拱架长度的一半，构件的上端留有 2 个固定孔。安装时，两根预制的构件下端埋入地里，上端对齐、对正后，用两块带孔厚铁板从两侧夹住接头，将 4 枚螺丝穿过固定孔固定紧后，构成一完整的拱架，见图 2。拱架间纵向用粗铁丝、钢筋、角钢或钢管等连成一体。

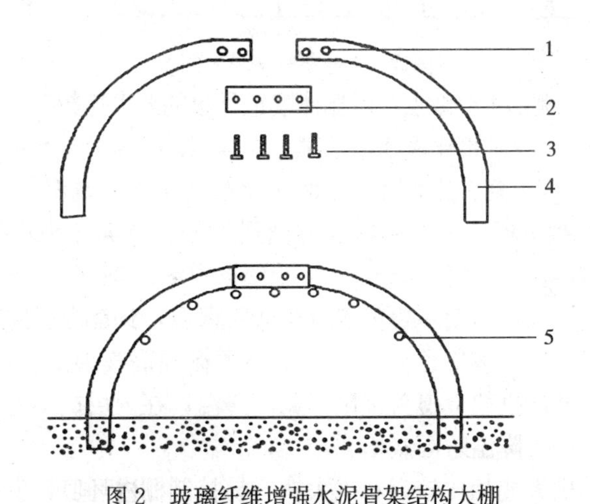

图 2　玻璃纤维增强水泥骨架结构大棚

1. 固定孔　2. 连接板　3. 螺栓　4. 拱架构件　5. 拉杆

5. **琴弦式结构大棚**　该类大棚用钢梁、增强水泥拱架或粗竹竿等作主拱架，拱架间距 3 米左右。在主拱架上间隔 20～30 厘米纵向拉大棚专用防锈钢丝或粗铁丝，钢丝的两端固定到棚头的地锚上。在拉紧的钢丝上，按 50～60 厘米间距固定径粗 3 厘米左右的细竹竿来支撑棚膜。

6. **连栋大棚** 该类大棚有 2 个或 2 个以上拱圆形或屋脊形的棚顶，见图 3。连栋大棚的主要优点：大棚的跨度范围比较大，根据地块大小，从十几米到上百米不等，占地面积大，土地利用率比较高；棚内空间比较宽大，蓄热量大，低温期的保温性能好；适合进行机械化、自动化以及工厂化生产管理，符合现代农业发展的要求。

图 3 连栋塑料薄膜大棚

连栋大棚的主要缺点：对棚体建造材料的要求比较高，对棚体设计和施工的要求也比较严格，建造成本高；棚顶的排水和排雪性能比较差，高温期自然通风降温效果不佳，容易发生高温危害。

7. **双拱大棚** 大棚有内、外两层拱架，棚架多为钢架结构或管材结构。

双拱大棚低温期一般覆盖双层薄膜保温，或在内层拱架上覆盖无纺布、保温被等保温，可较单层大棚提高夜温 2～4℃。高温期则在外层拱架上覆盖遮阳网遮荫降温，在内层拱架上覆盖薄膜遮雨，进行降温防雨栽培。

与单拱大棚相比较，双拱大棚容易控制棚内环境，生产效果比较好。其主要不足是建造成本比较高，低温期双层薄膜的透光量少，棚内光照也不足。

双拱大棚在我国南方应用得比较多，主要用来代替温室于冬季或早春进行蔬菜栽培。

8. **双层膜充气式塑料大棚**　大棚采用双层薄膜覆盖，膜间距30～50毫米。膜间用鼓风机不停地鼓入空气，形成动态空气隔热层。

与单层膜塑料大棚相比较，双层膜充气式塑料大棚的保温效果较好，可提高温度40%以上，并可进一步减少水分凝滴。但双层膜充气式大棚由于需要不间断充气，不仅需要电力支持，使用范围受到电力限制，而且维持费用也较高。另外，该大棚的充气管理要求也比较高，技术性强，难以被农民所掌握，蔬菜生产上较少使用。

（二）温室

温室一般是指具有屋面和墙体结构，增、保温性能优良，适于严寒条件下进行蔬菜生产的大型蔬菜保护栽培设施的总称。

温室主要代表结构有：

1. **加温温室**　温室内设有烟道、暖气片等加温设备，温度条件好，抵抗严寒能力强，但栽培成本较高，主要用于冬季最低温度长时间－20℃以下的地区。

2. **日光温室**　温室内的温度主要依靠采集日光进行提升。按采光能力和生产性能不同，分为节能型日光温室和普通型日光温室两种。

节能型日光温室：又称为冬暖型日光温室。温室前屋面的采光角度大，白天增温较快。温室的墙体较厚，所用覆盖材料的增、保温性能好，并且温室内空间较大，容热量大等，故自身的保温能力比较强，一般可达15～20℃，在冬季最低温度－15℃以上或短时间－20℃左右的地区，可于冬季不加温下，生产出喜温的蔬菜。

普通型日光温室：也叫春秋型日光温室、冷棚等。温室的前屋面较平，采光角度比较小，采光能力差，增温性不佳。温室的墙体比较薄，没有后屋顶或后屋顶较窄，温室低矮，空间小，容热量小，加上所用覆盖材料的规格较小等原因，自身的保温能力较弱，一般只有10℃左右，在冬季严寒地区，只能于春、秋两季和冬初、冬末生产喜温性蔬菜。

3. 竹拱结构温室 该类温室用横截面10～15厘米×10～15厘米的水泥预制柱作立柱，用径粗8厘米以上的粗竹竿作拱架，建造成本比较低，也容易施工建造。该类温室的主要缺点是：竹竿拱架的使用寿命较短，需要定期更换拱架；棚内的立柱数量比较多，地面光照不良，也不利于棚内的整地作畦和机械化管理。

竹拱结构温室是普通日光温室的主要结构类型，一般采取悬梁吊柱结构形式，二拱一柱，以减少立柱的数量。节能型日光温室目前在广大农村也普遍采用，为了减少立柱的数量，大多采用琴弦式结构或主副拱架结构形式。

4. 玻璃纤维增强水泥结构温室 即GRC结构温室。该温室的拱架由钢筋、玻璃纤维、增强水泥、石子等材料预制而成，见图4。

图4 玻璃纤维增强水泥骨架温室

5. 钢骨架结构温室 该类温室所用钢材一般分为普通钢材、镀锌钢材和铝合金轻型钢材三种，我国目前以前两种为主。单栋日光温室多用镀锌钢管和圆钢加工成双弦拱形平面梁，用塑料薄膜作透明覆盖物。双屋面温室和连栋温室一般选用型钢（如角钢、工字钢、槽钢、丁字钢等）、钢管和钢筋等加工成骨架，用硬质塑料板作透明覆盖物。

钢架结构温室结构比较牢固，使用寿命长，并且温室内无立柱或少立柱，环境优良，也便于在骨架上安装自动化管理设备，是现代温室的发展方向。但钢架温室的建造成本比较高，设计和建造要求也比较严格，尚不适合在广大农村建造使用。

6. 混合骨架结构温室　主要为主、副拱架结构温室。主拱架一般选用钢管、钢筋平面梁或水泥预制拱架，副拱架用细竹竿或细钢管。在主拱架上纵向拉几道钢筋或焊接几道型钢，将副拱架固定到纵向钢筋或型钢上。

混合骨架结构温室综合了钢骨架温室和竹拱温室的优点，结构简单、结实耐用，制造成本低，生产环境优良，较受农民欢迎，发展较快，是当前我国农村温室发展的主要方向。

7. 长后屋面式温室　后屋面内宽2米左右，温室自身的保温性能较好，主要用于冬季比较寒冷的地区。

该类温室后屋面所承受的负荷比较大，对屋架材料的种类和规格要求比较严格，同时后屋面的遮光面也比较大，温室北部的光照不良。

8. 双层充气膜温室　前屋面覆盖双层棚膜，膜间距30～50毫米，膜间用鼓风机不停地鼓入空气，形成动态空气隔热层，见图5。

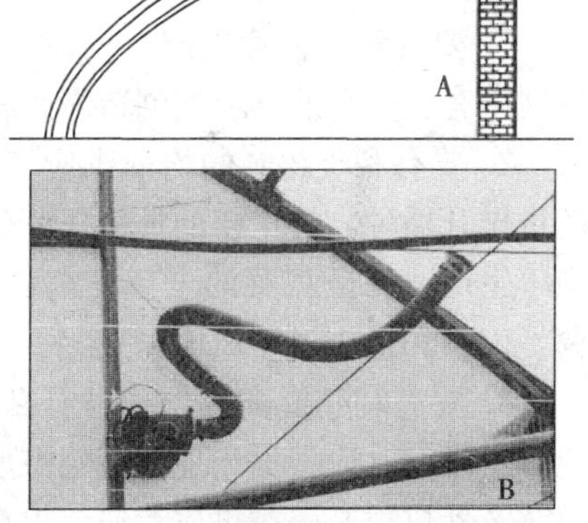

图5　双层膜充气式温室
A、结构示意图　B、充气系统
1. 外膜　2. 内膜

该类温室的保温性能

好，冬季不甚严寒地区可以进行冬季栽培，节能效果好。但双层膜充气式温室由于需要不间断充气，不仅需要电力支持，使用范围受到电力限制，而且维持费也较高。

9. **连栋温室**　该类温室有2个或2个以上屋顶。

连栋温室的跨度范围比较大，根据地块大小，从十几米到上百米不等，占地面积大，土地利用率比较高；室内空间比较宽大，蓄热量大，低温期的保温性能好；适合进行机械化、自动化以及工厂化生产管理，符合现代农业发展的要求。其主要缺点是对建造材料、结构设计和施工等的要求比较严格，建造成本高；屋顶的排水和排雪性能比较差，高温期自然通风降温效果不佳，容易发生高温危害。

10. **智能温室**　该温室将计算机控制技术、信息管理技术、机电一体化技术等在设施内进行综合运用，可以根据温室作物的要求和特点，对温室内的光照、温度、水、气、肥等诸多因子进行自动调控。智能化温室是未来温室的发展方向。

二、设施栽培茬口

（一）茬口安排的一般原则

1. **要有利于蔬菜生产**　要以当地的主要栽培茬口为主，充分利用有利的自然环境，创造高产和优质，同时降低生产成本。

2. **要有利于蔬菜的均衡供应**　同一种蔬菜或同一类蔬菜应通过排开播种，将全年的种植任务分配到不同的栽培季节里进行周年生产，保证蔬菜的全年均衡供应，要避免栽培茬口过于单调，生产和供应过于集中。

3. **要有利于提高栽培效益**　蔬菜生产投资大，成本高，在茬口安排上，应根据当地的蔬菜市场供应情况，适当增加一些高效蔬菜茬口以及淡季供应茬口，提高栽培效益。

4. **要有利于提高土地的利用率**　蔬菜的前后茬口间，应通过合理的间、套作，以及育苗移栽等措施，尽量缩短空闲时间。

5. **要有利于控制蔬菜的病虫害**　同种蔬菜长期连作，容易诱发并加重病虫害。因此，在安排茬口时，应根据当地蔬菜的发病情况，对蔬菜进行一定年限的轮作。

（二）设施蔬菜主要茬口

1. **冬春茬**　一般于中秋播种或定植，入冬后开始收获，翌年春末结束生产，主要栽培时间为冬春两季。冬春茬为温室蔬菜的主要栽培茬口，主要栽培一些结果期比较长、产量较高的果菜类。在冬季不甚严寒的地区，也可以利用日光温室、阳畦等对一些耐寒性强的叶菜类，如韭菜、芹菜、菠菜等进行冬春茬栽培。冬春茬蔬菜的主要供应期为1～4月份。

2. **春茬**　一般于冬末早春播种或定植，4月前后开始收获，盛夏结束生产。春茬为温室、塑料大棚以及阳畦等设施的主要栽培茬口，主要栽培一些效益较高的果菜类以及部分高效绿叶蔬菜。在栽培时间安排上，温室一般于2～3月份定植，3～4月份开始收获；塑料大拱棚一般于3～4月份定植，5～6月份开始收获。

3. **夏秋茬**　一般春末夏初播种或定植，7～8月份收获上市，冬前结束生产。夏秋茬为温室和塑料大拱棚的主要栽培茬口，利用温室和大棚空间大的特点，进行遮阳栽培。主要栽培一些夏季露地栽培难度较大的果菜及高档叶菜等，在露地蔬菜的供应淡季收获上市，具有投资少，收效高等优点，较受欢迎，栽培规模扩大较快。

4. **秋茬**　一般于7～8月份播种或定植，8～9月开始收获，可供应到11～12月份。秋茬为普通日光温室及塑料大拱棚的主要栽培茬口，主要栽培果菜类，在露地果菜供应旺季后、加温温室蔬菜大量上市前供应市场，效益较好，但也存在着栽培期较短，产量偏低等问题。

5. **秋冬茬**　一般于8月前后育苗或直播，9月份定植，10月份开始收获，翌年的2月前后拉秧。秋冬茬为温室蔬菜的重要栽培茬口之一，是解决北方地区“国庆”至“春节”阶段蔬菜（特别是果菜）供应不足所不可缺少的。该茬蔬菜主要栽培果菜类，栽培前期温度高，蔬菜容易发生旺长，栽培后期温度低、光照不足，容易早衰，栽培难度比较大。

第三节　无土栽培

凡是不用天然土壤而用基质或仅育苗时用基质，在定植以后不用基质而用营养液灌溉的栽培方法，统称为无土栽培。

一、无土栽培主要形式

1. **有机营养无土栽培**　蔬菜生长所需营养主要或全部来自有机肥，在整个生产过程中，只需定期施入有机肥和浇清水，管理比较简单。

有机营养无土栽培设备简单，肥料来源广泛，可就地取材，生产成本低；生产管理与土壤栽培基本相似，技术简单易于推广；产品符合AA级绿色食品要求，市场前景广阔。

2. **营养液膜法**(NFT)　将蔬菜种植在浅层流动的营养液中。营养液循环利用，营养液深度不超过1厘米（如图6)。

3. **深液流法**(DFT)　将蔬菜种植在定植网筐或悬杯定植板的定植杯中，蔬菜植株悬挂在营养液上，根系浸入营养液中。营养液循环流动，深度5～10厘米（如图7)。

4. **漂浮培法**　是在深液流法的基础上，在栽培槽内的液面上放置一块泡沫板作为栽培床。一种做法是在泡沫板上按株行距打栽培孔，用海绵将蔬菜固定到栽培孔内，蔬菜根系直接浸入营养液中，见图8。该法的蔬菜根系能够根据营养液面的升降，随泡沫板自动升降，始终保持一理想的浸液深度，栽培效果较深液流法提高，但该法的蔬菜根系直接浸泡于营养液中，仍存在着氧气供应不足引起烂根的危险。

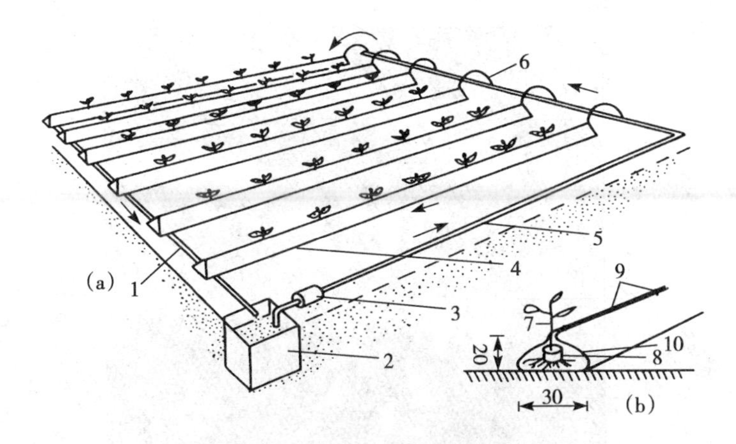

图 6　NFT 法设施示意图

(a) NFT 系统示意图　(b) 大型植株种植槽示意图

1. 回流管道　2. 贮液池　3. 水泵　4. 种植槽　5. 供液主管

6. 供液毛管　7. 带有育苗钵的幼苗　8. 育苗钵　9. 夹子　10. 塑料薄膜

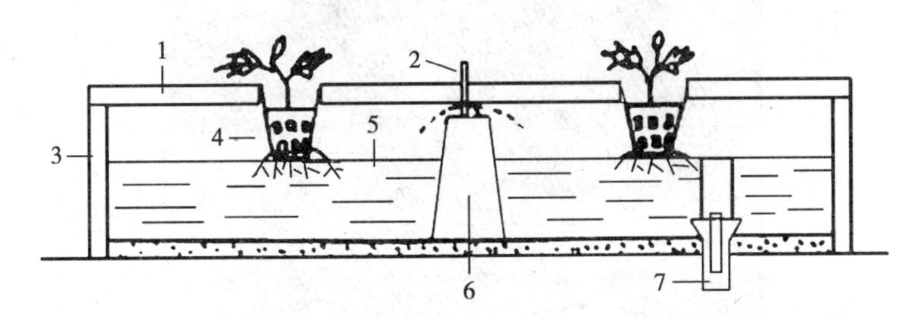

图 7　深液流（DFT）水培示意图

1. 定植板　2. 供液管　3. 种植槽　4. 定植杯

5. 液面　6. 支撑墩　7. 回液及液层控制装置

另一种做法是在泡沫板上面铺一层扎根布，蔬菜的根系扎入扎根布内，营养液滴浇到扎根布上，多余的营养液沿板面流入槽内。该法的蔬菜根系不直接浸入营养液内，氧气供应充足，发育好，也不容易发生烂根现象。

5. **袋培法**　用一定规格的栽培袋盛装基质，蔬菜植株种植在基质袋上，采用滴灌系统供营养液（如图 9）。

图8 漂浮培

1. 蔬菜 2. 泡沫板 3. 根系

图9 袋培辣椒

6. **岩棉培法** 岩棉是一种用多种岩石熔融在一起，喷成丝冷却后粘合成的疏松多孔、可成型的固体基质。一般将岩棉切成一定大小的块状，外部用塑料薄膜包住。种植时，将塑料薄膜切开一种植穴，栽植小苗，并用滴灌系统供给营养液和水（如图 10）。

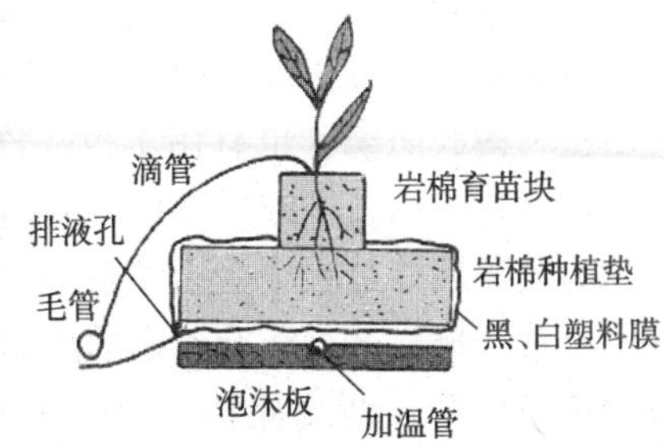

图 10　岩棉块与岩棉栽培

二、无土栽培准备

（一）基质混合

基质混合以 2～3 种混合为宜，常用的基质混合配方和比例见表 7。

表 7　常用基质混合配方

序号	配方及比例	序号	配方及比例
1	蛭石：珍珠岩=2：1	6	蛭石：锯末：炉渣=1：1：1
2	蛭石：沙=1：1	7	蛭石：草炭：炉渣=1：1：1
3	草炭：沙=3：1	8	草炭：蛭石：珍珠岩=2：1：1
4	刨花：炉渣=1：1	9	草炭：珍珠岩：树皮=1：1：1
5	草炭：树皮=1：1	10	草炭：珍珠岩=7：3

干草炭一般不易弄湿，可加入非离子湿润剂，每 40 升水中加 50 克次氯酸钠，能湿润 1 方的混合基质。

（二）基质消毒

为降低生产成本，基质一般可以连续使用，但必须在前茬作物拉秧后进行消毒。消毒方法主要有蒸气消毒、药剂消毒和太阳能消毒三种。

（三）栽培槽

永久性栽培槽多用水泥预制，或用砖石作框，水泥抹面防渗漏，也有用铁片加工成形的。临时性栽培槽多以砖石作框，内铺一层塑料薄膜防漏，也有用木板、竹片、塑料泡沫板等作框的，或在地面用土培成槽或挖成槽，内铺一层塑料薄膜防渗漏。

为避免栽培过程中受土壤污染，栽培槽应与地面进行隔离；为保持栽培槽底部积液有一定的流动速度，设置栽培槽时，进液端要稍高一些，两端保持 1/60～1/80 的坡度。立体栽培槽上、下层槽间的距离应根据栽培的蔬菜高度确定，一般为 50～100 厘米。

（四）营养液的配制

1. **营养液配方**　常见蔬菜的大量元素配方见表 8。

表 8　几种蔬菜专用大量元素配方　（单位：毫克/升）

无机盐名称	豆类	黄瓜	莴苣	西洋芹	番茄Ⅰ	番茄Ⅱ	冬瓜育苗
硫酸镁	538	537	537	752	537	156	450
硫酸钙	675		78	337		390	650
硫酸钾	750			500		156	
磷酸一钙	350	589	589			156	
过磷酸钙	500	337					
硝酸一钙				294			
硝酸钠				644			
氯化钠				156			
磷酸一钾		190	237	175			250
硫酸铵		915	550				100
硝酸钾			658				900
硝酸钙					2 520		
硫酸一钾					525		

常见蔬菜的微量元素配方见表 9。

表9 微量元素配方

化合物名称	分子式	用量（毫克/升）	元素含量（毫克/升）
螯合铁	Na_2Fe-EDTA	20	Fe-2.8
硫酸锰	$MnSO_4 \cdot 4H_2O$	2.13	Mn-0.5
硼酸	H_3BO_3	2.86	B-0.5
硫酸锌	$ZnSO_4 \cdot 7H_2O$	0.22	Zn-0.05
硫酸铜	$CuSO_4 \cdot 5H_2O$	0.05	Cu-0.02
钼酸铵	$(NH_3)_6Mo_7O_{12}$	0.02	Mo-0.01

2. 营养液配制技术

(1) 母液配制

A母液：以钙盐为中心。凡不与钙作用而产生沉淀的化合物均可放置在一起溶解。一般包括 $Ca(NO_3)_2$、KNO_3，浓缩200倍。

B母液：以磷酸盐为中心。凡不与磷酸根产生沉淀的化合物都可溶在一起，一般包括 $NH_4H_2PO_4$、$MgSO_4$，浓缩200倍。

C母液：由铁和微量元素合在一起配制而成，可配制成1 000倍液。

(2) 工作营养液的配制 利用母液稀释为工作营养液：在储液池中放入大约需要配制体积的1/2～2/3的清水；量取所需A母液的用量倒入，开启水泵循环流动或搅拌器使其扩散均匀；量取B母液的用量，缓慢地将其倒入贮液池中的清水入口处，让水源冲稀B母液后带入贮液池中，开启水泵将其循环或搅拌均匀，此过程所加的水量以达到总液量的80%为度；量取C母液，按照B母液的加入方法加入贮液池中，经水泵循环流动或搅拌均匀即完成工作营养液的配制。

直接称量配制工作营养液：微量营养元素可采用先配制成C母液再稀释为工作营养液的方法，A、B母液采用直接称量法配制。

三、施肥技术

（一）营养液施肥技术

刚定植蔬菜的营养液浓度宜低，以控制蔬菜的长势，使株型小一些。盛果期的供液浓度要高，防止营养不足，引起早衰。以番茄为例，高温期从定植到第三花序开放前的供液浓度为标准配方浓度的 0.5 倍（也即半个剂量）其后到摘心前为 0.7 倍浓度，再后为 0.8 倍浓度。低温期根系的吸收能力弱，应提高浓度，一般为高温期的 1～2 倍。

（二）有机营养施肥技术

先在基质中混入一定量的肥料（如每立方米基质混入 10 千克消毒干鸡粪、3 千克氮磷钾三元复合肥）作基肥，20 天后每隔 10～15 天追肥 1 次（参考用量：10 千克消毒干鸡粪与 3 千克氮磷钾三元复合肥交替使用），揭开地膜，均匀地撒在离根 5 厘米以外的周围，撒肥后浅混入基质内，再盖好地膜。

第四节　二氧化碳气体施肥

一、施肥方法

（一）钢瓶法

把气态二氧化碳经加压后转变为液态二氧化碳，保存在钢瓶内，施肥时打开阀门，用一条带有出气孔的长塑料软管把气化的二氧化碳均匀释放进温室或大棚内。一般钢瓶的出气孔压力保持在 98～116 千帕，每天放气 6～12 分钟。

该法的二氧化碳浓度易于掌握，施肥均匀，并且所用的二氧化碳气体主要为一些化工厂和酿酒厂的副产品，价格也比较便宜。但该法受气源限制，推广范围有限，同时所用气体中往往混有对蔬菜有害的气体，一般要求纯度不低于 99%。

（二）燃烧法

通过燃烧碳氢燃料（如煤油、石油、天然气等）产生二氧化碳气体，再由鼓风机把二氧化碳气体吹入设施内，见图11。

图11 燃烧法二氧化碳发生器

该法在产生二氧化碳的同时，还释放出大量的热量可以给设施加温，一举两得，低温期的应用效果最为理想，高温期容易引起设施内的温度偏高。该法需要专门的二氧化碳气体发生器和专用燃料，费用较高，燃料纯度不够时，也还容易产生一些对蔬菜有害的气体。

（三）化学反应法

主要用碳酸盐与硫酸、盐酸、硝酸等进行反应，产生二氧化碳气体，其中应用比较普遍的是硫酸与碳酸氢铵反应组合。

1. 施肥原理 用硫酸与碳酸氢铵反应，产生二氧化碳气体，反应过程如下：

$$2(NH_4HCO_3)+H_2SO_4(稀)=(NH_4)2SO_4+2H_2O+2CO_2\uparrow$$

该法是通过控制碳酸氢铵的用量来控制二氧化碳的释放量。碳酸氢铵的参考用量为：栽培面积1亩的塑料大棚或温室，冬季每次用碳酸氢铵2 500克左右，春季3 500克左右。碳酸氢铵与浓硫酸的用量比例为1∶0.62。

2. 施肥方法 分为简易施肥法和成套装置法两种。

简易施肥法是用小塑料桶盛装稀硫酸（稀释3倍），每40～50米^{2}地面一个桶，均匀吊挂到离地面1米以上高处。按桶数将碳酸氢铵分包，装入塑料袋内，在袋上扎几个孔后，投入桶内，与硫酸进行反应。

成套装置法是硫酸和碳酸氢铵在一个大塑料桶内集中进行反应，产生的气体经过滤后释放进设施内。

（四）生物法

利用生物肥料的生理生化作用，生产二氧化碳气体。一般将肥施入1～2厘米深的土层内，在土壤温度和湿度适宜时，可连续释放二氧化碳气体。以山东省农业科学院所研制的固气颗粒肥为例，该肥施于地表后，可连续释放二氧化碳40天左右，供气浓度500～1 000毫升/立方米。

该法高效安全、省工省力，无残渣危害，所用的生物肥在释放完二氧化碳气体后，还可作为有机肥为蔬菜提供土壤营养，一举两得。其主要缺点是二氧化碳气体的释放速度和释放量无法控制，需要高浓度时，浓度上不去，通风时又无法停止释放二氧化碳气体，造成浪费。

二、施肥技术

（一）施肥时期

苗期和产品器官形成期是二氧化碳施肥的关键时期。

苗期施肥能明显地促进幼苗的发育，果菜苗的花芽分化时间提前，花芽分化的质量也提高，结果期提早，增产效果明显。据试验，黄瓜苗定植前施用二氧化碳，能增产10%～30%；番茄苗期施用二氧化碳，能增加结果数20%以上。苗期施用二氧化碳应从真叶展开后开始，以花芽分化前开始施肥的效果为最好。

蔬菜定植后到坐果前的一段时间里，蔬菜生长比较快，此期施肥容易引起徒长。产品器官形成期为蔬菜对碳水化合物需求量最大的时期，也是二氧化碳气体施肥的关键期，此期即使外界的温度已高，通风量加大了，也要进行二氧化碳气体施肥，把上午8～10时蔬菜光合效率最高时间内的二氧化碳浓度提高到适宜的浓度范围内。蔬菜生长后期，一般不再进行施肥，以降低生产成本。

（二）施肥时间

晴天，塑料大棚在日出0.5小时后或温室卷起草苫0.5小时左右后开始施肥为宜，阴天以及温度偏低时，以1小时后施肥为宜。下午施肥容易引起蔬菜徒长，除了蔬菜生长过弱，需要促进情况外，一般不在下午施肥。

每日的二氧化碳施肥时间应尽量地长一些，一般每次的施肥时间应不少于2小时。

三、二氧化碳施肥注意事项

1. 二氧化碳施肥后蔬菜生长加快，要保证肥水供应。

2. 施肥后要适当降低夜间温度，防止植株徒长。

3. 要防止设施内二氧化碳浓度长时间偏高，造成蔬菜二氧化碳气体中毒。

4. 要保持二氧化碳施肥的连续性，应坚持每天施肥，不能每天施肥时，前后两次施肥的间隔时间也应短一些，一般不要超过一周，最长不要超过10天。

5. 化学反应法施肥时，二氧化碳气体要经清水过滤后，方能送入大棚内，同时碳酸氢铵不要存放在大棚内，防止氨气挥发引起蔬菜氨中毒。

另外，反应液中含有高浓度的硫酸铵，硫酸铵为优质化肥，可用作设施内追肥。做追肥前，要用少量碳酸氢铵做反应检查，不出现气泡时，方可施肥。

第五节　立体种植

一、不同类蔬菜高矮立体种植模式

这种模式是依据不同蔬菜植株高矮的“空间差”、根系的

“深浅差”、生长的“时间差”和光温的“需求差”来交错种植，合理搭配，以达到高产、高效的目的。典型代表有：

1. **黄瓜、茄果类、豇豆立体种植** 茄果类蔬菜温室栽培于9月上中旬播种，大棚于12月上旬播种，黄瓜温室栽培于10月上旬播种（采用嫁接育苗）大棚栽培于翌年元月上中旬播种。黄瓜和茄果类蔬菜同时定植，时间分别是温室栽培11月上中旬，大棚栽培3月上旬。豇豆于6月上旬在营养钵或营养方内育苗，待黄瓜收后的7月上中旬定植，10月中旬拉秧栽架。一年三茬。

2. **茄果类、生菜、西葫芦、早秋菜立体种植** 这种种植模式只适用于温室。茄果类于9月上中旬播种育苗，11月上旬定植，次年7月上旬拉秧。生菜（即结球莴苣）于9月上旬直播或10月上旬育苗，11月上旬定植，翌年元月上旬或2月上旬一次性采收上市。生菜收后及时施肥整地作畦，元月下旬或2月下旬带蕾定植西葫芦苗（育苗时间在11月上旬）。早秋菜于7月底或8月初播种或移栽，10月初收获完毕，一年四熟。

3. **黄瓜、香椿、茄果类立体种植** 这种模式仅适用于温室。黄瓜10月上旬播种，采取嫁接育苗，11月上旬定植，次年8月上旬拉秧；香椿采用当年生苗或两年生苗，于10月下旬经2～3次大霜后带叶超出，侧根保留10厘米以上，苗子按高矮分级，当天假植在温室背阴处外，覆盖玉米秸或草苫，使苗子完成休眠期，经10～15天叶片全部自然脱落后，即开始移栽。元旦前开始收获香椿嫩芽，收3～4茬后，于3月底移出温室，继续在大田中进行矮化管理，培育壮苗，秋后再用；把腾茬的空地施足底肥，翻好整好后定植茄果类蔬菜。

二、同种蔬菜高矮立体种植模式

这种模式是依据不同蔬菜植株高矮的“空间差”，合理搭配，以达到高产、高效的目的。典型代表有：

1. **茄果类蔬菜种植** 以中晚熟抗病高产品种为主栽行，选用早熟矮秧品种作加行或加株。当加行或加株的果实采收后一次性拔除（辣椒或茄子每株留3个果，在结果处以上保留2片叶摘心或剪下插栽；番茄每株留2穗8～10个果），可使总产增加25%以上。

2. 黄瓜种植　在棚室黄瓜常规栽培的基础上，以原栽培行为主栽行，在主栽行之间加行或加株，当加行或加株栽培的黄瓜长到12片叶，每株留瓜3～4条时，摘除其生长点，使其矮化。待瓜条采摘后，将加行或加株一次性拔除，使棚室黄瓜恢复常规栽培密度，可使产量增加30%左右。

三、菌、蔬菜类立体种养模式

这种模式将食用菌栽培在高茬蔬菜的架下，让蔬菜为食用菌遮光，利用食用菌释放的二氧化碳为蔬菜补充二氧化碳气肥。其栽培模式有黄瓜与平菇套种、西红柿—生菜—食用菌（鸡腿菇）立体种植模式，既能节省有限的种植空间，又能使所种植的植物养分互补，形成一个良性循环的过程，使苗壮、高产、农民增收。

四、无土栽培立体种植模式

无土栽培因其基质轻，营养液供系统易实现自动化而最适宜进行立体栽培。近年，应用无土栽培技术进行立体栽培形式主要有以下5种。

1. **袋式**　将塑料薄膜做成一个桶形，用热合机封严，装入岩棉，吊挂在温室或大棚内，定植上果菜幼苗。

2. **吊槽式**　在温室空间顺畦方向挂木栽培槽种植作物。

3. **三层槽式**　将三层木槽按一定距离架于空中，营养液顺槽的方向逆水层流动。

4. **立柱式**　固定很多立柱，蔬菜围绕着立柱栽培，营养液从上往下渗透或流动。

5. **墙体栽培** 是利用特定的栽培设备附着在建筑物的墙体表，不仅不会影响墙体的坚固度，而且对墙体还能起到一定的保护作用，墙体栽培的植株采光性较普通平面栽培更好，所以太阳光能利用率更高。适合墙体栽培的蔬菜有：生菜、芹菜、草莓、空心菜、甜菜、木耳菜、香葱、韭菜、油菜、苦菜等。

五、设施种养结合生态栽培模式

通过温室工程将蔬菜种植、畜禽（鱼）养殖有机地组合在一起而形成的质能互补、良性循环型生态系统。目前，这类温室已在中国辽宁、黑龙江、山东、河北和宁夏等省、直辖市、自治区得到较大面积的推广。

该模式目前主要有两种形式：

1. 温室“畜—菜”共生互补生态农业模式。主要利用畜禽呼吸释放出的CO_2。供给蔬菜作为气体肥料，畜禽粪便经过处理后作为蔬菜栽培的有机肥料来源，同时蔬菜在同化过程中产生的O_2等有益气体供给畜禽来改善养殖生态环境，实现共生互补。

2. 温室“鱼—菜”共生互补生态农业模式。利用鱼的营养水体作为蔬菜的部分肥源，同时利用蔬菜的根系净化功能为鱼池水体进行清洁净化。

六、温室“果—菜”立体生态栽培模式

利用温室果树的休眠期、未挂果期地面空间的空闲阶段，选择适宜的蔬菜品种进行间作套种。

第六节　病虫害综合防治

一、物理防治病虫

（一）防虫网防病虫技术

防虫网是采用添加防老化、抗紫外线等化学助剂的聚乙烯为

主要原料，经拉丝制造而成的网状织物，具有拉力强度大、抗热、耐水、耐腐蚀、耐老化、无毒无味、废弃物易处理等优点。使用收藏轻便，正确保管寿命可达3～5年。

防虫网覆盖栽培是一项增产实用的环保型农业新技术，通过覆盖在棚架上构建人工隔离屏障，将害虫拒之网外，切断害虫（成虫）繁殖途径，有效控制各类害虫，如菜青虫、菜螟、小菜蛾、蚜虫、跳甲、甜菜夜蛾、美洲斑潜蝇、斜纹夜蛾等的侵入危害以及预防病毒病传播的危害，且具有透光、适度遮光等作用，创造适宜作物生长的有利条件，确保大幅度减少菜田化学农药的施用，使产出农作物优质、卫生，为发展生产无污染的绿色农产品提供了强有力的技术保证。

1. 覆盖形式

（1）*大、中拱棚覆盖*　将防虫网直接覆盖在棚架上，四周用土或砖压严实，棚管（架）间用压膜线扣紧，留大棚正门揭盖，便于进棚操作。

（2）*小拱棚覆盖*　将防虫网覆盖于拱架顶面，四周盖严，浇水时直接浇在网上，整个生产过程实行全程覆盖。

（3）*平棚覆盖*　用水泥柱或毛竹等搭建成平棚，面积以0.2公顷左右为宜，棚高2米，棚顶与四周用防虫网覆盖压严，既能做到生产期间的全程覆盖，又能进入网内操作。

（4）*局部覆盖*　主要用于温室、塑料大棚防雨栽培。防虫网覆盖于温室、塑料大棚的通风口、门等部位。

2. 覆盖技术

（1）*防虫网覆盖前要进行土壤灭虫*　可用50%敌敌畏800倍液或1%杀虫素2 000倍液，畦面喷洒灭虫，或1亩地块用3%米乐尔2千克作土壤消毒，杀死残留在土壤中的害虫，清除虫源。

（2）*防虫网要严实覆盖*　防虫网四周要用土压严实，防止害虫潜入危害与产卵。

（3）*防虫网实行全栽培期覆盖*　对栽培期短的作物，基肥要一次性施足，生长期内不再撤网追肥，不给害虫侵入制造可乘机会。

(4) 拱棚应保持一定的高度　拱棚的高度要大于作物高度，避免叶片紧贴防虫网，网外害虫取食叶片并产卵于叶上。

(5) 发现防虫网破损后应立即缝补好，防止害虫趁机而入。

(6) 高温季节要防网内高温　高温季节覆盖防虫网后，网内温度容易偏高，可在顶层加盖遮阳网降温，或增加浇水次数，增加网内湿度，以湿降温。当最高温度连续超过35℃时，应避免使用防虫网，防止高温危害。

(二) 色板诱杀防病虫技术

色板诱杀技术是利用某些害虫成虫对黄/蓝色敏感，具有强烈趋性的特性，将专用胶剂制成的黄色、蓝色胶粘害虫诱捕器（简称黄板、蓝板）悬挂在田间，进行物理诱杀害虫的技术。该技术遵循绿色、环保、无公害防治理念，可广泛应用于蔬菜、果树、花卉等作物生产中有关害虫的无公害防治。

1. 色板选择　防治蚜虫、粉虱、叶蝉、斑潜蝇选用黄色诱虫板；防治种蝇、蓟马用蓝色诱虫板。

2. 挂板时间　从苗期和定植期起使用，保持不间断使用可有效控制害虫发展。

3. 悬挂方法　用铁丝或绳子穿过诱虫板的两个悬挂孔，将其固定好，将诱虫板两端拉紧垂直悬挂在温室上部；露地环境下，应使用木棍或竹片固定在诱虫板两侧，然后插入地下，固定好。见图12。

图12　色　板

4. **悬挂位置**　对矮生蔬菜，应将粘虫板悬挂于距离作物上部15～20厘米即可，并随作物生长高度增加不断调整粘虫板的高度，但其悬挂高度应距离作物上部15～20厘米为宜。对搭架蔬菜应顺行，使诱虫板垂直挂在两行中间植株中部。

5. **悬挂密度**　防治蚜虫、粉虱、叶蝉、斑潜蝇：在温室开始可以悬挂3～5片诱虫板，以监测虫口密度，当诱虫板上诱虫量增加时，每亩地悬挂规格为25厘米×30厘米的黄色诱虫板30片，或25厘米×20厘米黄色诱虫板40片即可，或视情况增加诱虫板数量。

防治种蝇和蓟马：在温室开始可以悬挂3～5片诱虫板，以监测虫口密度，当诱虫板上诱虫量增加时，每亩地悬挂规格为25厘米×40厘米的蓝色诱虫板20片，或25厘米×20厘米蓝色诱虫板40片即可，或视情况增加诱虫板数量。

6. **后期处理**　当诱虫板上粘的害虫数量较多时，用木棍或钢锯条及时将虫体刮掉，可重复使用。

（三）杀虫灯诱杀技术

该技术利用害虫的趋光、趋波、趋色、趋性等特性，将杀虫灯光波设定在特定范围内，近距离用光，远距离用波，加以害虫本身产生的性信息引诱成虫扑灯，再配以特制的高压电网触杀，使害虫落入专用虫袋内，达到杀灭害虫的目的，见图13。杀虫灯诱杀的害虫主要有鳞翅目、鞘翅目等7个目20多科40多种害虫。

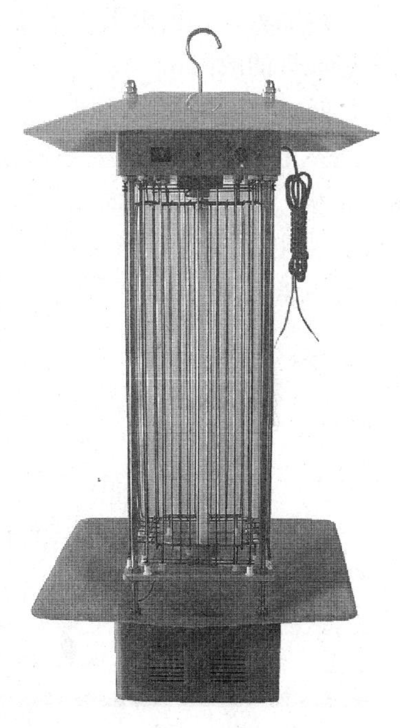

图13　杀虫灯

1. 农业生产中一般在4月

中旬装灯，10月撤灯。

2. 将杀虫灯吊挂在牢固的物体上，然后放在田中。挂灯高度以接虫口对地距离1.3～1.5米为宜。为防止刮风时灯架来回摆动，灯罩也要用铁丝拉于桩上，然后接线。

3. 灯在田中成棋盘状布局。根据实际情况，以单灯辐射半径100米为宜，单灯控制面积为50亩。

4. 接通电源后，按下开关，指示灯亮即进入工作状态。在害虫高发期前开始安装使用，每日开灯时间为20时至次日凌晨6时。每天上午收集诱杀的昆虫，并进行分类鉴定，记载种类和数量。

5. 要及时清理接虫袋和高压电网上的污垢，清理时一定要关闭开关。

6. 当高压网不击虫时，要及时关灯，否则杀虫灯将变成引虫灯，增加为害。雷雨天气不宜开灯，否则极易引起灯内电器短路，造成灯的故障。

（四）电除雾防病技术

温室电除雾防病促生系统由绝缘子挂在温室棚顶的电极线（正极），植株和地面以及墙壁、棚梁等接地设施（负极）组成。当电极线带有高电压时，在正负极之间的空间中产生空间电场。见图14。空间电场产生后，利用这个空间电场能

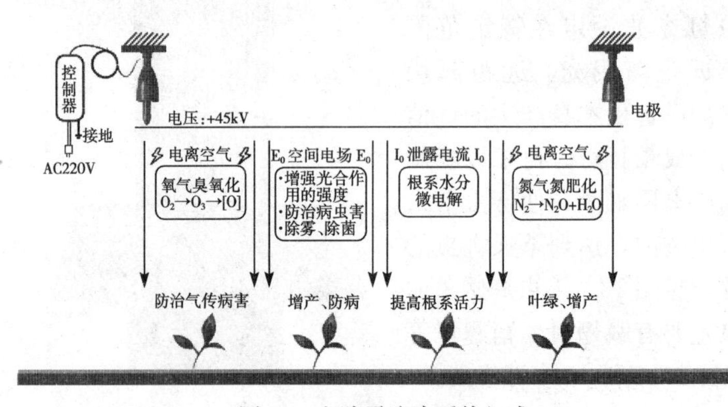

图14　电除雾防病系统组成

够极其有效地消除温室的雾气、空气微生物等微颗粒；通过电极的尖端放电产生臭氧、氮氧化物、高能带电粒子，用于空气微生物的杀灭、异味气体的消解；在空间电场作用下，植物对 CO_2 的吸收加速并使光补偿点降低，显著提高植物的光合强度，提高果实甜度；使空气中的大量氮气转化为氮氧化物，氮氧化物与水汽结合形成空气氮肥，即植物叶面氮肥；由于空间电场作用，土壤—植株生活体系中有微弱电流，该电流与空间直流电晕电场、臭氧、高能带电粒子一同作用，防治了土传病害。

目前，空间电场系列装备在温室整体空间的雾气消除与抑制、温室与大田植物气传病害的预防、部分温室植物土传病害的抑制、连阴天带来的弱光和低根温以及 CO_2 短缺引起的生理障碍的预防、植物产品果实的增甜、增产的示范试验方面取得了很好的效果，是无毒优质蔬菜温室或蔬菜标准园的关键技术装备。

（五）高温闷棚防病技术

高温闷棚技术是利用温室、大棚的温室效应，使温室大棚内温度升高到病菌的致死温度以上，并保持一定的时间，使病菌大部被灭杀。该技术主要用于栽培前的设施消毒和栽培期间对蔬菜霜霉病进行防治。

1. 空闲大棚消毒　夏季7～8月间，对空闲大棚，每平方米施入碎稻草1.5～3千克、生石灰50～100克（如pH值6.5以上用同量的硫酸铵），深翻30厘米以上，整平浇透水，畦面覆盖薄膜（最好是黑色膜），周围用土密闭，封闭棚室20～30天，地表土壤温度≥70℃，15～20厘米土层温度≥50℃，能杀死多种病原菌、线虫及其他虫卵。

2. 防治蔬菜霜霉病　在霜霉病发生初期，于晴天中午密闭大棚，使棚内温度上升至45℃，维持恒温2小时，隔7～10天再处理1次。闷棚前须浇透水，闷棚后须大放风。

二、烟雾防治

烟雾防治技术是将农药加热气化后，农药以分散的细小颗粒均匀扩散后对整个温室或大棚内进行均匀灭菌或灭虫技术。烟雾技术不增加空气湿度，同时烟雾扩散均匀，病虫防治彻底。

（一）烟雾的种类

烟雾分为杀菌类和杀虫类两种。常用的杀菌农药主要有百菌清、速克灵、甲霜灵、甲基硫菌灵、代森锰锌等烟雾。常用的杀虫剂主要为敌敌畏烟雾。

（二）烟雾使用技术

1. 使用的时期 在保护地蔬菜的整个栽培过程中，都适合使用烟雾剂，而以阴雨天以及低温的冬季使用效果为最好。阴雨天以及低温期是植物发病的高峰期，也是病害预防的关键期，而此期由于温室、大棚不通风或很少通风之故，温室、大棚内的空气湿度一般较平日高很多，不适合叶面喷雾防治，因此阴雨天以及冬季是烟雾剂使用的最佳时期。

2. 使用的时间 由于烟雾剂中的农药气化后，分布在空气中的农药颗粒只有沉落到作物的茎叶表面上，才能够发挥其应有的作用，所以一日内最适宜的烟雾剂使用时间为傍晚。傍晚温室、大棚内的温度开始下降，茎叶表面的温度也比较低，空气中的农药颗粒易于沉落到作物的茎叶表面，同时经过一个晚上的长时间沉落，茎叶表面上沉落的农药颗粒也比较多。另外，夜间温室、大棚内的空气湿度也比较高，农药颗粒也能够比较牢固地粘附到茎叶的表面上，得以长时间发挥作用。白天温室、大棚内的温度呈上升之势，作物茎叶表面的温度也由低变高，空气中的农药颗粒不易沉落到茎叶的表面上，药效低，因此白天不适合用烟雾剂防治病虫害。

3. 操作方法 以烟雾剂为例。温室使用烟雾剂一般于下午放下草苫后开始，大棚一般于下午日落前进行。燃烧前，先将温室、大棚的通风口全部关闭严实，而后把烟雾剂均匀排放于温室或大棚的中央，离开作物至少 30 厘米远。由内向外，逐个点燃火药引信，全部点燃后，退出温室、大棚，并将门关闭严实。

（三）注意事项

1. **烟雾的用量要适宜**　从市场上购买的标准烟雾剂，按使用说明书上的使用量用药即可。自制烟雾剂的使用量应按农药的用量进行计算，一般每亩的室内土地面积用药 200～250 克即可。烟雾的用量过大，容易产生烟害。

2. **用药的时间要适宜**　一日内最适宜的烟雾剂使用时间为傍晚，也即当温室、大棚内的温度开始明显下降时用烟雾剂防治病虫的效果为最好。

3. **要保持温室、大棚密闭**　温室、大棚密闭较差时，一方面容易造成其内的烟雾外散，产生浪费；另一方面，外界的风吹入温室、大棚内后，也还会搅动空气，影响空气中的农药颗粒向茎叶沉落。由于烟雾颗粒的沉落速度比较缓慢，故一般要求点燃烟雾剂后，至少 4～5 小时内不准开放温室、大棚的通风口。

4. **要注意人身安全**　烟雾剂中的农药对人体均有不同程度的危害，要注意人身安全。点燃烟雾剂后，应尽量减少在温室、大棚内的停留时间。另外，人进入温室、大棚内进行田间管理前，要先打开通风口，放风 2 小时左右，待温室、大棚内的烟雾量减少后，才能够进入温室、大棚内。

5. **燃烧点要远离作物**　烟雾剂点燃点距离走比较近时，产生的烟雾容易造成周围作物的叶片青枯死亡，通常轻者仅是叶片边沿发生青枯，重者造成大部叶片或整个叶片青枯死亡。要求烟雾剂燃放点与作物的距离不少于 30 厘米。

三、生物防治

病虫害生物防治是指利用各种有益生物或生物的代谢产物来

控制病虫害。生物防治和化学防治相比具有经济、有效、安全、污染小和产生抗药性慢等优点。成功的生物防治方法主要包括以虫治虫、以菌治虫、以病毒治虫、生物制剂防治病虫害等。生物防治是目前发展无公害生产的先进措施，特别适合绿色无公害蔬菜生产基地推广应用。

（一）以虫治虫

1. 利用广赤眼蜂防治棉铃虫、烟青虫、菜青虫 赤眼蜂寄生害虫卵，在害虫产卵盛期放蜂，每亩每次放蜂1万头，每隔5～7天放一次，连续放蜂3～4次。寄生率80%左右。

2. 用丽蚜小蜂防治温室白粉虱 如当番茄每株有白粉虱0.5～1头时释放丽蚜小蜂“黑蛹”5头/株，每隔10天放1次，连续放蜂3次，若虫寄生率达75%以上。

3. 用烟蚜茧蜂防治桃蚜、棉蚜 每平方米棚室甜椒或黄瓜，放烟蚜茧蜂寄生的僵蚜12头，初见蚜虫时开始放僵蚜，每4天一次，共放7次，放蜂一个半月内甜椒有蚜率控制在3%～15%之间，有效控制期52天，黄瓜有蚜率在0～4%之间，有效控制期42天。

此外，生产中还可利用捕食性蜘蛛防治螨类。

（二）以菌治虫

1. 苏云金杆菌防治菜青虫、小菜蛾、菜螟、甘蓝夜蛾等。

2. 白僵菌大面积用于果树、粮食、蔬菜等鳞翅目害虫的防治。

3. 用座壳孢菌剂防治温室白粉虱 对白粉虱若虫的寄生率可达80%以上。

（三）利用生物源农药防治害虫

1. 防治害虫 如茴蒿素植物毒素类杀虫剂，可防治菜蚜、菜青虫、棉铃虫等；浏阳霉素是灰色链霉菌浏阳变种提炼成的一种抗生素杀螨剂，对螨卵有一定的抑制作用；苦参碱为天然植物农药，可防治菜青虫、菜蚜、韭菜蛆等。

2. 防治真菌、细菌病害　如武夷菌素可防治瓜类白粉病、番茄叶霉病、黄瓜黑星病、韭菜灰霉病；井冈霉素是由吸水链霉菌井冈变种所产生的抗菌素，可防治黄瓜立枯病等；春雷霉素可防治黄瓜枯萎病、角斑病和番茄叶霉病等；多抗霉素又名多氧霉素，对黄瓜霜霉病、白粉病、瓜类枯萎病、番茄晚疫病和早疫病、菜苗猝倒病、洋葱霜霉病防治效果较好；农用链霉素、新植霉素防治黄瓜、甜椒、辣椒、番茄、十字花科蔬菜细菌性病害，效果很好。

3. 防治病毒　如10%混合脂肪酸水乳剂（83增抗剂）是由菜籽油中提炼出的制剂，用100倍液，在番茄、甜（辣）椒定植前、缓苗后喷雾，可防治病毒病；抗毒剂1号是由菇类下脚料中提炼制出的，用150倍液可防治茄果类蔬菜病毒病。

四、农业防治

农业防治是在有利于农业生产的前提下，通过选用抗性品种，加强栽培管理以及改造自然环境等手段来抑制或减轻病虫害的发生。农业防治采用的各种措施，主要是通过恶化生物的营养条件和生态环境，以达到抑制其繁殖率或使其生存率下降的目的。

1. 加强植物检疫　根据国家的植物检疫法规、规章，严格执行检疫措施，防止危险性病虫杂草如黄瓜黑星病、番茄溃疡病、美洲斑潜蝇、南美斑潜蝇、肠草等有害生物随蔬菜种子、秧苗、植株等的调运而传播蔓延。

2. 选用抗（耐）病虫品种，培育无病壮苗。

3. 保持设施内适宜的环境　保持设施内适宜的光照，保持适宜的昼夜温差，增强植株的抗性；加强通风，进行地膜覆盖栽培，降低设施内的空气湿度；进行二氧化碳施肥，提高设施内二氧化碳的浓度。

4. 合理轮作、间作、套种　连作是引发和加重作物病虫危害的一个重要原因。在生产中按不同的作物种类、品种实行有计划的轮作倒茬、间作套种，既可改变土壤的理化性质，提高肥力，又可减少病源虫源积累，减轻危害。如与葱、蒜茬轮作，能够减轻果菜类蔬菜的真菌、细菌和线虫病害。

合理选择适宜的播种期，可以避开某些病虫害的发生、传播和危害盛期，从而减轻病虫危害。如大白菜播种过早，往往导致霜霉病、软腐病、病毒病、白斑病发生较重，而适时播种既能减轻病虫危害，又能避免迟播造成的包心不实。

5. **科学施肥** 合理施肥能改善植物的营养条件，提高植物的抗病虫能力。应以有机肥为主，适施化肥，增施磷钾化肥及各种微肥。施足底肥，勤施追肥，结合喷施叶面肥，杜绝使用未腐熟的肥料。氮肥过多会加重病虫的发生，如茄果类蔬菜绵疫病、烟青虫等危害加重。施用未腐熟有机肥，可招致蛴螬、种蝇等地下害虫危害加重，并引发根、茎基部病害发生。

6. **嫁接防病** 嫁接技术的广泛应用有效地减轻了许多蔬菜病虫害的危害。瓜类、茄果类蔬菜嫁接可有效地防治瓜类枯萎病、茄子黄萎病、番茄青枯病等多种病害。

7. **清洁田园** 病虫多数在田园的残株、落叶、杂草或土壤中越冬、越夏或栖息。在播种和定植前，结合整地收拾病株残体，铲除田间及四周杂草，拆除病虫中间寄主。在作物生长过程中及时摘除病虫危害的叶片、果实或全株拔除，带出田外深埋或烧毁。

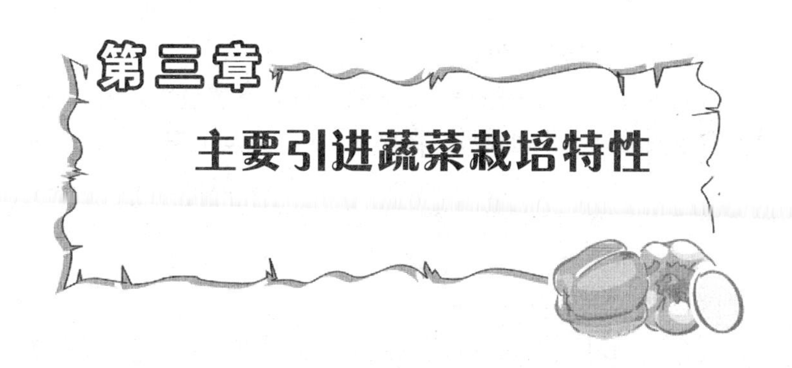

第三章 主要引进蔬菜栽培特性

第一节　引进水果蔬菜栽培特性

一、水果黄瓜栽培特性

水果黄瓜也称为迷你黄瓜，属葫芦科一年生蔓生植物，瓜长15厘米左右，直径约3厘米，表面光滑，外观小巧秀美，而且口味甘甜，主要用来生食和作馈赠礼品，深受人们喜爱，市场前景广阔。

（一）形态特征

水果黄瓜根系分布浅，再生能力较弱。茎蔓性，长可达3米以上，分枝多，侧枝结瓜为主。叶掌状，大而薄，叶缘有细锯齿。

花通常为单性，雌雄同株，雌花有单性结实能力，结瓜能力强，瓜短圆筒形，长15厘米左右，横径3厘米左右，果肉厚，瓜腔小。瓜皮浅绿色，表面光滑无棱沟，果面光滑（图15）。种子扁平，长椭圆形，种皮浅黄色。

图15　水果黄瓜

（二）营养成分及功效

水果黄瓜瓜型袖珍短小，无刺易清洗，口感脆嫩，风味好，营养含量明显高于普通黄瓜。据测定，100克黄瓜中含有水分约96.5克、蛋白质0.6克、脂肪0.2克、碳水化合物2.5克、纤维素0.7克、钙14毫克、镁12毫克、钾148毫克、维生素C2.8毫克、叶酸14.0毫克、维生素A74毫克，还含有丙醇二酸，以及铬等微量元素。

水果黄瓜味甘、性凉、苦、无毒，入脾、胃、大肠经，具有除热，利水，解毒，清热利尿的功效；主治烦渴、咽喉肿痛、火眼、烫伤等。鲜黄瓜内富含丙醇二酸，可以抑制糖类物质转化为脂肪，食用可以充饥而不使人肥胖，故有人称黄瓜为减肥食品。黄瓜中所含的葡萄糖甙、果糖等不参与通常的糖代谢，故糖尿病人以黄瓜代替淀粉类食物充饥，血糖非但不会升高，甚至会降低。吃黄瓜可以利尿，有助于去掉体内过多的水分和清除血液中象尿酸那样的潜在的有害物质。黄瓜中含有的葫芦素C具有提高人体免疫功能的作用，可达到抗肿瘤的目的，此外该物质还可治疗慢性肝炎。黄瓜中所含的丙氨酸、精氨酸和谷胺酰胺对肝脏病人，特别是对酒精肝硬化患者有一定辅助治疗作用，可防酒精中毒。黄瓜中含有丰富的维生素E，可起到延年益寿、抗衰老的作用。黄瓜中的黄瓜酶，有很强的生物活性，能有效地促进机体的新陈代谢，用黄瓜捣汁涂擦皮肤，有润肤、舒展皱纹的功效；黄瓜还能消除皮肤的发热感，使发热皮肤平稳，同时排除毛孔内积存的废物，去除褐斑，使肌肤更加美丽，特别对容易出汗及脸上常长小疙瘩的人更适宜。

水果黄瓜较适宜热病患者、肥胖、高血压、高血脂、水肿、癌症、嗜酒者多食，并且是糖尿病人首选的食品之一；但脾胃虚弱、腹痛腹泻、肺寒咳嗽者都应少吃，因黄瓜性凉，胃寒患者食之易致腹痛泄泻。

（三）主要品种

1. **康德**　长势旺盛，耐寒性好，适合于早春、秋延迟、日光温室越冬栽培。孤雌生殖，单性花，每节1～2个瓜。果实采收长度12～18厘米，表面光滑，味道鲜美，果皮较厚，耐贮耐运。高抗白粉病和结痂病，耐霜霉病，产量高，周年生产一般每亩产量可达2万千克。

2. **翰德**　该品种生长期限短，高产。适宜于春、夏种植。开展度大，易于管理和操作。每节可坐3～4瓜。果实光滑，中等大小，长15～17厘米，有棱线。耐白粉病，抗结痂病。

3. **戴多星**　适于在夏、秋季节和早春种植，生产期较长，开展度大。果实呈墨绿色，微有棱，长16～18厘米。该品种可在露地、大棚和温室里生长，果实味道好，抗黄瓜花叶病毒病、白粉病等。

4. **塔桑**　该品种开展度大，长势好。清脆可口，微有棱，墨绿色，瓜皮光滑。产果期较长。抗白粉病和结痂病。

（四）对栽培环境的要求

喜温怕寒。生育适温为15～32℃，气温降至10～12℃时，生育非常缓慢，生长基本停止。喜光、耐阴，喜湿不耐旱。结果期要求长时间保持土壤湿润，适宜的土壤湿度为80%左右。

适合于富含有机质、保水保肥能力强的肥沃壤土上栽培。适宜的pH值为5.5～7.6。喜肥，每生产100千克的瓜，约需要氮280克、磷90克、钾990克。

（五）栽培技术要点

1. **栽培方式**　水果黄瓜以保护地栽培为主，适于秋冬温室，冬春温室及春大棚种植，作为特种蔬菜供应元旦、春节及五一。春大棚栽培，2月上中旬播种，3月中下旬定植，苗龄35天左右。秋冬温室栽培，8月上中旬育苗，8月中下旬嫁接，9月上中旬定植，10月中旬开始收获。

2. **育苗**

（1）*育苗方法*　在温室内或塑料大棚内育苗。冬春育苗要加强温度管理，夏秋育苗要覆盖遮阳网和防虫网。春季和秋季栽培黄瓜一般不需要嫁接育苗，冬季栽培黄瓜需要嫁接育苗。

（2）种子处理　将选好的种子用温水浸泡10分钟左右，然后放入55～60℃的热水中浸泡10～15分钟，然后加入凉水，把水温降低到25～30℃，浸种6～8小时。捞出种子，沥干水分，用消过毒的湿布包好，放于25～30℃温度下避光催芽，催芽期间每10～12小时用清水淘洗一边种子，洗净后包好继续催芽，芽长3～5毫米时准备播种。

对带菌的种子浸种后可放于1 000倍的高锰酸钾溶液中浸泡20分钟，捞出用清水漂洗后再催芽。

（3）育苗钵育苗要点

①育苗钵选择　采用上口径8厘米的营养钵育苗。

②配制育苗土或育苗基质　育苗土中，田土用量40%左右，腐熟秸秆或碎草的用量为30%左右，鸡粪、猪粪的用量30%左右。每立方米土内混入磷酸二铵、硫酸钾各0.5～1千克，或混入氮磷钾复合肥（15-15-15）2千克左右。

基质育苗一般用草炭和蛭石混合做基质。草炭与蛭石一般按2∶1比例混合，混合基质时，每立方米基质内混入干鸡粪10～12千克或育苗专用缓释肥。

育苗土和育苗基质可用蒸汽消毒，将蒸汽用塑料管送入基质箱或基质堆内，保持堆内温度70～90℃，时间1小时。也可每方土或基质中拌入50%多菌灵可湿性粉剂150克和50%辛硫磷乳油150毫升。

③播种　将育苗钵排于育苗床或育苗架上，然后逐一浇透水，水渗后每钵播种一粒带芽的种子。播种深度1厘米左右。播种后覆盖地膜保湿防落干。

④苗期管理　出苗期保持温度20～32℃，最低不低于15℃。开始出苗后，揭掉地膜，降低温度，夜间温度12～20℃，白天20～28℃。并加强通风，保持充足光照。注意浇水管理，防止育苗土或基质干燥。苗期不地面追肥，可用0.5%～1%浓度的复

合肥液，或者用预先沤制的有机肥液加水稀释至色浅味淡状，浇水时用肥液代替水浇入育苗钵里即可。瓜苗长大，苗床发生拥挤时，倒苗 1～2 次。瓜苗长出 3～4 片真叶时开始定植。

（4）嫁接育苗要点

①嫁接砧木　用黑籽南瓜或白籽南瓜做砧木。

②嫁接方法

A. 靠接法　要求砧木、接穗两者的茎粗相当。黄瓜催芽后密集播种于育苗床内（种子间距 2 厘米左右），5～7 天后在育苗钵内播种砧木，每钵一粒。砧木子叶展平、刚露真叶时开始嫁接。

去除砧木的真叶、生长点、侧芽，在砧木生长点下 0.5 厘米处，用刀片向下切深约 1/2 茎粗的斜口，切口的斜面长度约 1 厘米。黄瓜苗在生长点下 1.5 厘米处向上切深约 2/3 茎粗的斜口，切口长度约 1 厘米，然后将二者切口对插嵌和，用塑料夹固定。后栽于育苗钵内。见图 16。

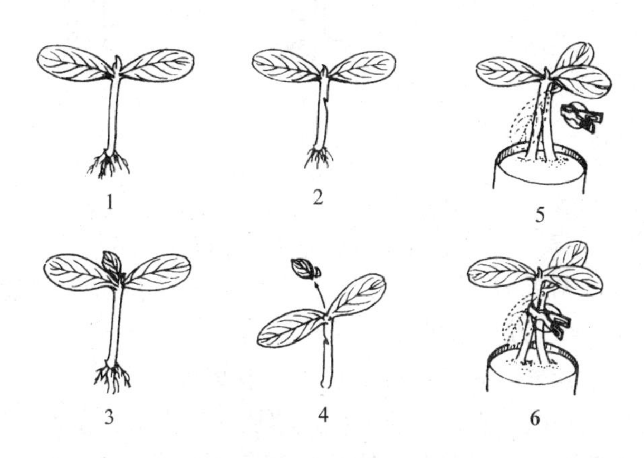

图 16　黄瓜靠接示意图

1. 黄瓜苗　2. 黄瓜苗切口　3. 南瓜苗　4. 南瓜苗去心、切口
5. 瓜苗接合　6. 接口固定

B. 插接法　要求砧木茎比接穗茎粗一些，嫁接时以砧木苗

出现真叶为宜。在育苗钵内播种砧木，每钵一粒。3～5天后播种黄瓜，密集播种于育苗床内（种子间距2厘米左右），黄瓜子叶展平、刚露真叶时开始嫁接。

用刀片削除砧木生长点，将竹签由砧木切口向下斜插45度，深约0.8厘米，形成斜楔形孔（注意竹签不要穿破砧木下胚轴表皮）。在黄瓜子叶下方1～1.5厘米处，用刀片以30度角向下削成长约0.8厘米的楔形面（刀口要平），把接穗削面朝下插入砧木苗的插孔中。见图17。

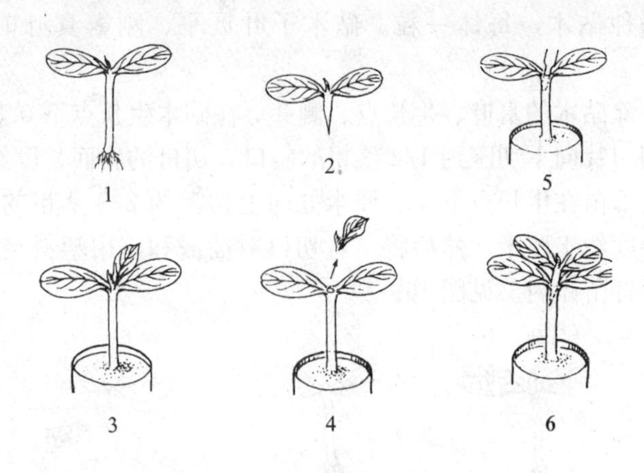

图17　黄瓜靠接示意图

1. 黄瓜苗　2. 黄瓜苗穗　3. 南瓜苗　4. 南瓜苗去心
5. 南瓜苗茎插孔　6. 黄瓜苗穗插入

③嫁接苗管理要点　嫁接后头三天要保持苗床温度25～30℃，并保持弱光、潮湿。三天后开始通风，降低湿度，1周后可转入正常管理。靠接苗成活后（一般嫁接后第9～10天），从嫁接部位下切断黄瓜苗茎，并将短茎从地里拔出。在黄瓜长到二叶一心和四叶一心时各喷一次乙烯利，浓度掌握在100～180毫克/千克，提高雌花的比例。一般在嫁接后的20～25天即可移栽。

3. 定植　定植前15天施基肥，每亩施用充分发酵的鸡粪

4 000～5 000 千克，耕深 20～30 厘米，耙平，按 80～90 厘米和 40～50 厘米大小行距起垄，或做成高出地面 20 厘米的高畦，畦面宽 80～90 厘米，畦沟 30～40 厘米。定植前 7 天铺地膜。

选择晴天进行定植，采用双行错位法，行株距 60～70 厘米×30～35 厘米，栽后及时浇水。

4. 田间管理

（1）*温度管理*　缓苗后，白天保持 25～28℃，夜间保持 13～20℃。结果期白天保持 25～28℃，夜间上半夜 15～20℃。

（2）*肥水管理*　缓过苗时浇一次水，之后控水。坐瓜后开始浇水，保持地面湿润。首次采收后，每亩施尿素 10 千克。结瓜盛期 5 天左右随水追一次肥，一般每亩施尿素 7.5 千克、硫酸钾 10 千克。结瓜后期追肥以钾肥为主，适量补充氮肥，一般随水每亩施硫酸钾 10 千克、尿素 5 千克。

（3）*植株调整*　从第 6 节开始留瓜，1～5 节位的瓜应及早疏掉。采用塑料吊绳引蔓吊蔓，用银灰色吊绳最好，有驱避蚜虫的作用。中部每节可以留 1～2 条瓜，疏掉多余的花。瓜蔓爬到绳顶后，将下部老叶摘除、落蔓，落蔓后重新引蔓上架。管理得当时，植株可达到 10 米左右，每株结瓜 50～60 条。

（4）*改善光照条件*　越冬茬小黄瓜生长期间正处于弱光季节，要及时清除膜上的灰尘，保持薄膜良好的透光性。有条件的温室可在后墙张挂反光幕，增加温室内的反射光。

5. 主要病虫害防治

（1）*主要病害防治*　黄瓜主要病害有霜霉病、白粉病、灰霉病、细菌性角斑病等。

①黄瓜霜霉病　霜霉病主要发生在叶片上。病叶自下而上蔓延，初期叶面出现淡黄色病斑，叶背面出现水浸状圆形小斑，后渐变成黄褐色。湿度大时病斑背面出现灰黑色霉层。干燥时病斑干枯易碎裂。严重时病斑连成片，短期内整张叶片枯死。

主要防治措施：选用抗病品种；清洁菜园；及时整枝吊蔓，

清除老叶和病叶病枝；增施有机肥，氮磷钾配合施肥；设施栽培加强通风管理，进行膜下沟灌等；设施栽培采用高温闷棚防治，具体做法：选晴天上午 10：00 左右关闭大棚，使棚内温度尽快升至 45℃左右，保持 2 小时，然后缓慢放风降温；发病初期，用 80%大生可湿性粉剂 600～800 倍液，或 58%代森锰锌可湿性粉剂 500 倍液，或 72.2%普力克水剂 800 倍液，或 52.5%抑快净水分散粒剂 1 000～1 500 倍液，或 72%杜邦克露可湿性粉剂 800～1 000 倍液等叶面喷雾，5～7 天 1 次，连喷 3～4 次；设施栽培还可以选用 10%百菌清烟剂或 15%克菌灵烟剂，亩用药 200～250 克，于傍晚密闭温室、大棚后点燃。

②黄瓜炭疽病　叶片感病，最初出现水浸状纺锤形或圆形斑点，外围有一紫黑色圈，似同心轮纹状，干燥时，病斑中央破裂，叶提前脱落。果实发病，表皮出现暗绿色油状斑点，病斑扩大后呈圆形或椭圆形凹陷，呈暗褐或黑褐色，当空气潮湿时，中部产生粉红色的分生孢子，严重时致使全果收缩腐烂。

主要防治措施：选用抗病品种；用无菌种子播种；加强植株营养管理，氮磷钾配合施肥；加强田间通风管理，降低地面湿度。播种前用 40%福尔马林 100 倍液浸种 30 分钟，冲洗净后播种；发病初期，随时摘除病叶，并用 80%代森锌可湿性粉剂 800 倍液，或用 50%甲基硫菌灵可湿性粉剂 1 000 倍液喷雾，7～10 天喷 1 次，共喷 3～4 次。

③黄瓜白粉病　发病初期先从下部叶正面或背面产生白色近圆形的小粉斑，以后逐渐扩大相互连接加厚、成片，最后白粉遍布整个叶面，后期变为乌白色或灰色。叶片黄褐色干枯，一般不脱落。叶柄、茎秆被害，症状和叶子上的相似，但白粉量少。

主要防治措施：选择抗病品种；选择地势较高，利于排水的田块种植；施足底肥，忌偏施氮肥；及时清除田间病残体；设施栽培注意通风，降低空气湿度。发病初期，用 1%农抗 BO-10 水剂 100～150 倍液，或 2%农抗 120 水剂 200 倍液，或 15%粉锈宁水剂 800～1 000 倍液，或 40%多硫 300 倍液，或 47%加瑞农可湿性粉剂 500～600 倍液，或 40%福星 8 000～10 000 倍液喷雾，7～10 天 1 次，连喷 2～3 次；保护地栽培，可选用 30%或 45%百菌清烟剂，前者亩用 300 克，后者 250 克，密闭棚室熏一夜，7 天 1 次，连熏 4～5 次。也可以喷 5%百菌清粉尘剂，或 5%加瑞农粉尘剂，亩每次 1 千克，7 天喷 1 次，连喷 3～4 次。

④黄瓜灰霉病　病菌多从开败的雌花侵入，致花瓣腐烂，并长出淡灰褐色的霉层，进而向幼瓜扩展，到脐部成水渍状，花和幼苗褪色，变软，腐烂，表面密生灰褐色霉状物。被害瓜轻者生长停滞，烂去瓜头，重者全瓜腐烂。烂瓜、烂花上的霉状物或残体落于茎蔓和叶片上导致叶片和茎蔓发病。叶片先从叶尖发生，初为水浸状，后为浅灰褐色，病斑中间有时产生灰褐色霉层，常使叶片上形成大型病斑，并有轮纹，边缘明显，表面着生少量灰霉。茎蔓发病严重时下部的节腐烂，导致茎蔓折断，植株死亡。

主要防治措施：彻底清洁田园；施用充分腐熟的机肥料；加强增光和通风排湿。发病初期，叶面喷洒 50%速克灵可湿性粉剂 2 000 倍液，或扑海因可湿性粉 1 500 倍液，或 50%克霉灵可湿性粉 800～1 000 倍液，隔 7～10 天 1 次，防治 3～4 次；设施栽培，选用 40%百扑烟剂，或 40%百速烟剂，亩每次用 250～350 克，熏烟 4～6 小时，7 天左右熏一次，连续 2～3 次。也可用 10%灭可粉尘剂，或 10%杀霉灵粉尘剂，或 10%多霉威粉尘剂，于傍晚闭棚后喷粉，亩用 1 千克，隔 8～10 天喷粉一次，连续使用 2～3 次；始花期用保果灵 500 倍液，或保丰灵 2 500 倍液，对水 1 250 倍液加入 0.1%用量的 50%速克灵或 50%扑海因蘸雌花。

⑤黄瓜细菌性角斑病　发病初期，初生针尖大小的水渍状斑点，扩大时受叶脉限制呈多角形灰褐斑，易穿孔或破裂。茎部发病，呈水渍状浅黄褐色条斑，后期易纵裂，湿度大时分泌出乳白

色菌脓。果实发病，初呈水渍状小圆点，迅速扩展，小病斑融合成大斑，果实软化腐烂，湿度大时瓜皮破损，全瓜腐败脱落。有时病菌表面产生灰白色菌液，干燥条件下，病部坏死下陷，病瓜畸形干腐。

主要防治措施：选无病的种子；与非瓜类作物轮作2～3年；采用高畦地膜覆盖栽培，适时放风排湿，避免田间积水和漫灌；收获后清洁田园。对带菌种子用40%福尔马林150倍液浸种1.5小时，或用农用硫酸链霉素或氯霉素500倍液浸种2小时，用清水洗净后催芽播种；发病初期，棚室可选用5%加瑞农粉尘剂，或5%脂铜粉尘剂喷粉，亩用药1千克，隔7～10天1次，连续使用2～3次；也可以于发病初期，喷洒47%加瑞农可湿性粉剂800倍液，或72%农用硫酸链霉素4 000倍液，或50%琥胶肥酸铜可湿性粉剂500倍液，或新植霉素可湿性粉剂4 000倍液，7～10天1次，连喷3次。

(2) *主要虫害防治*　黄瓜主要害虫有蚜虫、白粉虱等。蚜虫用黄色纸板涂10号机油诱杀，或用洗衣粉400～500倍溶液、10%吡虫啉可湿性粉剂4 000～6 000倍液、3%莫比朗乳油1 000～1 500倍液防治，设施内用22%敌敌畏烟剂250千克熏杀；白粉虱可用20%灭扫利乳剂2 000倍液，或25%烯啶噻啉乳油2 000～2 500倍液喷雾，设施内用22%敌敌畏烟剂250千克熏杀。

(六) 收获

一般在雌花开放6～10天，瓜条长12～16厘米，横径达2～2.5厘米时即可采收。采收时为了提高其商品性，最好留0.5厘米瓜柄用剪刀剪下。

二、洋香瓜栽培特性

洋香瓜也叫厚皮甜瓜，是葫芦科甜瓜属甜瓜种厚皮甜瓜亚种的栽培种。洋香瓜以其香甜可口的风味而受到全世界人民的喜爱，较我国原产的薄皮甜瓜耐运输贮藏，瓜肉浓郁芳香，香气四溢，被誉为瓜果中之“皇后”，在我国港澳和东南亚市场需求量很大，是老幼皆宜的饭后水果型蔬菜。在长江流域和华南地区栽培洋香瓜，成熟期早，比新疆哈密瓜和兰州白兰瓜上市早，价格高，经济效益好，同时还可一年三熟，供应期很长，是一种值得推广的很有发展前途的高档饭后水果型蔬菜，随着人民生活水平的提高，将日益显示其重要性（图 18）。

图 18　洋香瓜

（一）形态特征

根系发达，主根可深入土层 1 米以上，侧根延伸直径可达 2～3 米，但主要根系分布在 30 厘米以上的耕作层；根再生能力弱，宜小苗移栽。在江南多雨地区，主根浅，侧根发达，木质化较早。要注意中耕除草和排水。

茎蔓生粗壮，圆形有棱，分枝性强，子蔓、孙蔓发达，每一叶腋内都有可能发生幼芽、卷须、雄花或两性花。

单叶互生，叶柄有短刚毛，叶形大，近圆形或肾形，较薄皮甜瓜大而色淡绿，保持足够数量的功能叶进行光合作用，是优质高产的基础。

花为雄性和两性花同株，虫媒花，雄花单性；结实花为两性，柱头三裂，子房下位，柱头外围有三组雄蕊，雄蕊的花粉具有正常功能，因而自然杂交率低。结实花着生习性是主蔓不发生或很少发生两性结实花，一般以子蔓或孙蔓结果为主，孙蔓及上部子蔓第 1 节就着生结实花，在上午 6～10 时开花，也是最佳授粉期，气温低，则开花时间稍延迟。

瓠果，是由子房和花托共同发育而成，圆球形或长圆形，外果皮为蜡质或角质，较厚，皮色黄白，绿褐等。果皮光滑或具网纹，裂纹、棱沟等，果肉为发达的中、内果皮，有白、翠绿、黄、橘黄等色。成熟时各种酶使淀粉转化为糖，果胶酶使果胶转化成果胶酸和醇类，而糖、酸和醇都溶于水，使果肉变得柔软酥脆，还有一种酶能使酸和醇合成具有香味的酯类，因此，成熟果变得松软多汁、甜而芳香。

种子扁平，长卵圆形，表面光滑，黄白色，千粒重为 30～60 克，单果有种子 400～600 粒，在干燥低温密封条件下，能保持发芽力 10 年，一般寿命为 5～6 年。

（二）营养成分及功效

甜瓜含蛋白质、糖类、粗纤维、钙、磷、铁、维生素 A 原（胡萝卜素）、维生素 B_1、维生素 B_2、维生素 C、维生素 PP 等。甜瓜的维生素含量与西瓜差不多，而磷和铁的含量比西瓜高，钙的含量竟比西瓜高几倍，糖的含量一般为 10%左右，有的甚至可达 18%～20%。见表 10。

表 10　甜瓜（香瓜）的营养成分（每 100 克中含）

成分名称	含量	成分名称	含量	成分名称	含量
可食部（%）	78	水分（克）	92.9	能量（千卡）	26
能量（千焦）	109	蛋白质（克）	0.4	脂肪（克）	0.1
碳水化合物（克）	6.2	膳食纤维（克）	0.4	胡萝卜素（毫克）	30
尼克酸（毫克）	0.3	维生素 A（毫克）	5	核黄素（毫克）	0.03
维生素 C（毫克）	15	硫胺素（微克）	0.02	维生素 E（T）(毫克)	0.47
钙（毫克）	14	磷（毫克）	17	铜（毫克）	0.04
钠（毫克）	8.8	镁（毫克）	11	锰（毫克）	0.04
锌（毫克）	0.09	硒（微克）	0.4	铁（毫克）	0.7
钾（毫克）	139				

中医认为，洋香瓜类的果品性质偏寒，还具有疗饥、利便、益气、清肺热止咳的功效，适宜于肾病、胃病、咳嗽痰喘、贫血和便秘患者。

洋香瓜不仅是夏天消暑的水果，而且还能够有效防止人被晒出斑来。洋香瓜中含有丰富的抗氧化剂，而这种抗氧化剂能够有效增强细胞防晒的能力，减少皮肤黑色素的形成。另外，每天吃一个瓜可以补充水溶性维生素C和B族维生素，能确保身体保持正常新陈代谢的需要。

洋香瓜富含胡萝卜素，摄食后能在体内转化成维生素A，达到保护眼睛及抗细胞氧化压力的目的。研究还发现，多摄取胡萝卜素能抑制摄护腺癌发生。

（三）主要品种

1. 伊丽莎白　从日本引进的早熟厚皮甜瓜杂交一代品种。该品种全生育期90天，果实发育期30天，果实光亮黄艳，单瓜重0.5～1千克，果实整齐，坐瓜一致。果肉白色，肉厚2.5～3厘米，肉软、质细、多汁、味甜，可溶性固形物含量13%～15%，种子黄白色，单株结瓜2～3个，本品种早熟性好，高产优质，适应性广，抗逆性较强，易于栽培，在河北、北京、山东等地栽培面积较大。

2. 状元　中国台湾省农友种苗公司育成的厚皮甜瓜杂交一代种，该品种早熟，易结果，开花后40天左右成熟，成熟后果面呈金黄色，果实橄榄形，脐小，单瓜重1.5千克，果肉白色，靠腔部为淡橙色，可溶性固形物含量14%～16%，肉质细嫩，品质优良，果皮坚硬，不易裂果，但贮藏时间较长时有果肉发酵现象。本品种株形小，适于密植，低温下果实膨大良好，该品种在山东保护地内种植面积较大。

3. 密世界　从中国台湾省农友种子公司引进。耐低温和高湿，炎夏高温条件下仍能正常结果，果呈圆球形，单果重1.5千克，白皮、肉色淡绿，肉质柔软，细嫩多汁，中心糖度14～16度。棚早熟覆盖栽培，播种期在1月底2月初，苗龄控制在30～35天，具3～4片真叶，及时移栽定植，苗栽800株，株距25～30厘米，双蔓整枝。配合人工受粉，及时防病治虫，控制坐果率，单株 2～3 果。定植前施足基肥。

4. 火凤凰 最新一代以色列网纹洋香瓜，果呈圆卵型，成熟后果皮橘红色，表皮网纹精密漂亮，果型艳丽美观，植株生长健旺，易坐果，高抗病，单果重 1.2～1.7 千克，果肉厚而呈橙红色，香甜多汁并带浓厚果香，糖度达 15～16 度，开花后约 40～50 天便成熟，产量高且耐贮运，诚是新一代网纹洋香瓜王。

5. 金姑娘 中国台湾省农友种苗公司育成，属于中果、早熟、黄皮品种，果实高球至橄榄型，脐小，表皮金黄色，果面光滑或偶有稀少网纹，果肉呈纯白色，单果重 1.0～1.5 千克，果实含糖量通常在 15～18 度之间，果肉不易发酵，清甜可口，风味优美，品质稳定。生长周期短，全生育期 80 天左右，开花后 30～35 天左右成熟，属早熟种，成熟时果皮变为金黄色，采收期容易判别，耐贮运性好。适合高温季节栽培，植株强健耐病，栽培较为容易，生长后期植株不易衰弱，抗逆性强。一般亩产可达 2 000 千克左右，经济效益显著。

（四）对栽培环境的要求

洋香瓜性喜暖热、干燥、多日照的气候。生育期间，白天适温为 28～30℃，夜间适温 16～20℃，土温 20～25℃，最低限温度在地下 15 厘米处土温保持 18℃以上。气温 35℃以上能正常生长结果，15℃以下发育受抑，10℃时停止生长。昼夜温差大，有利于果实膨大和糖分的积累，否则，果面网纹差，糖度低，品质低下。

生育期光照不足，又遇高温，则易发生茎蔓徒长和落花落果。若每天光照 12～14 小时以上，则侧蔓发生早，生长快，雌花多。早熟品种需要总日照时数 1 100～1 300 小时，中熟种为 1 300～1 500 小时，晚熟品种为 1 500 小时以上，光补偿为4 000 勒克斯，饱和点 55 000 勒克斯。

对水分要求严格，一方面炎热夏季中午高温时，每平方米叶面积蒸腾 5～5.5 克水来散热，以适应炎热的气候；另一方面要求空气相对湿度低于 50%，以有利于糖分转化和积累。

对土壤要求，以疏松、土层厚、肥沃、通气性好的砂壤土为宜，四面通风，土壤保水力强，pH6.0～6.8，忌连作，一般行三年轮作。对肥料要求，亩产2.5吨的洋香瓜，约吸收N7千克、P2.5千克、K11千克、Ca7.5千克。忌用含氮的氯化钾或氯化铵等肥料。

（五）栽培技术要点

1. **栽培方式** 洋香瓜主要进行保护地栽培，栽培方式主要有："小拱棚＋地膜"双覆盖早熟栽培方式、日光温室和塑料大棚栽培方式；温室和塑料大棚无土栽培方式等。

目前利用日光温室、大棚，采用多层覆盖，基本可以实现周年生产。冬、春茬栽培，一般在11～12月播种，第二年1～2月定植，3月下旬至5月上旬收获；早春茬栽培，1～2月播种，3月份定植，5月下旬至7月收获；秋茬栽培，6月末至7月初播种，8月上旬定植，9月下旬至10月初采收；秋、冬茬栽培，7月末至8月初播种，8月中旬定植，11月中旬收获。各地可根据当地气候条件、设施性能和栽培水平，适当提前或延后栽培。

2. **嫁接育苗**

（1）*砧木选择* 选用野生甜瓜、新土佐南瓜、黑籽南瓜或白籽南瓜等做砧木，采取插接技术嫁接。

（2）*种子处理* 育苗前，用55℃的水浸种，迅速搅拌，待水温下降后浸泡6小时，然后搓洗使种子表面干净，用湿毛巾包裹放在28℃左右的温度下催芽。芽长约0.5厘米时播种。

洋香瓜种子上容易携带病菌，除了热水消毒外，还可以在浸种后，用1 000倍的高锰酸钾溶液浸种20分钟，捞出种子用清水漂洗后再进行催芽。

（3）*配置育苗土或育苗基质* 用口径10厘米的大育苗钵育苗。营养土最好选用比较肥沃而未种过瓜类的砂壤土或前茬为豆类、葱蒜类的地块，取13～17厘米处的地表层土；肥料用猪圈肥、驴马粪、厩肥等，肥料必须充分腐熟。营养土的配制比例约为猪圈肥：土＝2：1。肥、土用网筛筛选好。配制的营养土应每立方米加100克50%多菌灵可湿性粉剂和100克50%辛硫磷乳油，同时加1千克磷酸二铵或复合肥，混匀后，加盖塑料膜或湿草帘，闷2～3天后装钵。

育苗基质一般按2：1比例将草炭与蛭石混合，混合时，每立方米基质内混入干鸡粪10～12千克或育苗专用缓释肥。

（4）培育砧木苗和接穗苗　先播砧木，每育苗钵播种1粒带芽的种子，3～4天后再播种洋香瓜，种子间距1～1.5厘米。

播种后，出苗前应保持25～28℃的地温。当70%幼苗出土后，应及时揭去地膜，并适当降温，防止下胚轴徒长。白天保持20～25℃，夜间16～18℃，控制浇水。如土表干裂，可覆以少量潮湿的细沙，以减少蒸发。嫁接前1～2天适当通风炼苗，以提高幼苗的抗逆性。

（5）嫁接　砧木苗第一片真叶展开，接穗苗真叶露尖前开始嫁接。用刀片削除砧木生长点，将竹签由砧木切口向下斜插45度，深约0.8厘米，形成斜楔形孔，然后剪取接穗，在接穗子叶下方1～1.5厘米处，用刀片以30度角向下削成长约0.8厘米的楔形面，把接穗削面朝下插入孔中。

（6）嫁接苗管理　嫁接后一周内保持温度25℃左右，一周后气温白天23～24℃，夜间18～20℃，地温24℃，定植前一周夜温降至13～15℃。

嫁接后头2天密封管理，不换气，使棚内空气湿度达到饱和状态。3～4天后逐渐通风，5天后嫁接苗新叶开始生长，应增加通风量，8天基本成活后开始正常管理。

嫁接后3天盖草苫遮光，避免阳光直射引起接穗凋萎，2～3天后在早上、傍晚除去覆盖物，使嫁接苗接受散射光，以后逐渐增加见光量，10天后恢复正常管理。遮光时间过长影响嫁接苗生育，只要嫁接前秧苗茁壮，嫁接时幼苗大小适宜，不过分强调遮光。

防病杀菌：嫁接苗在高温、高湿和有伤口的情况下，极易感病，因此在伤口愈合期内，应喷洒百菌清、农用链霉素等杀菌剂防病灭菌。

3. 定植 洋香瓜为短期作物，肥料以速效性的为佳。一般每亩施鸡粪 2 500～3 000 千克、磷酸二铵 100 千克、钾肥 30 千克，肥料撒匀后喷 500 倍的辛硫磷。施肥后再整平作畦。采用地膜覆盖高畦栽培，日光温室内畦高 30 厘米，畦底宽 110 厘米，面宽 80 厘米，沟底宽 40 厘米；大棚畦高 20 厘米，底宽 80 厘米，畦面宽 60 厘米，沟底宽 40 厘米。

低温期要求土壤温度稳定在 15℃以上后定植。每畦栽 2 行，冬暖式大棚栽培行距 80 厘米，大棚栽培行距 60 厘米，株距35～40 厘米，呈"之"字形排列，每亩植 1 500～2 200 株。冬暖式大棚多采用吊绳立式栽培，大拱棚多采用搭架栽培。

定植移栽应在晴天进行。采用"暗水定植法"。先挖穴，穴里灌足水，将幼苗放下，待水渗下后用土将穴填满。适宜的种植密度每亩为 2 000 株，小果形品种种植密度可达每亩 2 200 株，大果形品种可种植稀些，每亩保苗 1 800 株。

4. 田间管理

（1）*温度管理* 定植后白天 27～30℃，夜间不低于 20℃，地温 27℃左右，缓苗后逐渐降温，营养生长期白天 25～30℃，夜间不低于 15℃，地温 23～25℃。苗期温度不足时可加盖小拱棚以及在棚膜下方悬挂一层二道膜进行保温，遇到连阴天时要进行人工加温。

（2）*改善光照条件* 越冬茬洋香瓜生长期间正处于弱光季节，要及时清除膜上的灰尘，保持薄膜良好的透光性。有条件的温室可在后墙张挂反光幕，增加温室内的反射光。

（3）*肥水管理* 定植后 4～7 天浇缓苗水，控制棚内相对湿度 50%～70%，以减少病害的发生。

伸蔓期应浇小水，底肥中速效肥不足时，结合浇水在距根部 10～15 厘米处挖穴施少量氮肥促伸蔓，施肥后立即浇水。开花前一周控制水分（视田间长势而定），防止植株徒长。

幼瓜鸡蛋大小时进入膨瓜期，此时是洋香瓜生长需肥水最多的时期，是追肥的关键。该期应适当控制氮肥，重施磷、钾肥。一般每亩用磷酸二铵30～40千克，硫酸钾10～15千克。在距瓜根部20～30厘米处，点穴或开沟施入，浇此肥水后，隔7～10天再视土土壤墒性确定是否浇水。

果实近成熟时控制水分，保持适当干燥有利于提高品质。此时如土壤水分过量，成熟期延后，果实易引起裂果及病害等，无网纹品种果面则易发生稀疏网纹，白皮品种则易引起绿白不均的皮色或果面污点症，影响外观。

网纹洋香瓜品种开花后14～20天进入果实硬化期，果面开始形成网纹，如网纹形成初期水分过多，容易发生较粗的裂纹，网纹不美。因此宜在网纹形成前7天左右减少水分，待网纹逐渐完成时，再渐渐增加水分，以促进果实膨大及网纹完美。如果土壤太干则果面的网纹很细且不完全，外观亦不美。在灌水时根部尽量保持干燥，降雨时应尽快把畦沟积水排出，切勿积水。

（4）整枝吊蔓　为适应大棚洋香瓜密植的特点，多采用立架栽培，以充分利用棚内空间，更好地争取光能。常用竹竿或树棍、尼龙绳为架材。架型以单面立架为宜，此架型适于密植，通风、透光效果好，操作方便。架高1.7米左右，棚顶高2.2～2.5米，这样立架上端距棚顶要留下0.5米以上的空间（称空气活动层），利于空气流动，可降低湿度，减少病害。

大棚洋香瓜多采用单蔓整枝，也有少量双蔓整枝的，单蔓整枝有利于早熟。单蔓整枝时，主蔓10节以前不留子蔓，子蔓在幼芽时即抹掉，选择主蔓10～12节上的子蔓坐瓜，坐瓜子蔓留1～2片真叶摘心，定瓜时每株只留1个发育好的瓜。主蔓长到25片真叶左右时打顶。搭架栽培中，保证坐果节位以上有15片或更多的健全叶片，对增加单瓜重、提高含糖量有好处。双蔓整枝时，选留两条子蔓第8节以上的孙蔓坐瓜，8节以下孙蔓全部疏掉，坐瓜孙蔓留1～2片叶摘心，两子蔓25片叶打顶，每株留2个瓜。此种整枝法多用于土壤肥沃、施肥量较大的地块上。

（5）人工保花保果　低温期，外界气温较低，棚内昆虫较少，必须采取相应措施解决授粉问题。天气正常情况下，人工授粉是最常用的方法，劳动力不足时，可利用蜜蜂进行昆虫传授。花期遇阴雨天，不易坐瓜，可使用坐瓜灵等生长调节剂处理雌花促进坐果。使用方法有两种：一种是喷洒法，在当天开花的雌花或开花前一天的雌花上，用坐瓜灵可湿性粉剂200～400倍液喷洒瓜胎；另一种是涂抹法，用坐瓜灵10～20倍液涂抹在瓜柄上。使用坐瓜灵要注意正确使用浓度及方法，否则影响商品瓜质量。

（6）留瓜　幼果长到鸡蛋大小时，选留果形较长且端正者，顺便去除残留的花瓣。单蔓整枝时，大果品种每蔓留1果，小果品种最多每蔓留2果。

（7）衬瓜、套袋和吊瓜　为使果实清洁美丽，着色均匀，减少果实病虫害，以及喷药时，避免农药直接接触果实，留果后最好进行套袋垫衬瓜垫。直立式栽培留果后要用细绳吊住果梗部，固定在支柱横向铁丝上，以防瓜蔓折断和果实的脱落。

5. 主要病虫害防治

（1）主要病害防治

①霜霉病　初期叶片上出现水浸状黄色小斑点，高温、高湿条件下病斑迅速扩展，受叶脉限制呈多角形，淡褐色至深褐色。潮湿时病斑背面长出灰黑色霉层，病情由植株下部逐渐向上蔓延，茎、卷须、花梗等均能发病。严重时，病斑连成片，全叶黄褐色干枯卷缩，直至死亡。

主要防治措施：选用抗病品种；培育健壮植株，采用地膜覆盖，合理浇水，加强放风管理，控制田间温、湿度，特别要防止叶片结露或产生水滴；设施栽培可采用高温闷棚法控制发病；发病初期交替用72.2%普力克水剂800倍液，或64%杀毒矾可湿性粉剂 500 倍液，或 25%甲霜灵可湿性粉剂 500 倍液防治，设施内可用百菌清粉尘剂喷粉或烟雾剂熏治。

②细菌性角斑病　初为水渍状浅绿色斑点，渐变淡褐色，背面因受叶脉限制呈多角形，后期病斑中部干枯脆裂，形成穿孔。潮湿时病斑上溢出白色或乳白色菌脓，不同于霜霉病。果实和茎上染病，初期也呈水浸状，严重时溃疡或裂口，溢出菌液，病斑干枯后呈乳白色，中部多生裂纹。

主要防治措施：

选用抗病品种；播种前种子用 100 万单位农用链霉素 500 倍液浸种 2 小时；及时清除田间病残体；设施栽培时采取地膜覆盖、膜下浇水、小水勤浇等灌溉措施，并进行合理放风，降低棚内湿度；发病初期交替喷施农用链霉素、新植霉素、DT 杀菌剂、DTM 等。

③炭疽病　叶柄或蔓染病，初为水浸状淡黄色圆形斑点，稍凹陷，后变为黑色，病斑环绕茎蔓一周后全株枯死。叶片染病，初为圆形至纺锤形或不规则形水浸状斑点，有时现出轮纹，干燥时病斑易破碎穿孔，潮湿时叶面长出粉红色黏稠物。果实染病初期呈水浸状凹陷褐色病斑，凹陷处常龟裂，湿度大时病斑中部产生粉红色黏稠物，严重时病斑连片腐烂。

主要防治措施：

选用抗病品种；播前温汤浸种消毒；进行苗床消毒，培育无病壮苗；加强通风排湿，降低设施内湿度；发病初期交替喷洒 70%甲基托布津 1 000 倍液，或 70%代森锰锌 500 倍液防治。

④白粉病　发病初期叶面产生圆形白粉斑，后逐渐扩大到叶片正、背面和茎蔓上，病斑连成片，整叶布满白色粉状物，严重时叶片变黄干枯，有时病斑上产生小黑点。

主要防治措施：

选用抗病品种；培育壮苗，增强植株抗病力；设施内加强通风透光、降低湿度；发病初期交替喷洒 20%粉锈宁乳剂 2 000 倍液，或50%硫悬浮剂300倍液，或40%福星乳油6 000～8 000倍液等防治。

⑤疫病　幼苗发病多从嫩尖开始，初呈暗绿色水浸状，软腐后枯死呈干尖状。叶片发病初期呈暗绿色水渍状圆形病斑，后逐渐扩大，潮湿时软腐，干燥时呈青白色，易破裂。茎节部发病，初呈水渍状暗绿色，病部缢缩，维管束不变色，患部以上叶片萎蔫。瓜条上病斑凹陷，初为水渍状暗绿色，逐渐缢缩，潮湿时表面密生白色菌丝，迅速腐烂，发出腥臭味。

主要防治措施：

选择抗病品种；种子消毒；采用嫁接栽培；选择地势高燥、排水良好的地块，增施腐熟有机肥，忌大水漫灌，防止湿度过大；发现病株立即拔除深埋；发病初期交替喷洒杀毒矾、甲霜灵、甲霜灵锰锌、普力克等。

（2）主要虫害防治

①瓜蚜　消灭虫源；在设施内挂银灰色薄膜或采用银灰色地膜覆盖，可起到避蚜作用；有翅蚜对黄色有趋性，在瓜蚜迁飞时可用黄板诱蚜；发生初期及时用抗蚜威、菊马、溴氰菊酯等交替喷洒，设施内可用杀瓜蚜烟雾剂或敌敌畏烟雾剂熏杀。

②温室白粉虱　消灭虫源；设施通风口增设防虫网或尼龙纱等，控制外来虫源；人工繁殖释放丽蚜小峰（按每株15头的量释放丽蚜小蜂成蜂），进行天敌防治；温室内设置黄板诱杀；虫害发生初期选用扑虱灵、溴氰菊酯、功夫等交替喷洒，设施内也可选用溴氰菊酯烟剂或杀灭菊酯烟剂进行熏烟防治。

（六）采收

1. 采收适期的判别　洋香瓜的糖分在果实近成熟期前后急速增加，如果采收过早，不但糖分低而且肉质不好；采收过晚又影响贮运力，因此采收适期应该是果实糖分已达最高点而且品质尚未变软时最好。早熟品种大多容易脱蒂，贮运性亦较差，应把握接近脱蒂前采收为宜。而晚熟品种则不宜过早，否则糖分达不到标准。一般洋香瓜品种之收获适期可依下列方法综合判定之。

(1) 果皮色变化　果实成熟时，果皮容易变色的品种变为黄色、橘黄色、黄绿色、乳白色等，可依果皮的变色情形判别采收适期。

(2) 果蒂周围发生离痕　当果梗与果实着生部开始发生裂纹迹象而且未脱蒂前即行采收。

(3) 果梗或果蒂周围有黄化特征　无网纹品种在低温期采收有此特征居多。

(4) 结果蔓上之老叶类似黄化缺镁的症状。

2. 收获　在气温低的清晨进行采收为宜，采收后果实放置在阴凉场所，避免重叠，待果温及呼吸作用下降后再行分级包装装箱。一般洋香瓜有后熟作用，采收后在室温下经 2～3 天品质最好，为适食期。洋香瓜贮藏时间愈久，则糖度渐低。

三、微型西瓜栽培特性

微型西瓜是指单瓜重不超过 2.5 千克的西瓜，由于其具有品种花色多、外形美观、携带和储藏方便等优点，适合城市家庭消费，近年来在国内特别是北京、上海等大中城市发展迅速。特别是利用设施栽培，使果实成熟期调节到“五一”、“十一”、“春节”，作为礼品瓜身价倍增。一些地方还结合当地旅游资源进行观光采摘，成为都市假日经济的支柱产业之一（图 19）。

图 19　微型西瓜

（一）形态特征

微型西瓜根系入土深，发达。茎蔓性，分枝力强，可进行

3～4级分枝。茎基部易生不定根。真叶深裂或浅裂，叶片小，叶面密生茸毛并带有蜡粉。

单性花，雌雄同株。雌花无单性结实能力。雌、雄花均清晨开花，午后闭合，属半日性花。果实圆形或椭圆形，果型较小，单瓜重1.5～2千克，一般不超过2.5千克。果实皮色浅绿、绿色、墨绿或黄色等，果面有条带、网纹或无。果肉颜色大红、粉红、橘红、黄色以及白色等多种，质地硬脆或沙瓤。味甜，中心可溶性固性物含量10%～14%。

种子扁平，卵圆或长卵圆形。种皮褐色、黑色、棕色等多种。千粒重20～25克，种子使用寿命3年。

(二) 营养成分及功效

西瓜除了不含脂肪外，汁液中几乎包括了人体所需要的各种营养成分，如维生素A、B、C和蛋白质、葡萄糖、蔗糖、果糖、苹果酸、谷氨酸、瓜氨酸、精氨酸、磷酸及钙、铁、磷和粗纤维等，见表11。

表11 西瓜的营养成分含量（每100克中含量）

成分名称	含量	成分名称	含量	成分名称	含量
可食部	56	水分（克）	93.3	能量（千卡）	25
能量（千焦）	105	蛋白质（克）	0.6	脂肪（克）	0.1
碳水化合物（克）	5.8	膳食纤维（克）	0.3	胆固醇（毫克）	0
灰分（克）	0.2	维生素A（毫克）	75	胡萝卜素（毫克）	450
视黄醇（毫克）	0	硫胺素（微克）	0.02	核黄素（毫克）	0.03
尼克酸（毫克）	0.2	维生素C（毫克）	6	维生素E（T）（毫克）	0.1
a-E	0.06	(β-γ)-E	0.01	δ-E	0.03
钙（毫克）	8	磷（毫克）	9	钾（毫克）	87
钠（毫克）	3.2	镁（毫克）	8	铁（毫克）	0.3
锌（毫克）	0.1	硒（微克）	0.17	铜（毫克）	0.05
锰（毫克）	0.05	碘（毫克）	0		

西瓜皮含葡萄糖、氨基酸、苹果酸、番茄素以及维生素C

等多种成分，瓜皮晒干后，可解暑去热，消炎降压，还可减少胆固醇在动脉壁上的沉积。西瓜味甘性寒，有清热消烦、止渴解暑、宽中上气、疗喉痹、利小便、治血痢、解酒毒的功效。适用于中暑发热、热盛津伤、烦闷口渴、尿少尿黄、喉肿口疮等。急性热病发热、口渴、汗多、烦躁时，饮新鲜西瓜汁，可清热止渴。西瓜皮鲜用或晒干后入药，味甘性凉，有清热利尿消肿之功效，可治小便不利、水肿以及湿热黄疸等症。西瓜皮的绿色部分，“西瓜翠衣”，可治疗水肿、烫伤、肾炎等病，用其煎汤代茶，也是很好的消暑清凉饮料。

吃西瓜时，也有一些需要注意的问题。一是不要吃得过多，否则伤脾胃，引起咽喉炎；二是感冒初期不要吃西瓜，否则会使感冒加重或延长治愈的时间；三是不要吃打开过久的西瓜，西瓜打开过久易变质、繁殖病菌，食用了会导致肠道传染病；四是肾功能不全者不要吃；五是口腔溃疡者不要吃；六是糖尿病患者要少吃。

（三）主要品种

1. 日本黑美人 早熟西瓜品种，瓜体小、甜度高。单瓜重一般1.5～2.5千克，瓜体椭圆形，外皮墨绿色，瓜瓤色泽鲜红、艳丽。坐瓜能力强，单株可坐瓜5个以上。瓜皮韧性强，耐运输、耐储藏。春季栽培90天就可上市。

2. 早春红玉 是由日本引进的特早熟小型杂交一代西瓜品种，春季种植坐果后35天成熟，夏秋种植坐果后25天成熟。果实长椭圆形，绿底条纹清晰，植株长势稳健，果皮厚0.4～0.5厘米，瓤色鲜红，肉质脆嫩爽口，中心糖度12.5度以上。单瓜重2.0千克，保鲜时间长，商品性好。

3. 特小凤 是由中国台湾省引进的极早熟小果型品种，果实高球形至微长球形，果重1.5～2千克，外观丰满优美，果形整齐。果皮极薄，肉色晶黄，肉质极为细嫩脆爽，甜而多汁，纤维少，中心糖12度左右，尤其靠皮部品质与心部同样甜美，品质特优，种子极少。果皮韧度差，不耐贮运。植株生长稳健，易坐果，结果多，适于秋、冬、春三季栽培，在高温多雨时期结果，稍易裂果，应注意灌水及避免果实在雨季发育。

4. **黄小玉**　是由日本引进的极早熟品种。早春栽培全生育期95～100天，果实成熟期30天左右。生长势中等，抗病抗逆性强，耐低温弱光。果实高球形，果皮绿色底上有墨绿色条带，单果重2千克左右，坐果性好，可连续坐果。果肉鲜黄色，肉质细嫩，纤维极少，口感风味极佳。种子少，食用方便。中心可溶性固形物含量12%～13%。

5. **万福来**　由韩国汉城种苗株氏会社引进，果实椭圆形，单果重1.8～2.2千克。果皮绿色，条纹细，外观及品质极似早春红玉。坐果性能好，在低温弱光条件下也能正常坐果，连续坐果能力强，产量稳定。果肉鲜红色，果皮极薄，糖度13度左右，口感极好，产量高。

6. **新小玉**　由韩国进口的特早熟礼品瓜品种。该品种长势稳健，坐果率极高；果实为椭圆形，表面鲜绿，覆盖墨绿细齿条纹，红瓤，籽少，肉质细脆，品质极佳，商品性好。坐果至成熟约24天，中心糖度14%左右，平均单果重2千克左右。早熟保护地栽培经济效益最高，适宜秋、冬、春三季栽培，立架及地爬栽培均可。每亩800株左右，采用双蔓整枝，苗期控制灌水，果实膨大期及时灌水，及时采收。适合保护地及露地栽培，全国各地均可种植。

7. **荷兰迷你西瓜**　荷兰进口优质早熟迷你西瓜品种，学名“佩普基诺”。生长周期60～85天。搭架后单株高1.2～1.8米，每株产量在60～90个左右。分枝力强，连续坐果能力强，适宜春、夏季栽培。果实椭圆形，外观小巧，成熟后长度仅为3～4厘米。易坐果，果实外皮柔滑细嫩，可直接吃，连西瓜籽也可食用，虽然外表与普通西瓜无异，但“佩普基诺”内瓤为青绿色，口感如黄瓜般清脆爽口。口味略带柠檬味，风味极佳。适宜日光充足、塑料大棚等地栽培。若采用室内育苗，待长出叶片后移栽于户外，效果更佳。地爬、立架均可，立架产量更大，更易种植。种植在质地疏松、肥沃、排灌方便的田块，栽种期间注意肥水供应，以提高产量。土壤pH值中性或偏弱酸性，利于提高品质。

8. **日本新小兰** 由日本引进小兰类型黄心早熟小西瓜，极早熟，成熟期24～27天，单瓜重3千克左右，覆盖绿色细齿条纹，外观美，花皮黄瓤，质脆籽少，含糖量高，梯度小，耐贮运，商品性佳。

（四）对栽培环境的要求

喜温怕寒。发芽期的适宜温度为25～30℃，茎叶生长适宜温度18～30℃，10～13℃生长停滞。开花结瓜期的适宜温度为25～32℃，低于18℃，果实发育不良，膨瓜期和变色期以30℃左右最好。西瓜的耐热能力比较强，能忍耐35℃以上的高温。

喜光怕阴。但变色期的瓜不耐强光，长时间直射果面时，容易发生日烧。结瓜期要求日光照时数10～12小时以上，短于8小时结瓜不良。

耐干燥和干旱的能力强。适宜的空气湿度为50%～60%，开花坐瓜期要求80%左右。适宜的土壤湿度为半干半湿至湿润，土壤湿度长时间过高，通气不良时，容易发生烂根。

对土壤的要求不严格，适应性强，以土层深厚、疏松通气的沙壤土为最好。不耐碱，适宜的土壤pH值为5～7。需肥量较大，其中需钾最多，其次为氮，磷最少，三要素的吸收比例为$N:P_2O_5:K_2O=3.28:1:4.33$。另外，嫁接西瓜对镁的需求量也比较大，供应不足时，容易发生叶枯病。

（五）栽培技术要点

1. **栽培方式** 微型西瓜适合露地和设施栽培，而以设施栽培的产量和质量为最好，经济效益也最高。设施栽培是目前微型西瓜的主要栽培方式，主要栽培形式有日光温室栽培、塑料大棚栽培等。西瓜不耐重茬，重茬栽培必须进行嫁接栽培。

2. **育苗** 用营养钵育苗，营养土配制比例：65%田土加

35％的腐熟猪牛粪，再加0.1％的三元复合肥混合拌匀。

一般用长葫芦或新土佐南瓜作砧木，将种子浸入温水18～20小时，捞出后用湿纱布包好，放入瓷盆中，保持24～25℃催芽，出芽后播种。每钵一粒，覆1厘米厚的细土。播后插竹拱，盖好农膜，将苗床四周盖严压实。

当葫芦苗子叶分开，真叶显露时开始处理西瓜种。用55～60℃热水浸种10～15分钟后，在30℃下继续浸种8～10小时，捞出后在20～25℃温度下催芽，出芽后密集播种于木箱内或苗床内。

在西瓜苗子叶分开真叶显露，葫芦或南瓜苗第一片真叶展开时嫁接。嫁接前3～4天苗床喷一次500倍百菌清消毒，嫁接时棚内温度控制在20～25℃左右。切掉葫芦或南瓜苗的生长点和真叶，用刀片在两子叶中间由上至下切一长0.8～1厘米的口。将西瓜苗在子叶下1厘米各削一刀，使接穗刀口呈楔形，然后插入砧木的切口中，使接穗与砧木外缘对齐，并用塑料嫁接夹固定。

嫁接后7～10天光照不宜太强，一般上午不揭帘，10天后逐渐揭帘透光，上午10点至下午4点要遮阴，之后逐日增加光照，并使棚内湿度保持在95％以上。白天温度控在20～25℃左右。幼苗长出3片真叶时定植。

3. 定植　提早施足底肥，每亩施农家肥3 000千克、饼肥100千克、复合肥30千克。高畦栽培，提早覆盖地膜增温，择晴天移栽。

立架栽培按1米行距做畦，即畦面宽70厘米，沟宽30厘米，畦高30厘米，单行定植在畦中央。株距60～70厘米，每亩栽1 100～1 200株。

爬地栽培按照340厘米行距（带沟），开宽50厘米，深30厘米的丰产沟。沟内施肥，将肥土混匀后。按株距35～40厘米，大行距3米，小行距40厘米定植在沟两边，每亩500株左右。

4. 田间管理

（1）温度管理　棚内保持 25～28℃，不低于 15℃。

（2）植株调整　支架栽培一般采用双蔓整枝法，当子蔓长至 40～50 厘米时，选留一条健壮子蔓和主蔓构成双蔓，其余瓜蔓及时除掉。当植株长到 50～60 厘米高时搭架，多用吊绳引蔓，每蔓一条尼龙吊带。

爬地栽培可保留 3～4 条侧枝结果，让茎蔓在地里均匀分布即可。

结瓜蔓在坐果节位以上留 10～15 片叶后即可打顶，西瓜膨大后，顶部再伸出的孙蔓，以不遮光为原则决定去留。

（3）人工授粉　早春栽培小西瓜，需要进行人工辅助授粉，一般在第二朵雌花开放时开始授粉。于上午 8～9 时进行，1 朵雄花的花粉授一朵雌花。授粉时要小心操作，不可触及雌花果柄及子房，并且把雄花花粉尽可能多地均匀涂抹在雌花柱头上。同时做好标记，留作采收参考。

（4）肥水管理　瓜苗定植后到伸蔓前，浇水量不宜过大。伸蔓后浇一水，促进伸蔓。开花坐果期不浇水，防止徒长和促进坐果。幼瓜长到鸡蛋大时，小水勤灌，保持地面湿润，一般每 3～4 天浇一次水。西瓜膨瓜期和定果期，在久旱遇雨和连续阴雨天气，注意利用大棚膜防雨，防止裂果。

坐果后每亩追肥复合肥 20～30 千克。果实发育中后期为防止早衰，可于晴天下午 5 时左右喷施 0.2%磷酸二氢钾或叶面宝，以提高产量和果实品质。若蓄留二茬瓜，在第一茬果快要采收、二茬瓜坐位时，每亩再追施三元复合肥 15 千克。

（5）选瓜吊瓜　选留第 2～3 个雌花坐的瓜。当瓜长到鸡蛋大小时，支架栽培一株留 2 瓜，选留果柄粗且长、发育快、无损伤、不畸形、大小较一致的幼瓜。当瓜长到碗口大、约 0.5 千克时，用塑料网袋吊瓜。

爬地栽培每株留瓜不超过 3 个。

（6）割蔓再生　当第一茬瓜全部采收后随即剪蔓，在主蔓基部嫁接部位上40厘米左右处剪断，把剪下的茎蔓清除大田，每株追施有机复合肥20克促侧蔓早发，发枝后按照前面留枝法选留侧枝继续结瓜。

5. 主要病虫害防治

(1) 主要病害防治　西瓜主要病害有霜霉病、白粉病、炭疽病等，可参考洋香瓜进行防治。

西瓜主要害虫有蚜虫和潜叶蝇。蚜虫用黄色纸板涂10号机油诱杀，或用洗衣粉400～500倍溶液、10%吡虫啉可湿性粉剂4 000～6 000倍液、3%莫比朗乳油1 000～1 500倍液防治；潜叶蝇用40%绿菜宝800倍液进行防治。

(六) 收获

西瓜一般坐果后30天左右采收，在生产中可视运输远近而定采收标准，就地销售的可于九至十成熟时采收，外地贩运的可在八至九成熟时采收。

四、樱桃番茄栽培特性

樱桃番茄又称葡萄番茄、小番茄、圣女果、珍珠番茄等，在国外有“小金果”、“爱情果”之称。不仅色泽艳丽、形态优美，而且味道适口、营养丰富，除了含有番茄的所有营养成分之外，其维生素含量比普通番茄高。目前，水果番茄已经成为酒店、茶馆的主要果盘水果之一，也是普通百姓招待亲友的主要水果之一(图20)。

图20　樱桃番茄

（一）形态特征

樱桃番茄根系发达，主要分布在30厘米的耕作层或更深，横向伸展可达1米以上，根的再生能力极强。茎半蔓生，多为无限生长型，茎节处易生不定根。叶互生。

花黄色，自花授粉。果实有圆球形、洋梨形，果色有红、粉红、黄、橙色等。单果重10～20克，心室2～4室，多汁浆果。果实硬度大，耐贮运。种子千粒重2.7克。

（二）营养成分及功效

樱桃番茄中含有丰富的谷胱甘肽和番茄红素等特殊物质。这些物质可促进人体的生长发育，特别可促进小儿的生长发育，并且可增加人体抵抗力，延缓人的衰老。另外，番茄红素可保护人体不受香烟和汽车废气中致癌毒素的侵害，并可提高人体的防晒功能。近些年来美国、德国科学家发现，番茄制品中的番茄红素不但可防癌、抗癌，特别是可防前列腺癌，而且还可治疗前列腺癌。樱桃番茄中维生素PP的含量居果蔬之首，维生素PP的作用是保护皮肤，维护胃液的正常分泌，促进红细胞的生成，对肝病也有辅助治疗作用。樱桃番茄所含的苹果酸或柠檬酸，有助于胃液对脂肪及蛋白质的消化。

（三）主要品种

樱桃番茄品种主要来自国外，近年来国内也选育出了较为优良的品种，优良品种有：

1. 台湾圣女 引自中国台湾省。无限生长型，生长势中等，抗病性强。耐热，早熟，复花序，果实红色，形状似枣，果长4～5厘米，横径2厘米，单果重14克左右。一花穗可结60个果左右，双杆整枝时1株可结500个果以上。果肉多，脆嫩，糖度8～9度，风味优美，种子少，不易裂果，是优质上等的礼品番茄。

2. 红小丽 引自中国台湾省。无限生长型樱桃西红柿品种，生长势旺盛，坐果力强，产量特高，抗病极强，果实上下均匀一致，大而美观，无畸形果，颜色鲜艳明亮，单果重18～20克左右，口感好，糖度12%，耐运输。适合拱棚越夏和早春、早秋大棚栽培。

3. **千禧**　引自中国台湾省。植株长势极强，生长健壮，属无限生长类型。株高150～200厘米，抗病性强，适应范围广。果柄有节，果实排列密集，单穗可结14～25个果，单株坐果量大。单果重14克左右，果实圆球形，果肉厚，果色鲜红艳丽，风味甜美，不易裂果，产量高，采收期长。

4. **红太阳**　引自日本。中早熟。第一花序着生在第6～7节，花序间隔3节，叶绿色。圆形果，成熟后果色变红。果肉较多，口感酸甜适中，风味好，品质佳，抗病性强。单干或双干整枝，每穗坐果最高可达60多个，平均单果重15克。

5. **新星**　引自美国的杂交一代樱桃番茄品种，植株生长属于无限生长型，早熟，单果重16克左右。果实粉红色，圆枣形果，其可溶性固形物含量最高，可达8%，含糖高，折光糖度达12.6度，由于果实含有大量维生素C，数值高达41.7毫克/千克，是普通番茄的2.51倍，所以营养特别丰富，口味浓郁，并且耐贮存和运输。

6. **维纳斯**　引自美国的杂交一代樱桃番茄品种。中早熟。第一花序着生在第6～7节，花序间隔3节，叶绿色。圆形果，成熟后果色变橙黄。果肉较多，果皮较薄，口感酸甜适度，风味好，品质佳，抗病性强。单干或双干整枝，每穗坐果最高可达60个，平均单果重17克。

7. **北极星**　引自美国的杂交一代樱桃番茄品种。植株生长属于无限生长型，叶量偏少，中早熟。单果重15克左右。果实亮红色，枣形果，果肉较多，口感酸甜适中，营养丰富，其可溶性固形物含量5.6%，比普通番茄中杂9号高出0.4个百分点，富含维生素C，含量为31毫克/千克，比普通番茄高出14.4毫克/千克，由于果实枣形和果肉较厚等原因。非常耐贮存和运输。

（四）对栽培环境的要求

喜温暖，生长适温24～31℃，比一般大番茄耐热。对光线反应敏感，光照不足时易徒长。较耐旱，不耐湿，以排水良好、土层深厚、肥沃的微酸性土壤种植为宜。

（五）栽培技术要点

1. 栽培方式 樱桃番茄的适应能力比较强，适合露地和保护地栽培，而以保护地栽培效果最好，不仅产量高，而且果实不易裂果，品质稳定，是主要的栽培方式。北方地区多进行温室全年栽培，南方地区则以塑料大棚早春栽培和秋延迟栽培为主。

2. 育苗 营养土用充分腐熟的有机肥与未种过茄科作物的肥沃土壤各半，在播前7～10天拌匀过筛，并拌施5千克过磷酸钙，喷洒多菌灵进行土壤消毒，堆放备用。

用高锰酸钾1 000倍液浸种20分钟后，放在温水中继续浸种6小时。捞出种子，甩干水，用湿纱布保湿，于25℃左右催芽，露白后播种。

樱桃番茄种子价格高，为保证较高的成株率，要求种子分粒摆播，并覆盖营养土0.5厘米。出苗前保持较高温度，出苗后为防止徒长，应注意通风。幼苗二叶一心期，分苗于育苗钵中。成活后定植前，根据秧苗长势，喷1 500毫克/升比久，或浇洒300毫克/升矮壮素，抑制徒长。

3. 定植 定植前，每亩施腐熟有机肥5 000千克，饼肥100千克，复合肥50千克，过磷酸钙20千克，基肥沟施。按80厘米、60厘米大小垄距起垄或作1.3米宽高畦栽培。高畦栽二行，株距30厘米。定植后覆盖地膜。

4. 田间管理

（1）肥水管理 定植后浇一水，促幼苗生长，之后控制浇水，防止徒长。第一穗果座住后开始浇水，结果期要勤浇水，浇小水，保证水分供应。

第一果穗开始膨大时追第一次肥，每亩开穴施复合肥 30 千克，缺钾肥的地区可增施硫酸钾 10 千克。以后每隔 15 天左右追肥一次，交替冲施有机肥沤制液和硝酸钾、磷酸二氢钾。

结果期每隔 7～10 天叶面喷肥一次，可选用磷酸二氢钾 300 倍液喷施，也可选用其他有机液肥。

（2）*吊蔓整枝*　多采用单干整枝的方式，保留主干结果。当株高达 25 厘米时，用银灰色塑料绳来吊蔓固定植株，植株长到绳顶后，及时松蔓落蔓，将下部茎蔓缠绕在地面上，上部继续向上引蔓生长。植株下部的黄叶、老叶，要及早摘除。

（3）*温度和光照管理*　开花结果期以白天 23～30℃，夜间以 12～15℃为宜。温度偏高时要加强通风，温度低于 10℃时，要加强增温和保温措施。

选用透光率高的薄膜，经常保持膜面清洁，在日光温室的后墙挂反光膜，尽量增加光照的强度和时间。

（4）*保花保果*　水果番茄常常发生落花落果现象，严重影响产量。生产中要保证适宜的温度和湿度，加强施肥，改善通风透光条件。对已开放的花朵进行振动，促使花粉散出落在柱头上授粉，或用防落素溶于水后配制成 0.003%～0.005%浓度的溶液，在花半开时喷花。

5. 主要病虫害防治

（1）*主要病害防治*　水果番茄主要病害有早疫病、病毒病、灰霉病和叶霉病等。

①早疫病　叶片发病初呈针尖大的小黑点，后发展为不断扩展的轮纹斑，边缘多具浅绿色或黄色晕环，中部现同心轮纹。茎部染病，多在分枝处产生褐色不规则圆形或椭圆轮纹斑，深褐色或黑色。青果染病，始于花萼附近，初为椭圆形或不定形褐色或黑色斑，凹陷，直径 10～20 毫米，后期果实开裂，病部较硬，密生黑色霉层。

主要防治措施：种植耐病品种，实行轮作，合理密植；保护地番茄防止棚内湿度过大、温度过高；保护地内喷洒百菌清粉尘剂或用百菌清烟剂或速克灵烟剂防治；发病初期可交替喷洒扑海因、百菌清、甲霜灵·锰锌、杀毒矾、乙·扑等。

②灰霉病　青果受害重，残留的柱头或花瓣多先被侵染，后向果面或果柄扩展，致果皮呈灰白色，软腐，病部长出大量灰绿色霉层，果实失水后僵化；叶片染病多始自叶尖，病斑呈V字形向内扩展，初水浸状、浅褐色、边缘不规则、具深浅相间轮纹，后干枯表面生有灰霉致叶片枯死；茎染病，开始亦呈水浸状小点，后扩展为长椭圆形或长条形斑，湿度大时病斑上长出灰褐色霉层。严重时引起病部以上枯死。

主要防治措施：

保护地加强通风和浇水管理，降低空气湿度；发病后及时摘除病果、病叶和侧枝；用无病苗定植；2，4－D或防落素中加入0.1％的50％速克灵或50％扑海因，使花器着药；保护地内施用特克多烟剂或速克灵烟剂、百菌清烟剂防治；发病初期交替喷洒50％速克灵可湿性粉剂1000倍液，或40％嘧霉胺悬浮剂800倍液防治。

③病毒病　主要有花叶型（叶片上出现黄绿相间，或深浅相间斑驳，叶脉透明，叶略有皱缩的不正常现象，病株较健株略矮）、蕨叶型（上部叶片变成线状，中、下部叶片向上微卷）、条斑型（在叶片上为茶褐色的斑点或云纹，在茎蔓上为黑褐色斑块，变色部分仅处在表层组织，不深入茎、果内部）、巨芽型（顶部及叶腋长出的芽大量分枝或叶片呈现线状、色淡，致芽变大且畸形）、卷叶型（叶脉间黄化，叶片边缘向上方弯卷，小叶呈球形，扭曲成螺旋状畸形）和黄顶型（病株顶叶叶色褪绿或黄化，叶片变小，叶面皱缩，病株矮化，不定枝丛生）6种症状。

主要防治措施：

选用抗病品种；种子消毒处理；定植后，早中耕锄草，及时培土，促进发根，晚打杈，早采收；及时防治蚜虫；发病初期交替喷洒植病灵、病毒A等。

④叶霉病　叶霉病在番茄的叶、茎、花、果实上，都会出现的症状，但是常见的是发生在叶片上，初期在叶片背面出现一些退绿斑，后期变为灰色或黑紫色的不规则形霉层，叶片正面在相应的部位退绿变黄，严重时，叶片常出现干枯卷缩。

主要防治措施：

利用无病种子；晴天中午高温闷棚，密闭温室升温至30～33℃，并保持2个小时左右，然后及时通风降温，对病原有较好的控制作用；采用合理放风、双垄覆膜、膜下灌水的栽培方式，降低温室内空气湿度；及时整枝打杈。发病初期用用47%加瑞农可湿性粉剂600～800倍液，或2%武夷菌素水剂（BO-10）150倍液防治。

（2）*主要虫害防治*　番茄害虫主要有白粉虱、蚜虫等。蚜虫用黄色纸板涂10号机油诱杀，或用洗衣粉400～500倍溶液、10%吡虫啉可湿性粉剂4 000～6 000倍液、3%莫比朗乳油1 000～1 500倍液防治，设施内用22%敌敌畏烟剂250千克熏杀；白粉虱可用20%灭扫利乳剂2 000倍液，或25%烯啶噻啉乳油2 000～2 500倍液喷雾，设施内用22%敌敌畏烟剂250千克熏杀。

（六）收获

樱桃番茄同穗果上果实成熟有先后，应分批采收，采收在果实转色期进行，采收时要保留萼片和一小段果柄。将果实分级后装入食品盒或包装箱内待售。

五、彩色辣椒栽培特性

彩色辣椒是各种果皮颜色不同的甜（辣）椒的总称。由于它们是选用具有不同颜色花青素的遗传基因培育而成，因而具有不同的颜色，主要花色有紫色、蜡白色、橘黄色、红色等（图 21）。

图 21　彩色辣椒

（一）形态特征

根系分布浅，主要根群分布在 20 厘米土层内，根系木质化较早，再生能力差，不定根的发生能力也弱。

成株茎基部木质化程度比较高，直立，粗壮，大多情况下，植株不需搭架插杆支撑；茎上分枝较多，但株丛较小。辣椒分枝规律与茄子相似，属于“假轴分枝”，果实自下而上依次称为门椒、对椒、四母斗椒、八面风椒、满天星椒等。单叶互生，长椭圆形。

花单生或簇生，白色或略带紫色，基部合生成筒状，开花时花药顶孔开裂散出花粉。根据花柱长短不同，分为长柱花、中柱花和短柱花三种花型。长柱花为健全花，中柱花的授粉率较长柱花偏低，短柱花通常几乎完全落花，为不健全花。

浆果，具 2～4 个心室，空腔大。果皮是供作食用的主要部分，青熟果皮呈深浅不同的绿色，少数品种为白色、黄色或绛紫，老熟果皮转为橙黄、红色或紫红。

种子扁平、略圆或近方形，种皮上有粗糙网纹，新鲜种子为浅黄色且有光泽。平均千粒重 5 克左右。

（二）营养成分与功效

彩色辣椒属于甜椒类，果实中含有极其丰富的营养，维生素 C 含量比茄子、番茄还高。果实中含有芬芳辛辣的辣椒素，辣椒素是一种抗氧化物质，它可阻止有关细胞的新陈代谢，从而终止细胞组织的癌变过程，降低癌症细胞的发生率。另外，辣椒素能增进食欲、帮助消化。含有抗氧化的维生素和微量元素，能增强人的体力，缓解因工作、生活压力造成的疲劳。其中还有丰富的维生素K，可以防治坏血病，对牙龈出血、贫血、血管脆弱有辅助治疗作用。其特有的味道和所含的辣椒素有刺激唾液和胃液分泌的作用，能增进食欲，帮助消化，促进肠蠕动，防止便秘。

甜椒是非常适合生吃的蔬菜，含丰富维他命C和B及胡萝卜素为强抗氧化剂，可抗白内障、心脏病和癌症。越红的甜椒营养越多，所含的维他命C远胜于其他柑橘类水果，所以较适合生吃。

（三）主要品种

彩色辣椒品种主要引自以色列、荷兰等国，主要品种有：

1. **紫贵人**　来自荷兰。一代杂交种。果实长灯笼形，高11厘米左右、径粗8厘米左右，幼果和商品果皮紫色，成熟后转为紫红色。商品果光亮，肉厚，汁多，没有辣味，口感甘甜，不易出现裂果现象。平均单果重150克。生长势中等，株型小，适合密植。抗病、耐低温和弱光，适于日光温室和早春大棚内保护地栽培。

2. **白公主**　来自荷兰。一代杂交种。果实方灯笼形，高10厘米左右、径粗10厘米左右，幼果和商品果皮蜡白色，果肉厚，汁多，没有辣味，口感甘甜，不易出现裂果现象。平均单果重170克左右。果实硬，耐挤碰，适合贮运。果皮光滑，色泽鲜艳，外观好。植株长势比较强，抗病，适合保护地栽培。

3. **麦卡比**　来自以色列。一代杂交种，无限生长型，植株高大，茎秆粗壮，生长势强，中晚熟品种。果实长灯笼形，果皮红色，果型大而长，长度为16～19厘米，果宽9厘米左右，果壁厚，平均单果重260克，多数4浅裂，果悬垂，果实成熟时由绿转红，色泽鲜艳，商品性好，味甜，多汁，微酸，生熟食皆宜。易坐果，抗性强，适于低温棚和温室种植。果肉厚，极耐储运。

4. **黄欧宝** 引自荷兰的一代杂交种。果实长形，成熟时颜色由绿转红，果肉中厚。果实平均高10厘米左右，宽9厘米左右，平均单果重150～200克。耐寒、耐贮运，对烟草花叶病毒、马铃薯病毒Y有良好的抗性，是一种适宜露地和春、秋季保护地栽培的极好品种。

5. **考曼奇** 引自以色列。一代杂交种。无限生长类型，植株长势旺盛，产量极高，在低温条件下连续坐果能力极强，平均单果重300克以上，幼果绿色，成熟果转金黄。果实大而长，无瓤、肉厚，味甜，多汁，耐储运。

6. **札哈维** 引自以色列。一代杂交种。植株较开张，株高1～1.5米，生长势强，根系浅，需搭架或吊蔓栽培。果实呈方灯笼形，四棱明显，中晚熟，果实成熟后由绿转黄，充分转色的果实呈金黄色，色泽艳丽，果肉厚，平均单果重150～200克。

7. **贝利汉姆** 引自美国。无限生长型，植株壮旺，开展度中等。方形大果，14厘米×12厘米左右，单果重200～250克。成熟果由绿转鲜红色，绿果、红果均可采收，极耐贮运。该品种抗病性和抗逆性强，适宜日光温室和大棚越冬、早春和秋延迟栽培。日光温室高产栽培亩产可达15 000千克左右。

8. **拜安卡** 引自荷兰。无限生长特早熟品种。植株长势中等，坐果集中且连续坐果能力强。果形10厘米×8厘米左右，单果重约180克。初果显乳白色，继而转橘黄色，最后转大红色，转色时间快，盛果期同株可有三种颜色的果实。该品种抗病性、抗逆性强，适应日光温室越冬和大棚早春、秋延迟栽培。

9. **麦杰诺** 引自荷兰。植株生长势强，坐果能力强且集中，产量高而稳定。果实由绿转橘黄色，继而转橘红色，光泽亮丽，各色果均可采收。方果形，9厘米×9厘米，单果重200克左右，果肉厚，耐贮运。该品种抗病性、抗逆性强，适宜保护地各季节栽培。

10. **特奎那**　引自荷兰。早熟。植株长势较强，株高中等，开展度大，坐果能力强，产量高而稳定。果实由绿转紫，成熟果转为桔红色。方形果，10 厘米×9 厘米左右，单果重 180 克左右。该品种抗病、抗逆性强，适宜保护地各季节栽培。

（四）对栽培环境的要求

喜温怕寒。种子发芽的最适温度为25～30℃，生育适温为15～28℃，在17℃以下生育缓慢，15℃以下时引起落花，低于10℃时新陈代谢失调，遇霜冻死。高于35～40℃时，茎叶虽能正常生长，但花器发育受阻，果实畸形或落花落果。

适宜中等强度的光照，较耐弱光，但光照太弱，将导致徒长、落花落果。

不耐干旱，也不耐涝。结果期适宜小水勤浇。对土壤的适应能力比较强，在各种土壤中都能正常生长，但以壤土最好。

（五）栽培技术要点

1. **栽培方式**　彩色辣椒主要进行设施栽培，露地栽培产量低、品质差。设施栽培的主要季节茬口有：

（1）温室冬春茬　多在 8 月播种育苗，10 月移栽，冬春季收获。若采用修剪再生措施，收获期可延后至翌年秋季。

（2）温室早春茬　冬季播种育苗，早春移栽。以春季早熟栽培为主，也可越夏恋秋栽培成为全年一大茬。

（3）温室秋冬茬　夏秋季播种育苗，秋季移栽，晚秋到深冬收获。

（4）塑料大棚茬　冬季播种育苗，早春移栽。以春季早熟栽培为主，也可越夏恋秋栽培成为全年一大茬。

2. **育苗**　彩色辣椒种子价格昂贵，生产上多采取育苗钵育苗和育苗盘无土育苗。

育苗土一般选用粮田土或葱蒜田土 5 份，质地疏松的马粪、腐熟碎草等 5 份，肥土混拌时，每方土中混入三元复合肥 2～3

千克、50%多菌灵可湿性粉剂 200 克、50%辛硫磷乳剂 200 毫升。穴盘无土育苗多选用草炭为基质。

选择饱满充实、色泽鲜亮、无病虫的种子，用 0.1%高锰酸钾液浸种 20～30 分钟，捞出种子清洗干净，淋去种皮上的水分，装入湿布袋中置于 25～30℃下催芽。种子露白后播种。

浇透水后播种，每育苗钵和穴盘播种一粒带芽的种子，播后覆盖育苗土或基质 1 厘米左右，并覆盖地膜保湿。播种后白天温度保持 28～30℃，夜间保持 18～20℃。出苗后揭掉地膜，降低温度 3℃左右。

幼苗长出 4～5 片真叶时进行定植。

3. **定植**　设施内 10 厘米地温稳定在 10～12℃后进行定植。

定植前深翻地，结合翻地施入基肥，每亩施优质栏肥 5 000～7 000 千克，腐熟人粪干或鸡粪 150～200 千克，过磷酸钙 80～120 千克，硫酸钾 20 千克。整平地面后作成高畦或高垄，双行或单行定植，行距 55～65 厘米，株距 40～60 厘米，每亩定植 2 000～2 500 株。定植后覆盖地膜。

4. 田间管理

（1）温度调节　定植后至缓苗前不通风，棚温白天 25～30℃，夜间 16～18℃。缓苗后适当通风，棚温白天 23～28℃，夜间不低于 15℃。光照过强时覆盖遮阳网降温。

（2）肥水管理　定植后浇足定植水，座果前控制浇水，当对椒长到果径 2～3 厘米时开始浇水，并结合浇水每亩追三元复合肥 15～20 千克。对椒采收后，再追肥一次，每亩施尿素 15 千克。以后每隔 20 天追肥一次，5～6 天浇水一次。

盛果期为促进果实迅速生长、膨大，可叶面喷施叶面宝或喷 0.2%的磷酸二氢钾溶液。

（3）整枝与吊蔓　每株选留 2～3 条主蔓枝，以每平方米 7 条为宜，门椒花蕾和基部叶片生出的侧芽及早疏去，从第 4～5 节开始留椒，以主枝结椒为主，以后及时去掉侧枝，中部侧枝可在留1个椒后摘心，每株始终保持有2～3个枝条向上生长，一般不培土，为预防倒伏多采用塑料绳吊株固定。彩色甜椒株高可达2米以上，每株结椒20个左右。

（4）保花保果　当植株开花后，为防止落花落果，用10～20毫克/升的2，4-D涂果柄或用25～30毫克/升的番茄灵喷花。

5. **病虫害防治**　辣椒主要病害有病毒病、疫病、炭疽病等，主要虫害有蚜虫、温室白粉虱等。

①辣椒病毒病　辣椒病毒病由于毒源种类的不同，其症状表现也有所不同，主要有以下几种：

坏死型：其叶片、主脉、叶柄、主茎及生长点有系统坏死条斑，呈褐色或黑色，植株矮小，落叶、落花，最后导致整株死亡。

花叶型：初现明脉轻微褪绿，或浓、淡绿相间的斑驳，病株无明显畸形或矮化，不造成落叶，也无畸形叶片。严重时，叶片畸形，幼叶狭窄或呈线状，病果面上呈现出深绿和浅绿相间的花斑，并有瘤状突起。

丛枝型：病株节间变短，植株矮缩，呈丛簇状，叶长狭长，小枝丛生。

黄化型：叶片变黄脱落。

主要防治措施：

选用抗病品种；在无病区或无病植株上留种，带毒种子可用1%高锰酸钾液浸泡30分钟，或10%磷酸钠液浸泡20分钟，清洗后再催芽；及时清理田间病株残体，深埋或烧毁，减少病源；防治蚜虫、白粉虱，杜绝病毒的传播途径；及时消灭杂草，减少虫源；高温季节加强肥水管理，防止植株脱肥脱水，保持较强的生长势；发病初期，叶面喷红糖或豆汁、牛奶等，可减缓发病；苗期分苗前后和定植前后用NS-83增抗剂喷洒，可增强植株的抗病毒能力，减少发病；发病初期，可选用克病灵（34.5～52.5克/亩）、菌毒清（187.5～281.25克/亩）、金叶宝（200～250

克/亩)、宁南霉素（90～125克/亩)、沃野病毒畏（400～600克/亩)、抗毒剂1号（12.45～18.75克/亩)、病毒A（499.5～750克/亩)、植病灵（11.25～16.5克/亩）等，交替喷洒，每周一次，直到控制发病为止。

②辣椒疫病　幼苗期发病，茎基部呈水渍状腐烂，猝倒或立枯死亡。成株期发病，主茎或侧枝初生黑褐色针头状小点，扩展呈黑色，不凹陷，病健部界限分明。病斑绕茎一周，上部枯死。果实多从蒂部开始发病，初生水浸状暗褐色斑点，迅速呈不规则形扩大，使果实腐烂，全果腐烂，失水干缩成僵挂在枝上，表面产生密白色霉层。叶片病斑初为水渍状，扩大为圆斑，边缘黄绿色，中央暗褐色至黑色。

主要防治措施：

实行3年以上的轮作；在无病的新苗床上育苗。如苗床有病菌，应进行土壤消毒；适当灌水，雨后及时排水，降低田间湿度，合理密植，改善通风透光条件；及时拔除病株，集中烧毁或深埋，减少病源；发病初期，交替喷洒25%瑞毒霉750倍液、64%杀毒矾500倍液、72.2%普力克600倍液、40%乙膦铝400倍液、68%瑞毒铝铜400倍液，每7～10天一次，连喷3～4次。

③辣椒炭疽病　辣椒炭疽病分为黑色炭疽病、黑点炭疽病、红点炭疽病三种。黑点炭疽病主要为害成熟的果实。病斑上的小黑点较大，颜色较深。潮湿时，小黑点能溢出黏状物，其他同黑色炭疽病。红点炭疽病对幼果和成熟果均能造成危害。病斑圆形，黄褐色，水浸状，凹陷，上有橙红色小点，略呈同心环状排列。潮湿时，病斑表面溢出红色黏物。

主要防治措施：

选用抗病品种；在无病区或无病植株上留种，带菌的种子可用55℃温水浸种10分钟，或用50%多菌灵500倍液浸种1小时；在无病区育苗；实行2～3年以上的轮作；增施有机肥；发病初期，交替使用70%甲基托布津500倍液、75%百菌清600

倍液、75%代森锰锌 400 倍液、80%炭疽福美 800 倍液、50%多硫 600 倍液、50%混杀硫 500 倍液、25%施保克 1 000～1 500 倍液叶面喷洒，每 5～7 天一次，连喷 3～4 次。

④灰霉病 主要为害幼苗。幼苗发病，子叶先端发黄，后扩展到幼茎。茎部产生褐色或暗褐色不规则病斑，潮湿时，病部长出灰色的霉。成株发病，叶呈水渍状软腐，潮湿时生有灰霉。茎、枝发病，产生水浸状暗绿斑，后期变褐并茎湿腐，表皮生有灰霉。病果呈水浸状腐烂，生有灰霉。

主要防治措施：

在无病区育苗；及时清理田间病叶、病株残体，携田外深埋或烧毁，减少病源；保护地内尽量提高温度，加强通风，排除湿气，降低空气湿度，避免发病的低温、高湿条件；结果期每10～15 天用 10%速克灵烟剂或 45%百菌清烟剂，每亩用药 250 克熏治；发病初期，交替使用 50%速克灵 200 倍液、50%扑海因 1 500倍液、80%代森锌 1 000 倍液、50%农利灵 1 000 倍液、40%多硫 1 600 倍液、50%多霉灵 1 500 倍液、65%甲霉灵 1 500 倍液，每 5～7 天一次，连喷 3～4 次。

（六）收获

彩色甜椒作为一种特菜高档品种，上市时对果实质量要求极为严格，因此，采收不能过早，也不能过迟，最佳采收时间因品种而定。紫色品种在定植后 70～90 天，果实停止膨大，充分变厚时采收；红、黄、白色品种在定植后 100～120 天，果实完全转色时采收。门椒和对椒要适当早收，以免坠秧。

采收时用剪刀从果柄与植株连接处剪切，不可用手扭断，以免损伤植株，感染病害。果实采收后轻拿轻放，按大小分类包装出售。

六、生菜栽培特性

生菜是叶用莴苣的俗称，属菊科莴苣属。为一年生或二年生草本作物，也是欧、美国家的大众蔬菜，深受人们喜爱。生菜传入我国的历史较悠久，东南沿海，特别是大城市近郊、两广地区栽培较多。近年来，栽培面积迅速扩大，生菜也由宾馆、饭店进入寻常百姓的餐桌（图22）。

图22 生 菜

（一）形态特征

生菜根系浅，须根发达，主要根群分布在地表20厘米土层内。茎短缩，叶互生，有披针形、椭圆形、卵圆形等，叶色绿、黄绿或紫，叶面平展或皱缩，叶缘波状或浅裂，外叶开展，心叶松散或抱合成叶球。

种子灰白或黑褐色，千粒重1克左右。

（二）营养成分与功效

生菜含有莴苣素，莴苣素苦味，有催眠、镇痛作用，每天食用对身体健康有益处。我们常吃的结球生菜，其纤维和维生素C含量比白菜多，有消除多余脂肪的作用。生菜含有丰富的维生素，具有防止牙龈出血以及维生素C缺乏等功效。生蔬菜中有多种成分含抗癌物质，如所含的叶绿素铜钠盐具有抗癌变性能。生菜与营养丰富的豆腐搭配食用，则是一种高蛋白、低脂肪、低胆固醇、多维生素的菜肴，具有清肝利胆，滋阴补肾，增白皮肤、减肥健美的作用；对目赤肿痛、肺热咳嗽、消渴、脾虚腹胀等也有一定的食疗作用；而生菜与菌菇搭配食用，对热咳、痰多、胸闷、吐泻等有一定的食疗作用。

（三）主要品种

1. **意大利半结球生菜**　株型紧凑直立，高约25厘米，开展度约20厘米，叶片皱，叶缘缺刻，青绿色。爽脆味香，品质好，耐热耐寒，耐抽薹。可全年种植，持续采收期长，产量高。

2. **美国结球生菜**　中早熟品种，适应性广。单球重 500～600 克，外叶浓绿色，内叶多绿色，结球紧实。叶肉厚，肉质软，品质好。耐寒、耐热，耐抽薹。

3. **香港玻璃生菜**　株型紧凑，叶片皱，叶缘波状，叶色嫩绿，叶大肉厚，口感香脆，营养丰富，耐寒抗病，适应性强。

4. **花叶生菜**　叶簇半直立，株高 25 厘米，开展度 26～30 厘米。叶片长椭圆形，叶缘缺刻深，并上、下曲折呈鸡冠状，外叶绿色，心叶浅绿，渐直，黄白色；中肋浅绿，基部白色，单株重 500 克左右。品质较好，有苦味。适应性强，较耐热，病虫害少，生长期 70～80 天。

5. **夏季绿裙**　韩国引进品种。叶翠绿色、卵圆形，叶面皱缩呈泡状，叶片薄、半直立，较抗病，耐热，不耐寒，抽薹早。每亩产量 1 000～2 000 千克。

6. **红帆紫叶生菜**　由美国引进品种。植株较大，散叶。叶片皱曲，色泽美丽，将近收获期时红色渐加深。喜光，不易抽薹，耐热，成熟期早，从播种到收获约 45 天，适于越夏栽培，每亩产量可达 1 500～2 000 千克。

7. **萨利娜斯**　由美国引进。中早熟，较耐热，晚抽薹，抗霜霉病和顶端灼焦病。叶球圆球形、浅绿色、紧实。单球重约 500 克，外观好，品质优良。成熟期一致，较耐运输。从定植至收获约 50 天。

8. **奥林匹亚**　由日本引进。耐热性强，抽薹极晚。外叶浅绿色，较小且少，叶缘缺刻多。叶球浅绿色略带黄色，较紧实。单球重 400～500 克，品质脆嫩，口感好。生育期 65～70 天，适宜于晚春早夏、夏季和早秋栽培。每亩产量 3 000～4 000 千克。

（四）对栽培环境的要求

生菜属半耐寒性蔬菜，喜冷凉湿润的气候条件，不耐炎热。以结球生菜对环境条件的要求最严格，种子发芽的适宜温度15～20℃，高于 25℃，发芽率显著下降，超过 30℃时发芽困难；生长适温幼苗期16～20℃，莲座期18～22℃，结球期20～22℃。散叶类型较结球生菜对温度的适应性稍高。

营养生长期对光照强度要求不严格，适于保护地栽培。生菜的根系浅，叶面积大，不耐干旱。喜微酸性土壤，要求土壤通透性良好、有机质丰富、保水保肥力强。

（五）栽培技术要点

1. 栽培方式 东北、西北的高寒地区多为春播夏收，华北地区及长江流域春秋均可栽培，华南地区从9月至翌年2月都可以播种。近年来，随着设施栽培的发展，利用保护设施栽培生菜，已基本做到分期播种、周年生产供应。

2. 育苗 苗床土力求细碎、平整，每平方米施腐熟的农家肥10～20千克，磷肥0.025千克，撒匀，翻耕，整平畦面。

将种子用水浸泡2小时左右，用纱布包好，置放在4～6℃的冰箱冷藏室中处理1昼夜，再行播种。将种子掺入少量细潮土，混匀，均匀撒播，覆土0.5厘米厚。冬季播种后盖膜增温保湿，夏季播种后覆盖遮阳网或稻草保湿、降温促出苗。

苗期温度白天16～20℃，夜间10℃左右。2～3片真叶时分苗于营养钵内。分苗前苗床先浇一水，分苗后随即浇水，并在分苗畦上覆盖覆盖物。缓苗后，适当控水。当小苗具有5～6片真叶时即可定植。

3. 定植 露地栽培，每亩施优质有机肥3 000～4 000千克，氮、磷、钾复合肥20千克；保护地栽培底肥应再增施有机肥1 000千克以上。

露地春秋季栽培宜做低畦，行株距33厘米×27厘米，每亩栽苗7 200株左右；夏季栽培做小高畦，按行距30厘米，株距20～25厘米栽苗。保护地用低畦栽培，每亩定植7 500株左右。

4. 田间管理

（1）浇水 一般5～7天浇一水。生长盛期需水量多，要保持土壤湿润。结球品种叶球形成后，要控制浇水，防止水分不均造成裂球和烂心。

（2）*中耕除草*　定植缓苗后，应进行中耕除草，增强土壤通透性，促进根系发育。

（3）*追肥*　以底肥为主，底肥足时生长前期可不追肥，至开始结球初期，随水追一次氮素化肥促使叶片生长。15～20天后第二次追肥，以氮磷钾复合肥较好，每亩15～20千克。心叶开始向内卷曲时，再追施一次复合肥，每亩20千克。

（4）*温度管理*　定植后，棚内温度白天22～25℃，夜间15～20℃。缓苗后到开始包心以前，白天20～22℃，夜间10～15℃。收获期间为了延长供应期，白天10～15℃，夜间5～10℃。

5. 病虫害防治

（1）*主要病害防治*

①生菜灰霉病　灰霉病主要危害叶片和茎基部，幼苗受害多在接近地面的茎、叶上。定植后从老叶开始发病。病部成水渍状病斑，叶片变黄枯死，病茎腐烂，密生鼠灰色霉，严重时近地面整个基部被侵染，使植株凋萎。

主要防治措施：

选用健康株留种；摘除老叶，改善通风条件，加强换气；合理施肥，增施磷、钾肥；拔除发病的中心病株；发病初期交替喷洒50％多菌灵可湿性粉剂500倍液，或50％托布津可湿性粉剂500倍液，或65％代森锌可湿性粉剂400倍液，或抗菌剂“407”800倍液，或石灰∶硫酸铜∶水为1∶2∶200～240的波尔多液，7～10天喷1次，连续喷2～3次。

②生菜软腐病　此病常在生菜生长中后期或结球期开始发生。多从植株基部伤口处开始侵染。初呈浸润半透明状，以后病部扩大成不规则形，水渍状，充满浅灰褐色黏稠物，并释放出恶臭气味。随病情发展，病害沿基部向上快速扩展，使菜球腐烂。有时，病菌也从外叶叶缘和叶球的顶部开始腐烂。

主要防治措施：

尽早腾茬，及时翻耕整地，使前茬作物残体在生菜种植前充分腐烂分解；重病地块实行小高垄或高畦栽培；施用充分腐熟的农家肥；适期播种，使感病期避开高温和雨季；高温季节种植选用遮阳网或无纺布遮荫防雨；浇水后或降雨后注意随时排水，避免田间积水；发现病株及早清除；发病初期选用47%加瑞农可湿性粉剂800倍液，或50%可杀得可湿性粉剂500倍液，或新植霉素、农用链霉素、硫酸链霉素5 000倍液喷雾。

③生菜腐烂病　结球前期的植株易发病，首先叶缘呈水浸状，并逐步由淡褐色变为暗绿色，部分叶肉组织枯死，叶片皱缩。结球期，外叶中脉或叶缘出现淡褐色水浸状病斑，不久后叶脉褐变，迅速扩大，但无霉层。内叶褐变、软腐，叶球表面被薄纸状褐变枯死叶包覆。

主要防治措施：

发现病株立即剔除并烧毁，进行高畦栽培，加强田间排水，同时要适时收获；发病初期用47%加瑞农可湿性粉剂700倍液，或78%波·锰锌可湿性粉剂500倍液，或40%细菌快克可湿性粉剂600倍液，或14%络氨铜水剂350倍液，或72%农用硫酸链霉素可溶性粉剂3 000倍液等雾防治。每7天喷药1次，连续防治2～3次。

④生菜霜霉病　主要危害叶片，病叶由植株下部向上蔓延，最初叶上生淡黄色近圆形多角形病斑，潮湿时，叶背病斑长出白霉即病菌的孢囊梗及孢子囊，有时蔓延到叶片正面，后期病斑枯死变为黄褐色并连接成片，致全叶干枯。

主要防治措施：

选用抗病性强良种；采用高畦、高垄或地膜覆盖栽培；合理密植，适度增加中耕次数，降低田间湿度；防止田间积水，适时浇水追肥；发现病株及时拔除并带出集中烧毁，并交替喷施50%安克可湿性粉剂，或72.2%普力克液剂等，并配合喷施新高脂膜 800 倍液增强药效。

(2) 主要虫害防治　生菜主要害虫有潜叶蝇、白粉虱、蚜虫等。潜叶蝇用 40%绿菜宝 800 倍液防治；蚜虫可用 10%吡虫啉可湿性粉剂 4 000～6 000 倍液，或 0.3%苦参碱 1 000 倍液防治；白粉虱可用 20%灭扫利乳剂 2 000 倍液，或 25%烯啶噻啉乳油 2 000～2 500 倍液防治。

(六) 收获

散叶生菜的采收期比较灵活，采收规格无严格要求，可根据市场需要而定。结球生菜要及时采收，根据不同的品种及不同的栽培季节，一般定植后 40～70 天，叶球形成，用手轻压有实感即可采收。

七、彩叶莴苣栽培特性

彩叶莴苣是叶用莴苣的一个新品种，原产地中海沿岸。20 世纪 80 年代后期，菜叶莴苣作为食用和观赏两用蔬菜传入我国，并在农业生态观赏园和示范园区广泛种植。彩叶莴苣叶片颜色紫红、红色、暗红色，色泽鲜艳，外形美观，风味独特，为主要的观赏和生食蔬菜之一。

(一) 形态特征

彩叶莴苣根系浅，须根发达，主要根群分布在地表 20 厘米土层内。茎短缩。叶互生，有披针形、椭圆形、卵圆形等，叶色紫红、红色、暗红色，叶面平展或皱缩，叶缘波状或浅裂，外叶开展，心叶松散或抱合成叶球。

种子灰白或黑褐色，千粒重 1 克左右（图 23）。

图 23　彩叶莴苣

（二）营养成分与功效

彩叶莴苣富含营养，每 100 克食用部分还含蛋白质 1～1.4 克、碳水化合物 1.8～3.2 克、维生素 C10～15 毫克及一些矿物质。叶片中的膳食纤维和维生素 C 含量较白菜多，有消除多余脂肪的作用；其茎叶中含有莴苣素，故味微苦，具有镇痛催眠、降低胆固醇、辅助治疗神经衰弱等功效；叶中含有一定量的甘露醇，有利尿和促进血液循环的作用。另外，叶用莴苣中还含有一种“干扰素诱生剂”，可刺激人体正常细胞产生干扰素，从而产生一种“抗病毒蛋白”抑制病毒。

（三）主要品种

1. **赤皇生菜**　从韩国引进，叶色深绿，有红晕，生长势强，播种后 30 天收获。耐高温、耐低温，春、夏、秋三季均可栽培。

2. **汉城红**　从韩国引进，叶色紫红，叶柄绿色，耐寒性强，风味好，播后 50～60 天收获。平均单株重 250 克左右，高产。

3. **红翠生菜**　株型优美，皱叶，叶呈红色至暗红色。抽薹稍晚，收获期长，在花蕾发生前可以随时收获。

4. **紫叶生菜**　从美国引进，株高 25 厘米，开展度 25～30 厘米。叶片皱曲，长卵圆形，叶缘呈紫红色，色泽美观，喜光照及温暖气候，适应性强。

（四）对栽培环境要求

彩叶莴苣属半耐寒性蔬菜，喜冷凉湿润的气候，不耐炎热。种子发芽的适宜温度 15～20℃，高于 25℃发芽率显著下降，超过 30℃时发芽困难；生长适温 16～25℃。营养生长期对光照强度要求不严格，适于保护地栽培。

生菜的根系浅，叶面积大，因此不耐干旱。喜微酸性土壤，要求土壤通透性良好、有机质丰富、保水保肥力强。

（五）栽培技术要点

1. **栽培方式**　彩叶莴苣以设施保护栽培为主，主要栽培季节为冬、春、秋三季，还可夏季覆盖遮阳网进行四季栽培。彩叶莴苣属于高档蔬菜之一，并且以生食为主，对卫生条件要求严格，设施栽培中，多利用基质进行无土栽培。

生菜种子小，发芽出苗要求良好的条件，因此多采用育苗移栽的种植方式。

2. 育苗　苗床土力求细碎、平整，每平方米施入腐熟的农家肥10～20千克、磷肥1.5千克，撒匀，翻耕后整平畦面。

夏播气温高，种子发芽困难，播前需要进行低温处理，具体做法：将种子置冷水中浸泡6小时，取出后用湿纱布包住吊放到井中，距井水面约30厘米处或放到水缸后背阴处，温度保持15～18℃，见光催芽。也可放入冷库中，在－3～－5℃处冷冻一昼夜，然后室内逐渐融化，3～4天胚根露出后播种。

为使播种均匀，播种时将处理过的种子掺入少量细潮土，混匀，再均匀撒播，覆土0.5厘米。冬季播种后盖膜增温保湿，夏季播种后覆盖遮阳网或稻草保湿、降温促出苗。夏季育苗要采取遮荫、降温、防雨涝等措施。育苗移栽约25克种子可栽1每亩大田。

苗期温度白天控制在16～20℃，夜间10℃左右，2～3片真叶时分苗于营养钵中。分苗前苗床先浇一水，分苗后随即浇水，并在分苗畦上覆盖覆盖物。缓苗后，适当控水，利于发根、苗壮。

4～9月份育苗，苗龄25～30天左右，10月至翌年3月育苗，苗龄30～40天。

3. 定植　苗具5～6片真叶时定植。

基质槽栽，按4份草炭、6份炉渣混合，或7份草炭、3份珍珠岩混合配制基质。用砖建槽，3～4块砖平地叠起，高15～20厘米，不必砌。槽的宽度96厘米左右，槽间距离0.3～0.4米，填上基质，施入基肥，每个栽培槽内可铺设4～6根塑料滴灌管。

每个栽培槽栽植4～5行生菜，株、行距25厘米左右。

4. **田间管理** 定植之前，先在基质中按每立方米基质混入10～15千克消毒鸡粪、1千克磷酸二铵、1.5千克硫铵、1.5千克硫酸钾作基肥。定植后20天左右追肥1次，每立方米基质追1.5千克三元复合肥（15—15—15）。以后只须灌溉清水，直至收获。

5. **病虫害防治** 请参照生菜部分。

（六）收获

不结球莴苣采收期比较灵活，可根据市场需要而定。结球生菜的采收要及时，根据不同的品种及不同的栽培季节，一般定植后40～70天，叶球形成，用手轻压有实感即可采收。

采收后采用保鲜膜包装上市，可取得更好的经济效益。

八、水果玉米栽培特性

水果玉米是适合生吃的一种超甜玉米，与一般的玉米相比，它的主要特点是青棒阶段皮薄、汁多、质脆而甜，可直接生吃，薄薄的表皮一咬就破，清香的汁液溢满齿颊，生吃熟吃都特别甜、特别脆，象水果一样，因此被称为“水果玉米”。其口感特甜（糖度达16度以上，比一般西瓜还甜）、脆口、无渣、肉多，完全达到生吃水果的品质要求。既有水果的美味，又有粗粮的营养，加上生吃的特性，迎合了大众追求新奇美味健康食品的消费心理，一经问世，就受到了消费者特别是女性和儿童的欢迎。水果玉米在国外非常流行。44届美国竞选总统，为了博得选民好感，布什与克里展开了一场“玉米战”，布什买了几根甜玉米，并当场吃了一口，称赞道：“不用煮就可以吃了，真好吃!”（图24）。

图24 水果玉米

（一）形态特征

水果玉米为须根系。株高 1～2.5 米，秆呈圆筒形。全株一般有叶 15～22 片，叶身宽而长，叶缘常呈波浪形。

单性花，雌雄同株。雄花生于植株的顶端，为圆锥花序；雌花生于植株中部的叶腋内，为肉穗花序。雄穗开花一般比雌花吐丝早 3～5 天。穗长 21 厘米左右，籽粒以黄色、白色或黄白相间为主，鲜单穗重 400～500 克。

（二）营养成分与功效

水果玉米，俗称甜玉米，除了口感好外，它在营养成分上也比传统的老玉米营养更均衡且更易吸收。水果玉米与普通玉米的最大区别在于：

A. 普通玉米缺乏赖氨酸（8 种必需氨基酸之一），而甜玉米中的赖氨酸、色氨酸的含量较高，比普通玉米高出 2 倍以上，必需氨基酸组成比例比较平衡。

B. 水果玉米的蛋白质含量也比普通玉米高 3％～4％。能为人体提供更优质的玉米蛋白。

C. 水果玉米中亚油酸（不饱和脂肪酸之一）的含量高，可防止血液中胆固醇的积累。

D. 水果玉米中的胚乳中含有 10％～15％的糖分，相当于普通玉米的 2.5 倍，因而口感更甜；同时，水果玉米中的糖分主要为 D—葡萄糖、果糖、低聚糖等，它们更易被人体吸收而不易转化为脂肪，因此不易使人增重。

E. 甜玉米中还含有 B 族维生素、维生素 E、矿物质和膳食纤维等营养素，是营养价值较高的食物。

（三）主要品种

1. **库普拉**　高产水果玉米种，为亚热带 sh2 类型超甜型甜玉米，播种至采收 84 天；幼苗、叶鞘均绿色；株高 164 厘米、穗位 47.3 厘米；单株有效穗数 0.94 个、空杆率 6.7％；果穗长 19.8 厘米、穗粗 4.63 厘米、14～18 行、秃尖长 4.75 厘米、穗轴白色；籽粒黄白双色、饱满有光泽、粒深0.97厘米，千粒重（鲜）201.3克，出籽率60.1%；种子黄色，皱缩型，百粒重15克。籽粒（干基）含粗淀粉13.30%，粗脂肪6.32%，粗蛋白14.69%，总糖50.68%，还原糖11.56%，蔗糖37.16%。

2. 尼可香　美国进口超甜双色水果玉米杂交种，早熟性优良，华北地区春播出苗至鲜穗采收75～80天；植株半紧凑型，株高190厘米，穗位85厘米。苞叶剑叶丰富，果穗筒型，穗长20～22厘米，穗粗5厘米，穗行数14～16行，粒深1.2厘米，鲜苞穗重460～500克，亩产鲜穗1 000千克左右；籽粒黄白相间，皮薄、甜脆无渣，品质极佳。适宜鲜穗生食，煮食。

3. 高品乐　美国进口超甜水果玉米杂交种，早熟性优良，华北地区春播出苗至鲜穗采收75～80天；植株半紧凑型，株高200厘米，穗位80厘米。苞叶剑叶丰富，果穗筒型，穗长20～22厘米，穗粗5.2厘米，穗行数16～18行，粒深1.3厘米，鲜苞穗重460～520克，出籽率72%，亩产鲜穗1 000千克左右，籽粒淡黄色，皮薄甜脆，食后无渣。适宜鲜食或速冻，脱粒加工。

4. CT76　美国引进sh2基因超甜玉米。幼苗叶鞘绿色，中等长势，株高185～205厘米（地域、播期差异），穗位50～55厘米；果穗筒形，穗长21～22厘米，16～18行，穗轴白色；苞被长短松紧适中，有箭叶，中等以上地块亩产鲜穗1 300千克（带包叶）以上。籽粒淡黄色，饱满有光泽，粒深10～11毫米、百粒重33～35克，经加工检测籽粒（干基）总糖含量28%，还原糖8.3%，蔗糖18.5%。含糖高峰持续期长、风味好、种皮薄脆残渣少、生食无异味；适宜加工速冻及鲜食。

5. 奥弗兰　本品种为温带超甜玉米黄粒类型品种，植株及果穗整齐度高，生长旺盛，克服了以往高品质品种对高温、低温、病害等的抗性和长势问题。平均株高180厘米，茎秆粗壮，抗倒伏力强，穗位45～50厘米。从播种到收获约需84天，整个生长期需10～30℃有效积温982℃。高抗大斑病、小斑病、锈病、纹枯病、病毒病和丝黑穗病，中抗虫；果穗筒形，穗长21厘米，直径5厘米左右，籽粒16～18行，排列整齐，顶端饱满度好。苞叶较少，加工出籽率高。鲜食口感甜美。籽粒长楔形，较窄长，长度11毫米，甜度高，皮薄无渣，脆粒型，可生食，煮熟后味道芳香，颜色亮丽，抗氧化性好，鲜食和加工皆宜。

6. 美国超甜520 鲜食超甜型杂交水果玉米品种，株高200厘米，穗位90厘米，春播从种子出苗到鲜穗采收85天左右，夏播75左右。果穗长筒形，穗长20厘米左右，籽粒鲜橙色，鲜穗重0.5千克左右。该品种外观、品质、色泽、饱满度和柔软度具佳，皮薄易化渣，鲜穗煮食味甜，口感好，含糖量高，植株3秆成熟，抗倒伏，抗斑病等多种病害。集早熟、丰产于一体，亩产潜力1 200～1 400千克，实用地区可做春秋两季栽培，适于全国大部分地区种植。

7. 美珍204 美珍204是北京宝丰种子有限公司源自美国种质资源选育的双色超甜玉米杂交种，属温带类型品种，喜冷凉，厌湿热，品质和产量与库普拉相当。从播种到采收约81天，株高175厘米左右，株型松散，穗位约40厘米，籽粒黄白且排列有序，穗粗约5厘米，穗长20～23厘米，果穗近筒形，一般穗行16～18行，穗大芯细，平均亩产鲜穗614.6千克。

（四）对栽培环境的要求

喜温怕寒，种子发芽的最适温度为25～30℃，拔节期日均18℃以上。从抽雄到开花日均26～27℃。灌浆和成熟需保持在20～24℃；低于16℃或高于25℃，籽粒灌浆不良。为短日照作物，日照时数在12小时内成熟提早。

在砂壤、壤土、黏土上均可生长。适宜的土壤pH为5～8，以6.5～7.0最适。耐盐碱能力差，特别是氯离子对玉米为害大。

（五）栽培技术要点

1. 栽培方式 水果玉米采摘期短，分期播种可实现分批采摘上市。一般5厘米地温通过12℃时春播，夏播在7月上中旬。在适宜播期内，播种越早，产量越高。采用地膜栽培的可比露地栽培提前5～7天播种，用大棚保温栽培，一般较露地栽培提早30～40天育苗。

2. 育苗 水果玉米种子较贵，并且种子干瘪，直播出苗率很低，要用营养钵育苗。一般每亩大田用种500～600克。先用25～28℃的温水浸种4～5小时，捞起沥干，用湿毛巾包好，置于25～30℃的温箱中催芽，待种子露白后播种。每钵一粒籽，播后盖土1厘米厚。

早春育苗，盖土后覆盖地膜，再搭弓盖二层薄膜。出苗后抽出地膜，干旱时经常浇水。叶龄2～3叶时移栽。

3. 定植 水果玉米是异花授粉作物，花期不能和常规糯玉米或饲料玉米相逢，否则串粉可影响品质。一般采用距离间隔和生育期间隔法，与其他玉米相距200米以上，或与其他玉米开花期相隔20天以上。

定植前7～10天，每亩施优质复合肥30～50千克、碳酸氢铵25千克和有机肥2 000～4 000千克，并均匀翻拌，整平。

宽窄行栽植，宽行1.2～1.4米，窄行0.5～0.6米，株距30～35厘米，每亩栽2 800株左右。春季栽培，在窄行位置上覆盖地膜，可提早生育期5天左右，夏季覆盖黑地膜可减少锄草用工，改善土壤环境，促进玉米生长。

4. 田间管理

（1）查苗补苗　定植后及时查苗补缺。

（2）肥水管理　缓苗后，每亩用尿素10千克作苗肥，拔节前冲施尿素10千克作拔节肥，雄花抽出前穴施高效复合肥20千克＋尿素10千克作穗粒肥。

整个生育期灌水4～5次。保证拔节、大喇叭口、抽雄、灌浆的水分供应。

秋玉米生长前期温度高，玉米的生长发育进程快，所有的管理措施都要相应提前，施肥水平要略高于春茬玉米。

（3）中耕松土 浇水后以及大雨后适时中耕松土，锄草。

5. 病虫害防治

（1）主要病害防治

①玉米大斑病 又称条斑病、煤纹病、枯叶病、叶斑病等。主要为害玉米的叶片、叶鞘和苞叶。叶片染病先出现水渍状青灰色斑点，然后沿叶脉向两端扩展，形成边缘暗褐色、中央淡褐色或青灰色的大斑。后期病斑常纵裂。严重时病斑融合，叶片变黄枯死。潮湿时病斑上有大量灰黑色霉层。下部叶片先发病。在单基因的抗病品种上表现为褪绿病斑，病斑较小，与叶脉平行，色泽黄绿或淡褐色，周围暗褐色。有些表现为坏死斑。

主要防治措施：

选种抗病品种；适期早播，避开病害发生高峰；施足基肥，增施磷钾肥；做好中耕除草培土工作，摘除底部2～3片叶，降低田间相对湿度，使植株健壮，提高抗病力；玉米收获后，清洁田园，将秸秆集中处理；实行轮作；发病初期喷洒50%多菌灵可湿性粉剂500倍液，或50%甲基硫菌灵可湿性粉剂600倍液，或75%百菌清可湿性粉剂800倍液，或农抗1∶20水剂200倍液，隔10天防一次，连续防治2～3次。

②玉米小斑病 小斑病主要危害叶片，偶尔也危害叶鞘。病斑一开始是水浸状小斑点，以后逐渐形成边缘红褐色，中央黄褐色的椭圆形病斑。病斑大小、形状因受叶脉限制而有差异，但病斑最长在2厘米左右（小于大斑病）。病斑表现常有两种类型：一种是椭圆形病斑，一种是长条形病斑；此外，在抗病品种上有的仅表现为圆形坏死小斑点。病斑连片后常造成叶片提早干枯死亡。在病斑反面或枯死叶片反面产生稀薄的黑色霉层。

主要防治措施：

参照大斑病进行防治。

③玉米锈病　主要侵染叶片，严重时也可侵染果穗、苞叶乃至雄花。初期仅在叶片两面散生浅黄色长形至卵形褐色小脓疱，后小疱破裂，散出铁锈色粉状物，即病菌夏孢子；后期病斑上生出黑色近圆形或长圆形突起，开裂后露出黑褐色冬孢子。

主要防治措施：

选育抗病品种；增施磷钾肥；清除酢浆草和病残体，集中深埋或烧毁；发病初期喷洒 25%三唑酮可湿性粉剂 1 500～2 000 倍液，或 40%多・硫悬浮剂 600 倍液，或 50%硫磺悬浮剂 300 倍液。

（2）**主要虫害防治**　玉米虫害主要有地老虎、玉米螟、甜菜夜蛾等。

地老虎用菊酯类农药 10 毫升兑水（10 千克）喷雾，并在清晨辅以人工捕捉；玉米螟在喇叭口期用 5%锐劲特悬浮剂 30 毫升拌中粗黄砂 20 千克灌心。

（六）收获

水果玉米在抽丝后 20～25 天可采摘上市，过早采收，籽粒灌浆不足，食用价值不高，采收过晚，渣多，甜味淡。一般在雌穗花丝发黑，籽粒刚饱满时采收，最佳采收期为3～5 天。

九、樱桃萝卜栽培特性

樱桃萝卜是一种小型萝卜。樱桃萝卜具有品质细嫩，生长迅速，小巧玲珑、美观、便于食用等长处，更在一般品种之上。如在春节前后，在保护地大量种植，供应节日需要，可有较高的经济效益。目前我国普遍栽培品种大多从日本、德国等国引进（图 25）。

图 25　樱桃萝卜

（一）形态特征

樱桃萝卜为直根系，主根入土深约 60～150 厘米，主要根群分布在 20～45 厘米的土层中。肉质根是营养的贮藏器官，多为圆球形，或扁圆球形，表皮红色或白色，肉质白色。其下胚轴与主根上部膨大形成肉质根。肉质根有球形、扁圆形、卵圆形、纺锤形、圆锥形等。皮色有全红、白和上红下白三种颜色。肉色多为白色，单根重由十几克至几十克。

樱桃萝卜的叶在营养生长时期丛生于短缩茎上，叶形有板叶型和花叶型，深绿色或绿色。叶柄与叶脉多为绿色，个别有紫红色，上有茸毛。植株通过温、光周期后，由顶芽抽生主花茎，主花茎叶腋间发生侧花枝。为总状花序，花瓣 4 片成十字形排列。花色有白色和淡紫色。果实为角果，成熟时不开裂，种子扁圆形，浅黄色或暗褐色。种子发芽力可保持 5 年，但生长势会因长时间的保存而有所下降，所以生产上宜用 1～2 年的种子作种。

樱桃萝卜的叶在营养生长时期丛生于短缩茎上，叶形有板叶型和花叶型，深绿色或绿色。叶柄与叶脉多为绿色，个别有紫红色，上有茸毛。植株通过温、光周期后，由顶芽抽生主花茎，主花茎叶腋间发生侧花枝。为总状花序，花瓣 4 片成十字形排列。花色有白色和淡紫色。果实为角果，成熟时不开裂，种子扁圆形，浅黄色或暗褐色。种子发芽力可保持 5 年，但生长势会因长时间的保存而有所下降，所以生产上宜用 1～2 年的种子作种。

茎在营养生长期短缩，进入生殖生长期抽生花茎。子叶 2 片，肾形。第一对其叶匙形，称初生叶。以后在营养生长期内长出的叶子统称为莲座叶。叶形有板叶和羽状裂叶。叶色有淡绿、深绿等色，叶柄有绿、红、紫等色。

花为复总状花序，完全花。花萼、花冠呈十字形。长角果，内含种子 3～8 粒。种子为不规则的圆球形，种皮呈黄色至暗褐色。

（二）营养成分及功效

樱桃萝卜富含营养，每100克鲜萝卜含糖类5.7克，蛋白质1.0克，粗纤维0.5克，维生素A0.02毫克，维生素$B_1$0.01毫克，维生素$B_2$0.03毫克，维生素C34毫克，钙44毫克，磷45毫克，铁0.5毫克，淀粉酶含量也很高，一般为200～600个活性单位。

樱桃萝卜性甘、凉，味辛，有通气宽胸、健胃消食、止咳化痰、除燥生津、解毒散瘀、止泄、利尿等功效。种子中所含的芥子油具有特殊的辛辣味，对大肠杆菌等有抑制作用。有促进肠胃蠕动、增进食欲、帮助消化的作用。其含有的莱服脑、葫芦巴碱、胆碱等都有药用价值，萝卜醇提取物有抗菌作用。萝卜汁液可防止胆结石形成。所含的粗纤维和木质素化合物有抗癌作用。

樱桃萝卜根、叶均可食用。可生食蘸甜面酱，脆嫩爽口，具有解油腻、解酒的最佳效果。也可荤素炒食。还可做汤、腌渍，做中西餐配菜。樱桃萝卜的叶片不仅鲜嫩爽口，而且营养成分比其他萝卜高，可凉拌，清香爽口，风味独特。

（三）对栽培环境要求

樱桃萝卜对环境条件的要求不严格，适应性很强。

1. **温度** 萝卜起源于温带地区，为半耐寒蔬菜。生长适宜的温度范围为5～25℃。种子发芽的适温为20～25℃，生长适温为20℃左右，肉质根膨大期的适温为6～20℃。6℃以下生长缓慢，易通过春化阶段，造成未熟抽薹。0℃以下肉质根遭受冻害。高于25℃，植株生长衰弱，易生病害，肉质根纤维增加，品质变劣。开花适温为16～22℃。

2. **光照** 萝卜对光照要求较严格。光照不足肉质根膨大缓慢，降低产量，品质变差。萝卜属长日照作物，在12小时以上日照下能进入开花期。

3. **水分** 萝卜生长过程要求均匀的水分供应。在发芽期和幼苗期需水不多；萝卜生长盛期，叶片大、蒸腾作用旺盛，不耐干旱，要求土壤湿度为最大持水量的60%～80%。肉质根形成期土壤缺水，影响肉质根的膨大，须根增加，外皮粗糙，辣味增加，糖和维生素C含量下降，易空心。若土壤含水量偏高，土壤通气不良，肉质根皮孔加大也变粗糙。若干湿不匀，则易裂根。

4. **土壤**　樱桃萝卜对土壤条件要求不严格。但以土层深厚，保水，排水良好，疏松透气的砂质壤土为宜。萝卜喜钾肥，增施钾肥，配合氮、磷肥，可优质增产。

（四）主要品种类型

1. **二十日大根**　由日本引进的品种。表皮鲜红，肉质白嫩，镓形，直径2～3厘米，单个重15～20克。极早熟，生长期20～30天。

2. **美樱桃**　由日本引进的小型萝卜品种。肉质根圆形，直径2～3厘米。单根重15～20克。根皮红色，瓤为白色，具有生育期短、适应性强的特点，喜温和气候，不耐热，生育期30天左右。

3. **罗莎**　由日本引进品种。极早熟品种，圆球形，果实深红，直径约1.5～2厘米，地上部分短小，叶片小。

4. **四十日大根**　由日本引进的品种。肉质根球形，表皮红色，肉白色。肉质根直径2～4厘米，单根重20～25克。该种早熟，生长期30～40天。适宜温和的气候，不耐炎热。

5. **上海小红萝卜**　由国外引进，在上海郊区已栽培多年。肉质根扁圆球形，表皮玫瑰紫红色，根尾白色，肉白色。肉质根味甜多汁，脆嫩，品质优良。单根重20克左右。春季生长期30～40天。

6. **美国樱桃萝卜**　直根小，纵径3.2厘米，横径2.8厘米，高圆球形、皮色鲜红，形似樱桃。肉质白，致密、爽脆、风味好，辛辣味淡，适作凉拌或水果用。耐贮运。叶片茸毛细且稀疏，可炒食、汤煮，宛如一般叶菜。也可作凉拌菜，其味略甘苦，比较适于夏季食用。不易抽苔开花，在华北地区留种较困难，直根不宜老化，播种后20～28天采收，是较理想的优良品种。

7. 法国18天早熟樱桃萝卜 直根细长，宛如拇指大小，长5.2厘米，宽2.0厘米。根端部白色，占直根长约1/2，极早熟，播种后18天即可采收。若不及时采收，如迟于25天，肉质松，易空心。

8. 红铃樱桃萝卜 日本引进特种小萝卜品种，品质细嫩、生长迅速、色泽美观，肉质根圆形，直径2～3厘米，单根重20克左右，外皮红色，肉质白。根型整齐，不裂球，耐糠心，叶簇紧凑，水洗后颜色不变，从播种到收获需20天左右。此品种可周年种植，夏季种植时，应采取遮阳措施。

9. 喜阳阳 从荷兰引进。樱小、球圆、早熟、味甜、全能耐热极品。由荷兰引进的杂交小型萝卜品种。肉质根圆形，须根细小，单株重20克左右。外皮红色，肉质白。根型整齐，不裂球，耐糠心，叶簇紧凑，水洗后颜色不变。适温下，从播种到收获需20～25天左右，夏季生长较同类产品表现优良，春秋露地及冬春棚室栽培亦可，低温下生长期将延长，此品种可周年种植。

10. 樱红 从荷兰引进。樱小、球圆、早熟、味甜、全能耐热极品。由荷兰引进的杂交小型萝卜品种。肉质根圆形，须根细小，单株重20克左右。外皮红色，肉质白。根型整齐，不裂球，耐糠心，叶簇紧凑，水洗后颜色不变。适温下，从播种到收获需20～25天左右，夏季生长较同类产品表现优良，春秋露地及冬春棚室栽培亦可，低温下生长期将延长，此品种可周年种植。

（五）栽培技术要点

1. 栽培季节与栽培方式 樱桃萝卜的栽培期短，对环境的适应能力也比较强，除高温多雨的夏季不适栽培外，其他的季节都可以栽培。主要栽培茬口有：

（1）春季露地栽培　3月中旬至5月上旬可陆续播种，分期收获。

（2）秋季露地栽培　9月中旬至10月上旬可陆续播种，分期收获。

（3）春、秋、冬季保护地栽培　即从10月上旬至翌年3月上旬，可以在塑料大棚、改良阳畦、温室内陆续播种，分期收获。

樱桃萝卜植株低矮，并且有一定的耐弱光能力，适合与其他蔬菜进行间作套种。

2. 整地做畦　萝卜生长迅速，要求土壤以疏松、肥沃、通透性好的砂壤土为佳。整地前一定施足有机基肥，一般每公顷施30 000千克腐熟的鸡粪或其他厩肥。

樱桃萝卜除间作套种时播种在畦埂上外，一般是平畦播种。春季播前15天至1个月整畦，并尽量早扣塑料薄膜提高地温。

3. 播种　萝卜比较耐寒，春季气温稳定在8℃以上时就可播种。

通常用干籽直播。在畦埂上播种，应在浇水后点播。在平畦播种时，先浇水，水量以湿透10厘米土层为准。待水渗下，然后撒播种子。一般每亩播量为1.5千克。撒后覆盖细土1～1.5厘米。撒时注意均匀，覆土厚度应一致。

4. 田间管理

（1）春季露地栽培管理要点　春季播种后应立即盖严地膜增温保湿，出苗时揭掉地膜。

幼苗出齐后要间苗2次。在子叶期和2～3片真叶期各间苗1次，4～5片真叶时定苗，株行距10～15厘米。

自播种到幼苗4～5片叶时，只要土壤不十分干旱，尽量不浇水。出土时如地面有干裂缝，可覆0.5厘米厚的细土。以后划锄1～2次，以疏松土壤，提高地温，保证墒情。直到直根破肚时，浇破肚水。7～10天后再浇2次水。

春萝卜生长期短，所以追肥应尽量提早。一般定苗后即应追施1次化肥。每亩施尿素10千克。肉质根膨大期再追1次，用量同第一次。

（2）保护地栽培管理要点

①温度管理　播种后立即盖严塑料薄模，夜间加盖草苫子保温。保持栽培畦内白天温度达到25℃，夜间最低温度不低于7～8℃。约7～10天苗可出齐。

齐苗后，通过通风降低栽培畦内温度，白天控制在18～20℃，夜间8～12℃。此期防止温度过高造成幼苗徒长，成为“高脚苗”。

在叶丛生长期，栽培畦内的温度不宜过高，防止叶丛生长过旺，延迟采收上市期。白天控制在18℃左右，夜间10℃左右。

肉质根膨大期温度为6～20℃，温度高易造成糠心，粗纤维增多，降低产品品质。温度低于6℃萝卜容易通过春化，提早抽薹。因此，温度偏低时应加强保温防冻措施。

②间苗、定苗　幼苗出齐后，在晴暖天气上午进行第一次间苗。在2～3叶期进行第二次间苗。间除并生、拥挤、病、残、弱苗。4～5叶时定苗，株距10～15厘米。

③肥水管理　自播种至幼苗4～5叶时尽量不浇水。可及时划锄1～2次，以疏松土壤，提高地温，保证墒情。此期浇水过多，不仅降低地温，还有造成叶丛徒长的可能。在直根破肚时，根据墒情浇1次破肚水。在肉质根膨大时，适当多浇水保持土壤湿润，促进肉质根生长。在寒冷的冬季，温室、大棚中塑料薄膜密闭，温度低，蒸发量小，土壤不易干旱。所以，只要土壤湿润即不用浇水。

在肉质根破肚时、肉质根膨大时可结合浇水各追1次肥，每亩施10～15千克复合肥。如果不浇水，就不用追肥。

5. 病虫害防治

（1）病害防治　樱桃萝卜病害主要有病毒病、黑腐病、黑斑病等。

①萝卜病毒病　病毒病各生育期均可发病。发病初，心叶出现叶脉色淡而呈半透明的明脉状，随即沿叶脉褪绿，成为淡绿与浓绿相间的花叶。叶片皱缩不平，有时叶脉上产生褐色的斑点或条斑。后期叶片变硬而脆，渐变黄。

主要防治措施：

选留无病种株；合理安排茬口，应避免十字花科蔬菜连作或邻作，减少传毒源；秋播适时晚播，使苗期躲避高温、干旱的季节；及时防治蚜虫，避免蚜虫传播；增施有机肥，加强水分管理；发病前可用高脂膜的200～500倍液，或83增抗剂原液的10倍液，或病毒宁500倍液，或20%病毒净400～600倍液，或抗毒剂1号300～400倍液，在苗期每7～10天1次，连喷3～4次。

②黑腐病　幼苗受害，子叶、心叶萎蔫干枯死亡。成株发病，病斑多从叶缘向内发展，形成V字形黄褐色枯斑，病斑周围淡黄色。病斑在叶中间时，呈不规整形淡黄褐色斑，有时沿叶脉向下发展成网状黄脉，叶中肋呈淡褐色。被害部干腐，叶片歪扭，部分发黄。湿度大时，病部产生黄褐色苗脓或油浸状湿腐。

主要防治措施：

在无病区或无病种株上留种；与非十字花科作物实行1～2年的轮作；用50%福美双1.25千克，或用65%代森锌0.5～0.75千克，加细土10～12千克，沟施或穴施入播种行内，消灭土中的病菌；适期播种，高垄直播，施足腐熟的有机肥，合理密植，拔除病苗，适当浇水，减少机械伤口等；发病初用65%代森锌500倍液，或农用链霉素或新植霉素200毫克/千克，或氯霉素2 000～3 000倍液，或50%福美双500倍液，交替应用，每7～10天1次，连喷2～3次。

③黑斑病　幼苗和成株均可受害。受害子叶可产生近圆形褪绿斑点，扩大后稍凹陷，潮湿时表面长有黑霉。成株可为害叶片、叶柄、花梗和种荚等部位。叶多从外叶开始发病，病斑近圆形，直径2～6毫米，初呈近圆形褪绿斑，扩大后呈灰白色至灰

褐色，病斑上有明显的轮纹，周围有黄色晕圈。湿度大时，病斑上有黑色霉状物。叶柄上病斑梭形，暗褐色，稍凹陷。种株上症状同上。

主要防治措施：

选用抗病品种，在无病区和无病植株上采种，与非十字花科作物实行2年以上的轮作，及时排水防涝，利用高垄、高畦栽培，施足有机肥，增施磷、钾肥，施用微量元素肥料，适当晚播，及时清理田间病株，深埋或烧毁，减少田间病源；发病初期用70%代森锰锌500倍液，或40%灭菌丹400倍液，或农抗120的100单位，或多抗霉素50单位，或50%扑海因1 000倍液等，交替应用，每7～10天1次，连喷3～4次。

（2）虫害防治　樱桃萝卜主要害虫有蚜虫、菜青虫等。蚜虫用10%吡虫啉可湿性粉剂1 500倍液，或2.5%鱼藤精乳油600～800倍液防治；菜青虫在幼虫3龄以前喷药防治，用5%抑太保乳油1 000～1 500倍液，或BT生物杀虫剂防治。

（六）收获

播种后约30～55天即可收获。收获应选充分长大的植株拔收，留下较小的和未长成的植株继续生长。收获过晚，易发生糠心，降低品质。每收获1次，应浇一水，以弥补拔萝卜出现的空洞，促进未熟者迅速生长。

（七）种子生产

目前我国樱桃萝卜虽然有一些优良品种，但供不应求，种子多从国外购进，价格昂贵。为了便于生产，可在国内自繁种子。

从冬、春保护地栽培的樱桃萝卜中，选择外形端正、色泽好的植株作种株，严格隔离采种，采得的种子经过试种，如产品整齐、品质好，可于第二年早春用小株采种法扩大采种量。

十、小香葱栽培特性

香葱原产于日本，广泛种植于东南亚及中国台湾，中国大陆

图 26　小香葱

自 20 世纪 90 年代引种。是食品加工干食、鲜食的主要调配材料，可鲜食、干食，宜于加工贮存。小香葱一般株高 30～50 厘米，单株 5～9 片叶，耐热耐寒性强，适应性广，全生育期 50～80 天，栽培期短，一年内可栽培多茬，经济效益好。小香葱广泛种植于东南亚及中国台湾，中国大陆自 90 年代开始引种，主要用于出口栽培。小香葱含有较高的碳水化合物、蛋白质、维生素 C 等营养物质，是良好的餐饮佐料，具有增进食欲，防止心血管病的作用。近年来，随着香葱调味品和脱水加工生产发展，我国江苏、山东等地香葱种植规模不断扩大，脱水香葱远销日本、东南亚、中东等国家和地区（图 26）。

（一）形态特征

小香葱属于分葱的一种，分蘖力强，植株丛生，植株直立，株高 45～50 厘米。叶呈细筒形，长 30～40 厘米，淡绿色。叶鞘基部稍肥大，长 8～10 厘米，粗（直径）0.6 厘米，皮灰白色，有时带红色，分蘖力强，每株茎部有生活力较强的芽，在适宜条件下能很快长成稠密的株丛。须根，分布浅，根系交叉连接。生长第二年抽苔，花茎细长，聚伞花序，小花淡紫色，不易结种子，和其他葱类不易杂交。

（二）主要品种

1. 佳禾大和万用香葱　叶色浓绿、挺直，叶鞘部纯白，株形美观，长势均一。生长健壮，不易折叶，不易倒伏；食味极佳，丰产性好。耐贮运，市场评价高。耐热、耐寒，适应性广，容易栽培；条件适宜小葱、芽葱、大葱均可实现周年上市，市场性极佳。

2. 日本黑千本 黑千本是青岛味美食品公司和临沭大圣食品有限公司联合从日本引进的适合脱水加工的香葱新品种，具有出品率高、色泽深绿等特点，其冻干、烘干产品在日本市场深受欢迎。鲜葱价格较普通品种高0.1～0.2元/千克，具有较高的市场推广价值。

3. 德国全绿 植株直立，株高45～50厘米，叶片细长，叶色浓绿，管状叶直径3～5毫米。质地柔嫩，香味较浓，味微辣稍甜，口感佳，品质好。脱水加工产品颗粒均匀、色泽鲜亮，符合出口西欧、美国和日本的要求。生长快，从播种到采收一般只需50～60天。对土壤适应性广，密植抗倒伏，抗病力强。生长适温为20～24℃，较耐热、耐霜冻，短期低温（−5℃以上）仍保持叶色青绿。喜湿，不耐旱。适采期长，一般可延续到12月上旬土壤封冻前。分蘖力强，可像割韭菜一样，一年可收割多茬。

4. 日本味九条 口味佳的九条小葱，叶不易折断，腊粉极少，品质高；叶梢部份纯白，很适合市场需求。耐热性，耐寒性高，栽培容易，可以周年栽培。

（三）对栽培环境的要求

小香葱喜凉爽的气候，耐寒性和耐热性均较强，发芽适温为13～20℃，茎叶生长适宜温度18～23℃，根系生长适宜地温14～18℃，在气温28℃以上生长速度慢。

因根系分布浅，需水量比大葱要少，但不耐干旱，适宜土壤湿度为70%～80%，适宜空气湿度为60%～70%。对光照条件要求中等强度，在强光照条件下组织容易老化，纤维增多，品质变差。

适宜疏松、肥沃、排水和浇水都方便的壤土和重壤土地块种植，不适宜在沙土地块种植，需氮、磷、钾和微量元素均衡供应，不能单一施用氮肥。

（四）栽培技术要点

1. 栽培方式 香葱能四季栽培，露地栽培和设施栽培均可。

南方地区可全年露地栽培，北方地区配合设施保护，也可实现全年栽培。

小香葱露地直播或育苗移栽均可，大面积栽培一般进行直播。北方地区主要栽培茬口如下：

(1) 露地直播　春茬于3～4月份播种，夏茬6月份播种，秋茬9～10月份播种，60～80天左右收获一茬。

(2) 育苗移栽　冬春利用保护设施于2月份育苗，3月份移栽，移栽后覆盖地膜，4～5月即可收获；露地春、夏播种，3～6月均可播种，4～7月移栽，5月下旬至9月收获；秋播于7月上中旬至9月上旬育苗，8月中下旬至10月上旬移栽，10上旬至11月下旬收获。采用育苗移栽，可提高产品质量和种子出苗率。

出口香葱为提高产品质量，生长季节应避开高温、多雨的7、8月份。

2. 整地做畦　香葱耐旱力较弱，应选择地势平坦，水源充足，灌排条件好，土壤肥沃的地块，香葱不易多年连作也不易与其他葱蒜类重茬，一般在2～3年就要与大豆、玉米及其他蔬菜作物进行轮作换茬。

香葱在栽植前要进行耕翻，结合耕翻每亩施用腐熟的优质农肥（猪粪、鸡粪）3 000千克最好，也可每亩用复合肥100千克。施后精细耙地做畦，畦宽1.5米。

3. 播种育苗

(1) 浸种催芽　播种前，种子用25℃温水浸种24小时，除去秕籽和杂质，将种子上的粘液冲洗干净后催芽。催芽时将浸好的种子用湿布包好，放在15～20℃的条件下催芽，每天用清水冲洗1～2次，60%种子“露白”时即可直播或育苗。

(2) 育苗　种植1亩大田需苗床80～100平方米。育苗畦每亩施用腐熟有机肥3 000千克、氮磷钾复合肥30千克做基肥，深翻耙平后做成宽1～1.2米、长10～20米的平畦，并留出覆土。播种时，畦内灌足底水，水渗后将种子均匀撒播，为保证播种均匀，可将1份种子与10份细砂掺匀后撒播，播后覆盖1厘米厚的细土，再均匀撒一层0.2～0.5厘米厚的细砂，防止畦面板结、降低出苗率。

要防止地下害虫危害，播种前用辛硫磷拌过筛细土撒在床面，也可用敌百虫拌炒香的麦麸制成毒饵，在傍晚撒在播后的苗床上，浇足底墒水。

播后7～8天即可出齐苗，出苗后浇一次小水，15～20天后再浇一次，以促进幼苗生长，以后保持土壤湿润。同时，应根据秧苗的生长状况调节肥水管理。如苗偏小，可每亩施尿素10～15千克；苗偏大，则应控制肥水。苗龄20～30天。

4. 定植　栽前剪掉过长的须根，保留须根长2～3厘米即可，以减少缓苗期间的营养消耗以及利于苗根基部发生新根。移栽时，1.5米宽的畦栽9～10行，株行15厘米×15厘米，每穴2～3株，植株栽深5厘米，这样可增加葱白的长度，提高产量和品质，但夏季常遇暴雨，土壤易板结，如果栽植过深，底部根系通透性差，造成香葱生长不良，甚至葱白腐烂，影响产量和质量。若浅栽，发棵早，但根部青，商品性略差。

5. 田间管理

(1) 水分　直播香葱，播后到出苗前后，保持畦面见干见湿。苗出齐后及移栽苗活棵后及时追施薄粪水。香葱根系不发达，分布较浅，根部吸水能力较弱，所以干旱时要坚持小水勤灌既防受旱，又防受渍。成活后，可在晴天早晨4～5点钟灌跑马水，此时水土温度一致，且等太阳出来后已基本吸干沟内积水。若正午灌水，水土温差大，香葱生理不适，不仅易烧根死葱，而且易诱发多种病害。

(2) 除草　因香葱根系少，松土除草易伤根影响生长，可采用黑色地膜覆盖栽培防草，也可用除草剂灭草。移栽后2天喷施果尔，其用量比根茎类、叶菜类可适当增高到每亩60克；亦可用33%除草通乳油，每亩100～200毫升对水50千克喷雾。使用除草剂时应注意：温度高或土壤湿度大时除草剂用量要低，温度低或土壤干旱时，可适当增加用量。一般气温超过30℃，不可使用，否则易产生药害。

(3) 追肥　葱株活棵后应及时追施薄水粪或每亩施尿素5千克作促叶肥。追肥应少施多次，薄肥勤施，一般每隔12～15天追一次肥，每亩一次施尿素5～8千克，氯化钾4～5千克，施肥与浇水相结合，保持土壤湿润，以免烧伤植株。收获前15～20天必须增加氮肥施用量，正常每亩施尿素15千克，同时喷施喷施宝、氨基酸肥等生化制剂，以促使植株嫩绿。

(4) 夏季温度高、光照强，要搭棚架覆盖遮阳网。

6. 病虫害防治

(1) 主要病害防治　香葱主要病害有霜霉病、灰霉病、紫斑病。

①香葱霜霉病　香葱霜霉病主要危害叶片。当苗长到5～6叶，高17厘米左右进入旺长期时开始发病。先从外叶的中部或叶尖发病，向上下或心叶蔓延。病部表面遍生灰白色或灰褐色霉层，病健交界不明显，逐渐变成黄绿色，最后呈灰绿色干枯。叶片中部染病，病部以上渐干枯下垂或从病部折断枯死。潮湿时病叶腐烂，遇雨落于根际土面，干燥后皱缩扭曲。常与紫斑病混合发生。

主要防治措施：

选择地势高燥，土质疏松，土层深厚，排灌方便的沙壤土地块种植，并与葱蒜以外的作物实行2～3年轮作；在无病田块选留种苗；适期栽种，使香葱的旺长期避开中秋前的高温阴雨，防止葱苗过分旺长，降低抗逆性；收获时清理田间病株残体，生长期中发现中心病株及时拔除，带出田外集中深埋或烧毁，减少菌源；定植前，种苗晾晒后用72%霜霉疫净可湿性粉剂或58%雷多米尔可湿性粉剂1 000倍液和72%1 000万单位农用链霉素可溶性粉剂 4 000 倍液的混合液浸种 30～40 分钟，晾干后带药定植；苗高达 15 厘米左右时，开始喷药预防，可喷 72%霜霉净可湿性粉剂 500 倍液，或 64%杀毒矾可湿性粉剂 500 倍液，7～10 天 1 次，发病初期可喷 58%雷多米尔 500 倍液，或 50%扑海因可湿性粉剂 800～1 000 倍液，隔 7～10 天 1 次，连用 2～3 次。

②香葱灰霉病　发病初期叶片中上部出现白色至浅灰褐色小斑点，以后发展成白色坏死斑，后期病斑相互连接，致使葱叶扭曲枯死。潮湿时病斑上生有灰褐色绒毛状霉层。条件适宜时病害在短时间内由叶尖向下扩展，致大半个叶片甚至全叶枯死。

主要防治措施：

病地应实行轮作，收获后要彻底清除病残体，带出田间销毁；多雨地区或低洼地块实行高畦栽培，雨季要及时排水，防止田间积水；发病初期喷施 50%扑海因可湿性粉剂 1 500 倍液或 50%速克灵可湿性粉剂 2 000 倍液、50%农利灵可湿性粉剂 1 500倍液等，每 7～10 天喷 1 次，连喷 2 次。

③香葱紫斑病　又称黑斑病、轮斑病。主要危害叶片和花梗。病斑椭圆形至纺锤形，通常较大，长径 1～5 厘米或更长，紫褐色，斑面出现明显同心轮纹；湿度大时，病部长出深褐色至黑灰色霉状物。当病斑相互融合和绕叶或花梗扩展时，致全叶（梗）变黄枯死或倒折。

主要防治措施：

重病地区和重病田应实行轮作；因地制宜地选用抗病良种；播前种子消毒；加强肥水管理，注重田间卫生；发病初期喷施 75%百菌清＋70%托布津（1∶1）1 000～1 500 倍液，或 30%氧氯化铜＋70%代森锰锌（1∶1，即混即喷）1 000 倍液，或 40%三唑酮多菌灵或 45%三唑酮福美双可湿粉 1 000 倍液，或 30%氧氯化铜＋40%大富丹（1∶1，即混即喷）800 倍液，或 3%农抗 120 水剂 100～200 倍液，2～3 次或更多，隔 7～15 天 1 次，交替喷施，前密后疏。

(2) **主要虫害防治** 主要虫害有根蛆、潜叶蝇和葱蓟马等。

防治根蛆，在定植前用50%辛硫磷乳油1 000～1 500倍液或90%晶体敌百虫1 000～1 500倍液浸泡秧苗根部1～2分钟，或于发病初期喷施，每7～10天喷1次，连喷2～3次。

防治斑潜蝇，在产卵盛期至幼虫孵化初期，喷75%灭蝇胺5 000～7 000倍液，或2.5%溴氰菊酯，或20%氰戊菊酯或其他菊酯类农药1 500～2 000倍液。

防治葱蓟马，在若虫发生高峰期喷洒5%锐劲特悬浮剂3 000倍液或10%的吡虫啉可湿性粉剂2 500倍液，每7～10天喷1次，连喷2～3次。

(五) 收获

香葱移栽后苗高30～35厘米、假茎粗度0.5～0.6厘米时，即可采收。采收前一天在田间适量浇些水，起好的葱株去枯、黄、病叶，可采用保鲜、速冻、脱水等方法加工转化。保鲜的香葱要求除去根须和部分葱叶，用保鲜袋包装好，可装在纸箱内，置于0～1℃、相对湿度90%的条件下，能保鲜1～2个月；速冻的香葱要经过清理、清洗、切段、烫煮、冷却、快速冻结、包装、贮存等工序，将冻结的葱用薄膜食品袋包装好，放大纸箱内，贮存在－18℃以下的冷库内；脱水的香葱要经过清理、清洗、切片、烘干、分级分装等工序，将制成的葱片装入聚乙烯薄膜袋内，放在瓦楞纸箱内，贮藏在恒温库内。

第二节 引进出口蔬菜栽培特性

一、芦笋栽培特性

芦笋又叫“石刁柏”、“龙须菜”等。芦笋不仅具有一定的抗癌功能，而且含有丰富的氨基酸、蛋白质、叶酸、核酸及多种维生素，成为当今世界上风靡一时的名贵蔬菜，被列为世界十大名菜之一，国际声誉日高，供不应求。我国20世纪初开始栽培芦笋，进入80年代后，随着国际对芦笋需求量的不断增大，我国出口芦笋的生产规模也有了较快的发展，成为我国出口创汇的主要蔬菜产品之一。目前我国的芦笋主要销往美国、日本、欧洲等国和我国香港，出口形式主要为芦笋罐头和速冻芦笋。其中芦笋罐头主要销往欧洲和美国，而速冻及鲜芦笋则主要销往日本及我国的香港和部分欧洲国家（图27）。

图27 芦 笋

（一）出口概况

芦笋的主要消费市场在西欧、北美和日本市场，由于芦笋生产加工是劳动密集型产品，所以这些地区的消费主要依赖从发展中国家进口。传统上，西欧国家消费的芦笋大部分是白芦笋，其用量占世界白芦笋产量的55%以上；东半球生产的白芦笋产量占世界总量的75%，同时也是仅次于西欧的芦笋消费市场。据FAQ统计，近年来全球对芦笋的总需求量以每年5%～10%的比例增长，如美国每年仍需进口10万吨芦笋产品来满足国内需求。总体上看，芦笋市场需求旺盛，稳步增长。

目前，我国年出口芦笋罐头量近10万吨，主要销往欧美地区，出口量占芦笋罐头国际贸易中的1/2～2/3。但我国目前种植出口的芦笋70%以上都是白芦笋，品种过于单一，而绿芦笋、紫芦笋的营养价值比白芦笋高很多，适合鲜食，在国内和日本、韩国、东南亚等国家和地区需求旺盛，且价格较高，利润比白芦笋高很多。

(二) 形态特征

芦笋为须根系，由肉质贮藏根和须状吸收根组成。芦笋根群发达，在土壤中横向伸展可达 3 米左右，纵深 2 米左右。

茎分为地下根状茎、鳞芽和地上茎三部分。地下根状茎是短缩的变态茎，多水平生长。根状茎有许多节，节上的芽被鳞片包着，故称鳞芽。根状茎的先端鳞芽多聚生，形成鳞芽群，鳞芽向上发育成地上茎，向下产生贮藏根。刚刚出土的肉质嫩茎顶端由鳞片包裹，在土层下嫩茎白嫩，称白芦笋，伸出地面变成绿色，称绿芦笋，即为食用部分。地上茎的高度一般在 1.5～2 米之间，高的可达 2 米以上。雌株多比雄株高大，但发生茎数少，产量低。雄株矮些，但发生茎数多，产量高。

真叶着生在地上茎的节上，呈三角形薄膜状的鳞片。拟叶是一种变态枝，簇生，针状。

芦笋雌雄异株，虫媒花，花小，钟形。果实为浆果，球形，幼果绿色，成熟果赤色，果内有 3 个心室，每室内有 1～2 个种子。种子黑色，千粒重 20 克左右。

(三) 营养成分与功效

芦笋有鲜美芳香的风味，膳食纤维柔软可口，能增进食欲，帮助消化。在西方，芦笋被誉为“十大名菜之一”，是一种高档而名贵的蔬菜。

芦笋的营养价值最高，每 1 千克鲜芦笋中，含蛋白质 25 克，脂肪 2 克，碳水化合物 50 克，粗纤维 7 克，钙 220 毫克，磷 620 毫克，钠 20 毫克，镁 200 毫克，钾 2.78 克，铁 10 毫克，铜 0.4 毫克，维生素 A900 国际单位，维生素 C330 毫克，维生素 B11.8，素 B20.2，烟酸 15 毫克，泛酸 6.2，生素 B61.5，叶酸 1.09 物素 17 微克，可放出热量 109.2 千焦耳。

芦笋以嫩茎供食用，质地鲜嫩，风味鲜美，柔嫩可口。除了能佐餐、增食欲、助消化、补充维生素和矿物质外，芦笋蛋白质组成具有人体所必需的各种氨基酸，含量比例恰当，无机盐元素中有较多的硒、钼、镁、锰等微量元素，还含有大量以天门冬酰胺为主体的非蛋白质含氮物质和天门冬氨酸。经常食用对心脏病、高血压、心率过速、疲劳症、水肿、膀胱炎、排尿困难等病症有一定的疗效。同时芦笋对心血管病、血管硬化、肾炎、胆结石、肝功能障碍和肥胖均有益。国际癌症病友协会研究认为，芦笋可以使细胞生长正常化，具有防止癌细胞扩散的功能，用芦笋治淋巴腺癌、膀胱癌、肺癌肾结石和皮肤癌有极好的疗效。对其他癌症、白血症等，也有很好效果。

（四）主要品种

1. **玛丽·华盛顿** 500W　品种引自美国。植株高大，嫩茎浅绿色，生长较为一致，尖端紧密，质量优良。抗锈病，耐寒。

2. UC309　品种引自美国。植株高大，长势强，发茎数少，嫩茎肥大，大小整齐，茎顶鳞片包裹紧密，圆钝，不易开散，外观与品质俱佳。绿芦笋的色泽绿，抗锈病。但抗茎枯病能力较低，不耐潮湿。适于绿芦笋栽培。

3. **加州** 800　品种引自美国。中熟品种。株型比较高大，笋株生长和适应性比较强，嫩茎头部圆锥形，嫩茎顶部鳞片抱合紧凑，在夏季高温的条件下也不易散头，单株嫩茎萌发数量比较多，丰产性较好，嫩茎粗细中等，笋条直顺、整齐一致，嫩茎色泽浓绿，嫩茎质地细腻、纤维含量少、口感好，抗病能力中等，既适宜白芦笋栽培又适宜绿芦笋栽培。

4. **格兰蒂**　品种引自美国。嫩茎顶部鳞片抱合紧密，嫩茎肥大、整齐，多汁、微甜、质地细嫩，纤维含量少。嫩茎色泽浓绿，长圆有蜡质，外形与品质均佳。抗病能力较强，植株前期生长势中等，成年期生长势强，抽茎多，产量高，质量好，一、二级品率可达80%。春天鳞芽萌动早，采摘期长。在我国北方地区定植后第二年每亩产可达350～400千克，成年笋每亩产可达1 200～1 500千克。

5. **阿波罗**　品种引自美国。中熟。生长势比较强。嫩茎比较粗壮，肥大适中，平均茎粗 1.6 厘米以上、整齐、质地细嫩、纤维含量少，平均单茎重 19.0 克左右。嫩芽颜色深绿，笋尖鳞芽上端和笋的出土部分颜色微发紫，笋尖圆形，包裹紧密。抗病能力较强。

6. **阿特拉斯** 品种引自美国。嫩茎圆锥形，绿色，大小适中，芽蕾、芽尖及芽条基部略带紫色，色泽诱人。单笋重 26 克以上，平均直径 1.8 厘米左右，笋尖包头紧实。绿白兼用品种。

7. **泽西奈特** 品种引自美国。绿白兼用品种。嫩茎绿色粗且均匀，整齐一致，直径 1.4～2.0 厘米，顶端较圆，鳞片包裹紧密。嫩茎质地细腻，微甜，纤维含量少，口感较好。抗病能力较强，两年生可达 2 米高。

8. **极雄皇冠** 品种引自美国。极雄皇冠芦笋种子是具有较强优势的经典芦笋新产品。品种中早熟，适合中国南北种植。嫩茎顶部鳞片抱合紧实，出笋整齐，优质品率高，笋茎 2.0 厘米左右。抗性全面，根系储备能力强大，忍耐性好，产量高且稳产，是绿白兼用芦笋新品种，也是结合我国种植开发的新一代芦笋优良品种。

（五）对栽培环境的要求

芦笋对温度的适应性很强，既耐寒，又耐热。在高寒地带，气温－33℃，冻土层厚度达 1 米时，仍可安全越冬。春季地温回升到 5℃以上时，鳞芽开始萌动，10℃以上嫩茎开始伸长，15～17℃最适于嫩芽形成，25℃以上嫩芽细弱，鳞片开散，组织老化，35～37℃植株生长受抑制，甚至枯萎进入夏眠。芦笋喜光，光照充足，嫩茎产量高，品质好。

比较耐旱，但在嫩茎采收期间，若水分供应不足，嫩茎变细，不易抽发，并且空心、畸形笋增多，散头率高，易老化，降低产量和质量。极不耐涝，积水会导致根腐而死亡。适宜土层深厚、有机质含量高、质地松软的腐殖壤土及沙质壤土栽培。适宜的土壤 pH 值 6.5～7.0。忌酸性和碱性土壤。要求氮肥较多，磷钾肥次之。

（六）栽培技术要点

1. 栽培方式 芦笋以露地栽培为主，春播、秋播均可。长江流域多春播育苗移栽，约4月上中旬播种，夏秋季定植于大田；若地膜覆盖、大棚育苗可提早到3月上旬播种，5月底6月初定植。华北地区一般谷雨至立夏播种，阳畦育苗则提前到2月中下旬播种。东北较寒冷地方，通常将播种期安排在上一年的夏季，7月下旬播种，11月下旬定植。

前茬为桑园、果园、番茄、甘薯的地块不宜种植芦笋。

由于芦笋行距宽，成线状栽植，为充分利用耕地，可在定植当年于行间栽培速生或矮生作物，如生菜、小白菜、地芸豆等。但不能间种大葱、大蒜、马铃薯及与芦笋有相同病害的作物，以免影响芦笋生长。

2. 育苗 用营养钵育苗，直径8～10厘米，高度8～10厘米。用洁净园土5份、腐熟堆厩肥4份、草木灰1份、过磷酸钙2%～3%，充分混合均匀。

选用1年内的新籽播种。将新种子浸湿后，置于0～5℃低温下处理60天，或将种子与湿润黄沙层积于露地过冬，以利于完成休眠期。用多菌灵50克对水12.5千克浸种5千克，24小时后捞起，冲洗干净，再用清水或25～30℃温水浸种两天，每天换水1～2次，待种子吸足水分后沥干晾干，在尚未破壳出芽之时播种。每钵播种2粒，粒距3厘米，覆土1～2厘米厚。

营养钵苗易失水，应经常浇水，一般3～5天一水。苗期追肥只需2次，第一次于第一支幼茎展叶后，结合浇水每亩施尿素7～10千克，20天左右后再施一次，量同第一次。第二支幼茎将发生时进行间苗，每钵择优选留1株苗。间苗应撬松培养土，连根拔除，否则残留的根株仍会抽生茎叶。

当苗高25厘米以上，茎数3～5支时，进行定植。

3. 定植 定植前深翻整平土地，白笋按1.8米的行距，绿笋按 1.3～1.4 米的行距，根据地形，以南北行向或东西行向划好直线，然后沿直线挖宽 0.45 米，深 0.4～0.5 米的定植沟。挖沟时要将 25 厘米以上的熟土和 25 厘米以下的生土分开放。回填时先放熟土在底部，以利于芦笋根系的发育。每亩按 3 000～5 000千克土杂肥和氮、磷、钾复合肥 50 千克与土混均匀施入定植沟内。定植沟不要填平，可低于原地面 5～7 厘米，待定植后再将沟逐渐填平。

将定植沟灌水沉实，避免定植后因浇水或降雨导致土壤下沉，使幼苗倒伏。两沟间的垄面做成中间高、两边低的小拱形。

定植时把地下茎放在沟中心，舒展其根系，按鳞芽发展趋向，顺沟朝同一方向栽成直线，然后埋土 5～8 厘米稍镇压，成活后结合追肥中耕，再覆土 1～2 次，使地下茎埋在土下 13～18 厘米处。

白芦笋定植行距 1.8 米，株距 0.25～0.3 米，每亩定植 1 300～1 500 株。绿芦笋定植行距 1.3～1.4 米，株距 0.25～0.3 米，每亩定植 1 600～2 000 株。

4. 田间管理

(1) 定植当年管理

①查苗补苗　定植后 1 个月内要进行查苗补苗。补苗时要浇足底水，确保成活，补栽的幼苗仍然要注意定向栽植。

②浇水和培土　定植后要及时浇水缓苗，待水渗下后再进行覆土。覆土时要打碎土坷垃，防止压倒幼苗，因这时笋株很小，必须精细管理。

定植后的芦笋苗小根浅，耐旱能力较弱，应视天气状况和墒情变化适时浇水。每次追肥后，也应浇水以促进肥料的分解，发挥肥效。秋季是芦笋秋茎旺发期，又是积累养分为第二年创高产的关键时期，若遇秋旱要适时浇水，否则会影响幼茎的抽发，导致植株早衰。冬季封冻前的立冬前后普浇一次越冬水，以利芦笋安全越冬，并培土 15 厘米以减少来年空心笋的数量。

③追肥　幼苗定植20天以后进入正常生长期，每亩追施尿素30千克或碳酸氢铵50千克。施肥时距芦笋20～25厘米顺垄开沟，沟深以10厘米为宜，将肥施入沟内及时覆土耙平。追肥时防止将肥撒在地面或肥料距植株太近，以免养分流行或灼烧植株，施肥后及时浇水。

定植40～50天时应追施第二次秋发肥，每亩可追氮、磷、钾复合肥40千克，尿素10千克，追肥后及时浇水。

④中耕除草　及时清除田间杂草，雨后及时松土。

（2）第二年及以后的管理

①采笋前管理　采笋之前清除芦笋地上的残、落叶，拔除越冬母茎，并划锄松土，然后耙平地面准备培垄。如果上年芦笋病害严重，要进行土壤消毒，方法是：对整个芦笋地面喷洒50%多菌灵可湿性粉剂300倍液。

采收白芦笋地块，一般在开始采收前10～15天，距地面10厘米处土温达10℃以上时进行培土，厚度以使地下茎在土下长25～30厘米为准。采收绿芦笋地块为使嫩茎粗壮，也应适当培土，使地下茎上面保持18厘米厚的土层。培垄分一次或多次。分次培垄，每次培土10厘米左右，土温提高后再培一次，最后培成标准的土垄。

结合培垄施肥。以腐熟的农家肥为主，适当混施少量复合肥，一般每亩施有机肥5 000千克左右。在距植株20厘米处开沟10厘米深施入，然后培垄。

②采笋期间管理　采笋期间，土壤含水量保持在16%左右，以后随着气温升高，适当增加土壤湿度，一般隔10～15天左右浇1次水（隔行轮浇，浇小水）。浇水量要均匀，忽干忽湿会造成炸笋。

初采笋田应在行间按每亩10～15千克复合肥量施肥，成龄笋田一般追肥2～3次。

③采笋后管理　采笋结束后要及早撤垄。结合撤垄施复壮肥，将土杂肥撒入芦笋沟内，将肥埋入土中。每亩施土杂肥

4 000～5 000 千克，同时施入氮、磷、钾复合肥 60 千克，尿素 20 千克，氯化钾 10 千克。芦笋嫩茎抽出地面后浇水。

在采笋即将结束之前，成龄笋在 8 月中旬时应再追一次秋发肥，每亩追施氮、磷、钾复合肥 50 千克、尿素 20 千克、硼肥 1.5～2.0 千克，施肥后及时浇水。重施钾肥、硼肥可增加芦笋的营养品质和增强抗茎枯病的能力。冬季结合浇封冻水，每亩施腐熟土杂肥 4000 千克，开沟施入植株两旁。

应尽早摘花、摘果，减少养分消耗，提高产量，并防止雌株遇风倒伏。冬季当地上部分枯死时，要割去残茎，集中烧毁，减少病虫基数。

5. 病虫害防治

（1）*主要病害防治*　芦笋主要病害有茎枯病、根腐病等。

①茎枯病　在茎、枝上发生，病斑呈纺锤形或短线形，发病初期由水渍状变为黄色小斑点，后为褐色，周缘呈水肿状，随着病斑的扩大，中心部凹陷，呈赤褐色，着生许多小黑点。病斑扩大到将茎枝绕满，其上方干枯，连成一片则全株干枯。嫩笋鳞片被侵染后，产生古铜色斑点，影响品质。

主要防治措施：

结合清园，彻底烧毁病枯枝，同时施用石灰，控制病害；氮磷钾配合施用，增施钙和硼肥，提高植株吸肥能力和抗病力；于春季培土前先向芦笋根盘喷洒药液灭菌，生长期视病情 5～14 天防治 1 次，有效药剂有 50%扑海因可湿性粉剂 1 500 倍液、70%甲基托布津可湿性粉剂 600 倍液、2%农抗 120 水剂 200 倍液等。

②立枯病　植株受该病危害后，地下茎腐烂、变黄、干枯，地上茎叶黄化，凋萎后枯死。通常病株地上茎近地面处为紫红色或赤色的病斑，在嫩茎的鳞片及茎部为褐色病斑。每年 4～5 月份为高发期。

主要防治措施：

选择洁净的田块种植；注意种子和苗株消毒，幼苗颈部变褐色时，用50%多菌灵或70%甲基托布津800～1 000倍液浇苗，或使用石灰粉25～35千克撒施控制病害。

③锈病　在植株生产期危害，被害后的茎枝先出现许多水渍斑点，慢慢变成棕红色或锈褐色的小斑点，病斑破裂后，散出黄赤色的粉末（夏孢子），在秋冬之间发生暗褐色病斑（冬袍子堆）。被害植株生育衰弱，甚至茎叶枯萎而死，致严重减产。

主要防治措施：

选用抗病品种；做好清园工作，保持笋园通风、排水良好；发病初期，可用95%敌锈纳250～300倍液，或50%治锈灵可湿性粉剂200倍液，每隔7～10天喷1次。

④根腐病　发病初期，吸收根和部分贮存根轻度腐烂，随着病情发展，根髓部腐烂，仅留表皮，根皮呈赤褐色。

主要防治措施：

应选择地下水位低的地块作笋园，并搞好深沟排灌；前作是甘薯、蔬菜的应严格消毒处理；多施堆厩肥，使土壤疏松，植株发育健壮；栽植过程发现病株，应立即带土拔除，远离田间烧毁，并在病穴施用石灰，以防蔓延，也可用50%退菌特1 500～2 000倍液灌蔸，或1%石灰水淋洗土壤消毒，春季抽新芽时淋施25%甲霜灵可湿性粉剂800～1 000倍液，或65%普力克水剂600～800倍液防治。

（2）主要害虫防治　芦笋主要害虫有甜菜夜蛾、斜纹夜蛾、金针虫等。甜菜夜蛾、斜纹夜蛾可选用1%7051杀虫素乳油2 000～2 500倍液，或20%米满胶悬剂1 500倍液，或5%锐劲特悬浮剂2 500～3 000倍液防治；金针虫用毒饵诱杀或地面撒施辛硫磷颗粒剂防治。

（七）收获

白芦笋于每天黎明时，在有裂纹或土堆隆起的垄面一侧用手扒开土层，扒至笋尖露出5～7厘米时，左手捏住嫩茎上端，右手持采笋铲刀，插入土中将嫩茎切断采出，放入盛笋容器内。采收的白芦笋不能见光，要用黑色湿布遮盖。采割笋茎留茬要合适，以 2～3 厘米为宜。采后及时回填土穴并培实，与原土垄一致。出笋盛期宜每天早、晚各采收一次。

绿芦笋于每天早上将高达 24 厘米以上的嫩茎齐土面割下。温度高时，每天应收割 2 次，以免笋头松散和组织老化。

收嫩茎要适量，一般 2 年生的植株，采收期为 2～3 周，3 年生以上植株为 8～11 周。

（八）出口收购标准

绿芦笋收购标准：组织鲜嫩，色泽鲜绿；切口平，条形直，笋尖完好，无开花散头；无病虫害，无弯曲、畸形，无机械损伤，无浸水烂头，无紫根，无白根，无空心；长度 24～26 厘米，直径 10～20 毫米。

白芦笋收购标准：条形直，色泽白色，基部变色部分≤4 厘米；笋尖完好，无开花散头，切口平；无病虫害，无弯曲、畸形，无机械损伤，无浸水烂头，无空心；长度 18～20 厘米，茎粗≥10 毫米。

二、白萝卜栽培特性

萝卜是我国传统蔬菜之一，我国从南到北都有萝卜栽培，但加工出口萝卜生产，目前多限于长江流域和华北地区。我国出口萝卜主要为白萝卜品种，在国外市场消费量很大，大型长白萝卜整形腌制或制干主要出口日本，萝卜甜条主要出口东南亚国家，少量销往香港、台湾等地。由于出口的带动，目前我国已经成为白萝卜的主要生产基地（图 28）。

图 28　白萝卜

（一）出口概况

我国白萝卜以其肉质清脆、味甜多汁、营养丰富等优点，颇受日本、韩国、新加坡、中国台湾和中国香港等国家和地区的群众青睐，消费量非常大。尤其在日本、韩国，几乎家家户户都腌制白萝卜，用来常年调菜吃。上世纪90年代中期以来，我国许多企业建立了不少出口日本、韩国等的白萝卜生产基地。由于东南沿海地区对日本、韩国农产品出口有明显的地域优势，近几年白萝卜出口量呈稳定递增趋势。

另外，近几年，随着俄罗斯、欧盟等国市场的开发，萝卜出口量也随着逐年增大，除了白萝卜外，红圆萝卜、雕刻萝卜等的出口量也逐年增多。

（二）形态特征

根入土较深，主要根群分布在20～40厘米的耕作层内，大型萝卜品种主根入土较深，小型萝卜品种主根入土较浅。主根上容易发生侧根，主根受到伤害后，发生分叉，形成畸形根，降低品质。叶分为板叶和花叶两种。直立、平展或下垂。

花白色，总状花序。虫媒花。角果，成熟时不开裂。种子不规则球形，千粒重7～15克。

（三）营养成分及功效

白萝卜富含营养，每100克白萝卜食物中含有钙36毫克、镁16毫克、硫胺素0.02毫克、铁0.5毫克、膳食纤维1克、核黄素0.03毫克、维生素A3微克、锌0.3毫克、维生素C21毫克、维生素E0.92毫克、硒0.61微克。

白萝卜含丰富的维生素C和微量元素锌，有助于增强机体的免疫功能，提高抗病能力；萝卜中的芥子油能促进胃肠蠕动，增加食欲，帮助消化；萝卜中的淀粉酶能分解食物中的淀粉、脂肪，使之得到充分的吸收；萝卜中含有的木质素，能提高巨噬细胞的活力，吞噬癌细胞。此外，萝卜所含的多种酶，能分解致癌的亚硝酸胺，具有防癌作用。另外，白萝卜汁还有止咳作用。在玻璃瓶中倒入半杯糖水，再将切丝的白萝卜满满地置于瓶中，放一个晚上就可以制取白萝卜汁。

（四）主要品种

1. 耐病理想大根 品种引自日本。较早熟，从播种到采收80天左右。叶簇半直立，叶色浅绿，叶深裂，株高40厘米左右，开展度较小，适于密植。肉质根长圆柱形，长45～65厘米，表里均为纯白色，上部较细，中、下部稍粗，尾部尖细，肉质紧密。

2. 剑青总太 品种引自日本。根上部10厘米绿色较深，地下部分纯白、光滑，须根很少，根长35～40厘米、根径8厘米左右，整齐度好。叶片鲜绿、直立，叶片数较多。播种后55天左右可采收。春秋播每亩产肉质根鲜重5 000千克左右。耐抽薹、耐软腐病。

3. 耐病总太 品种引自日本。耐病性强，品质极佳几乎无空心的青首萝卜。根皮纯白具有光泽，根首为青绿色。直立性较好，生长初期根茎的形状整齐，可以早收。根长38厘米，根径8厘米左右。产品一致性强。肉质佳，商品性高。

4. 超级春白玉萝卜 来自韩国。叶片少而平展，不易抽苔，根膨大快，根部全白，整齐，长圆型，肉质根光滑，质脆味甜，极少有裂根出现。单根重1.3～1.50千克，最大可以达到2.5千克。糠心晚，播后55～60天采收。

5. 雪玉大根 来自韩国。春萝卜中的极品，品质优，直根通体洁白如玉，肉质细密，不易糠心，口感极佳，抗病、高产、耐抽薹。适宜春季保护地或露地栽培，中早熟，播种后65～70天采收，直根重1 000～1 500克，长28～36厘米，直径6～8厘米，不易出现裂根，鲜食加工均易。

6. 雪如玉 品种引自韩国。根长28～30厘米，横径6～8厘米，单根重750～1 000克，耐热，高温生长良好，播种后45天左右可采收。根皮雪白如玉，表皮光滑根状均匀，顺直，长圆柱形，须根极少。肉质细腻，脆甜可口，适宜鲜食及加工，品质优秀商品性好。抗病性，抗逆性好，不易糠心，适宜夏播和露地栽培。

7. **白长龙** 品种引自韩国。不易抽薹，成品率高，适宜高冷地和保护地种植栽培。商品性好，不易糠心，播种后60天采收。叶呈草姿展开，表皮光滑，肉质清脆。根部全白，长势旺，单根重1.4～1.8千克。

8. **白秋美浓萝卜** 品种引自韩国。早熟、高产，品质优，易栽培，根部呈白色，美观，表皮光滑，根长40～50厘米，下部收尾好，须根少，单株重800～1 000克左右，每亩产量5 000千克以上，适合生吃，也是脱水腌制的优良品种。该品种根部生长快，生长周期短，播种后60天采收，生产成本低，经济效益可观，是出口创汇的理想品种。

9. **雪玉大根 F_1** 品种引自韩国。该品种是春萝卜中的极品，品质优，直根通体洁白如玉，肉质细密，不易糠心，口感极佳，抗病、高产、耐抽薹。适宜春季保护地或露地栽培，中早熟，播种后65～70天收获，直根重1 000～1 500克，长28～36厘米，直径6～8厘米，不易出现裂根，鲜食加工均易。

(五) 对栽培环境的要求

白萝卜属半耐寒性蔬菜，好冷凉。发芽最适温度20～25℃；茎叶生长温度为5～25℃，15～20℃时生长最好；肉质根生长温度为15～20℃，最适温度为13～18℃。

喜光，需较长时间的强光照，光照不足，则叶片小，叶柄长，叶色淡，下部叶片因营养不良而提早枯黄脱落，使肉质根不能充分肥大而减产。

喜湿怕涝。幼苗期以土壤最大持水量的60%为好，“露肩”后，经常保持土壤湿润，防止水分供应不均，忽干忽湿，易致肉质根开裂。

对土壤肥力要求高，每生产1 000千克萝卜，需吸收氮

2.1～3.1千克、磷0.3～0.8千克、钾2.5～4.6千克、钙0.6～0.8千克、镁0.1～0.2千克。肉质根生长盛期，磷、钾需要量增加，特别需钾更多。对土壤的适应性较广，以土层深厚、排水良好、疏松通气的砂质土壤为最好。适宜土壤pH值5.8～6.8。

（六）栽培技术要点

1. 栽培方式　华北地区播种适期为8月上旬，淮河流域为8月中旬，长江流域为8月下旬。近年来，随着萝卜生产效益的提高，保护地萝卜栽培规模成逐年扩大趋势，主要栽培形式有塑料拱棚萝卜、日光温室萝卜等，各地可根据市场变化灵活安排栽培时间。

萝卜不宜连作，也不宜与十字花科蔬菜如白菜、甘蓝等前后接茬。其前茬作物多为瓜、茄、豆类蔬菜和三麦，后茬作物多为洋葱、菠菜和莴苣等越冬蔬菜。

2. 整地做畦　耕前普施基肥，每亩施腐熟有机肥2 500～3 000千克、萝卜专用肥（N∶P_2O_5∶K_2O=1∶0.6∶1.2，以下同）40～55千克，或三元复合肥20～25千克。缺硼的土壤，每亩用硼砂200～400克作基肥施用。

肥料务求均匀撒施全田，以防局部过浓，将来肉质根会产生斑点和畸形。施后深翻，大型品种不少于40厘米，中、小型萝卜不少于20厘米。并反复耙细整平，做到清除石砾、杂物，不留坷垃。

起垄栽培，垄距50厘米，垄高15厘米。南方地区也可采用高畦栽培，一般畦面宽60～70厘米，畦沟宽30～40厘米，畦和沟共宽1米，沟深20厘米左右。

3. 播种　大型品种一般穴播，穴距25～30厘米，每穴点播种2～3粒，播后覆土。中小型品种条播，开深1.5～2厘米的浅沟，均匀播种。垄作栽培直接在垄上挖穴或开浅沟播种。高畦栽培一般在畦上播种2行，畦内行距40厘米，畦间行距60厘米。如播时天旱应先在种植沟中浇水湿润土壤，待水渗入土中后即播，每亩需种子 500～1 000 克。

4. 田间管理

(1) 间苗定苗　大型萝卜在苗达 3～5 片真叶期进行间苗和定苗，每穴留苗 1 株。一般在晴天下午进行，除去杂苗、弱苗，保留符合所栽品种特征、叶色浅绿、长势适中、无病虫害的健苗，凡叶色浓绿、长势过旺的多为杂袜或根部易分叉的苗，应予间去。

中、小型萝卜一般应在 2～3 片真叶期和 4～5 片真叶期各间苗 1 次，按株距 15～20 厘米留苗。

(2) 中耕除草　间苗后到封行前要进行 2～3 次中耕除草，除尽杂草，保持表土疏松。如因浇水或降雨冲塌畦面，要及时培好。

(3) 追肥　幼苗长出 2 片真叶时，在行间追施稀薄的人粪尿，或尿素 8 千克。当萝卜根“破肚”时，每亩追施萝卜专用肥 15～20 千克。萝卜露肩时每亩施萝卜专用肥 15 千克，肉质根膨大中期再施一次肥。

肉质根膨大期间，叶面喷施 0.2%的磷酸二氢钾和 0.02%的硼砂混合液 1～2 次，对促进肉质根充实和防止空心有良好作用。

(4) 灌溉、排水　苗期需水不多，只需在间苗后或天气干旱、土壤充分晒白时，适量浇水润湿表土，切不可大水漫灌，以防引起烂根或肉质根分叉。“露肩”以后，肉质根进入迅速膨大期，需水较多，要分次浇水，保持土壤有效含水量的 70%。

多雨天气要及时排除积水，以防烂根。

5. 病虫害防治　参考樱桃萝卜本部分。

(七) 收获

一般大型萝卜在田间约有 30%的植株肉质根已露出地面 10 厘米以上，横径（粗度）达 3～5 厘米时，浇水 1 次，过 2～3 天即可拔收，注意用力稳拔，防止拔断。剩下较小的植株过 8～15 天长大后再行拔收。

（八）出口收购标准

1. **整形腌制萝卜**　要求肉质根长圆柱形，白色，表面光滑，自然晾晒脱水70%～75%，根长从根尾横径（粗）0.6厘米处起算，要求晾晒后长度达30厘米以上，单重在120～500克之间，但要大小分开，同一包装袋中较整齐一致，个体间单重相差不大。无分杈根，无病虫斑疤，无空心，无污染。萝卜晾晒后，整体软瘪，手感无硬心，甩手弯曲后根头与根尾可以相接而不断，并呈自然黄白色。

2. **腌制甜条萝卜**　要求肉质根卵圆或长圆形，横径（粗）3.5～5厘米，长15厘米左右，白色，表面光滑，单重150～250克。无病虫斑疤，无空心，无污染，削平头尾。

三、日本大葱栽培特性

日本大葱是20世纪末为增加对日大葱出口而专门从日本引进的大葱品种。日本大葱大多属于杂交一代品种，生长势强，抗病、耐寒，葱白肉厚坚硬，栽培期短，产量高，受到农户和国内消费者的喜爱，种植面积扩大较快，几乎遍及全国各地，除部分出口外，国内市场销售也大量上市供应（图29）。

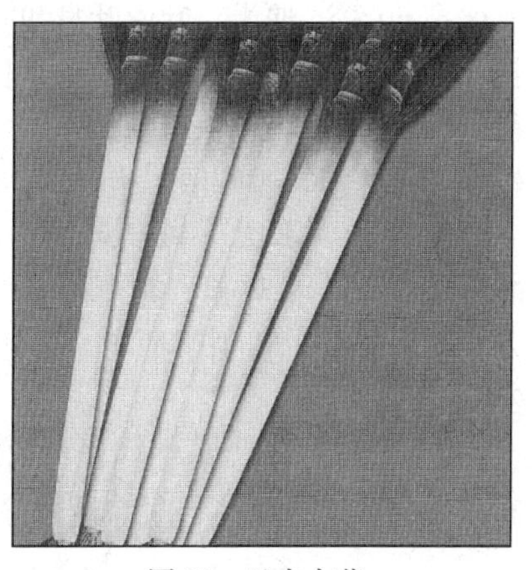

图29　日本大葱

（一）出口概况

我国日本大葱生产具有丰富的经验，产品品质优良，大葱出口量增加较快。

日本是我国大葱的主要出口国，近几年的大葱进口量基本上稳定在7万吨左右，变化不大。韩国是我国大葱出口的第二大国家，近几年大葱进口量增加较快。欧美国家的大葱进口量也有显著的增加，从而拉动了整个大葱出口量的增加。

随着我国大葱生产标准化的推广落实，大葱出口品质也有了明显的改善，出口价格不断提高，例如2008年1～5月，出口大葱平均单价为714.7美元/吨，较2007年同期平均单价上升55.9%。

（二）形态特征 日本大葱为二年生植物，植株较高，株高85厘米左右，直径1.5～3厘米，分蘖力弱或不分蘖，叶身圆而中空，叶片不易折，能开花结籽，用种子种植。假茎发达，经软化后成葱白，根部肉厚，肉质致密，纯白，光滑，商品性好，品质稳定，成品率高。

（三）主要品种

1. 元藏 弦状须根，根系发达，分布范围广泛。植株高大，成株高60～85厘米，叶由叶身和叶鞘两部分组成，叶身深绿色，长30～40厘米，假茎外皮白色，长圆筒形，长30～35厘米，横径1.5～3厘米，单株重0.2～0.3千克。耐热，耐旱，耐涝性均较好，辣味淡，香味浓。生长期180～210天。

2. 晚抽一本太 该品种为杂交一代种，耐暑、耐寒性强。叶色浓绿，生长势强，葱白长40厘米左右，直径2.0～2.5厘米，葱白光滑，特别耐抽薹，较常规进口品种每亩增产1 000～2 000千克。

3. 金田2号 杂交一代，迟抽薹，整齐，纯白色，紧实，高品质的大葱；耐热、耐寒性较强；葱白长36厘米左右，直径2～2.5厘米，株高90～95厘米；叶色深绿色，抗病性、抗逆性较强，产量高。

4. 金田一本 杂交一代，产量高，紧实，高品质的一本大葱品种；葱白长38厘米左右，直径2～2.5厘米，株高95厘米左右；耐热、耐寒性较好，叶色深绿色，葱白纯白，抗病性较好；成品率高，田间贮藏性好，适当延迟采收，葱白一样紧实。

5. **金川一本**　杂交一代，产量高，成品率高；耐热、耐寒性较强；紧实，高品质的一本大葱品种；葱白长 38 厘米左右，直径 2～2.5 厘米，株高 95 厘米左右；叶色深绿色，叶片较短，不易折断。抗病性、抗逆性较强；田间贮藏性好，适当延迟采收，葱白一样紧实。

6. **东京夏黑 2 号**　耐暑性强，早生，高产，叶色浓绿，株高 90～95 厘米，葱白长 40 厘米，品质好，适合加工出口。

7. **亚洲黑金大葱**　黑金长葱的改良品种，叶色深，生长势强，生长速度快；耐寒性强，分蘖少，葱白长而粗，产量高；株型直立，采收时外形美观，市场性好。栽培要点：要适期培土，使葱白更好的伸长；要施足基肥，并根据长势追肥；在排水不良地、贫瘠地或过于干燥的土地上栽培可能出现葱白变短，分蘖率增高等生育不良现象，应注意栽培地的选择。

（四）对栽培环境的要求

日本大葱适宜温度湿润气候，生长期最适宜温度为 15～20℃，30℃以上生育缓慢，15℃前后糖类物质和水溶性蛋白质增加，芳香物质增高，软白部嫩。种子发芽最适宜温度为 15～25℃，10℃以下发芽迟缓，30℃以上发芽率较低。

大葱属喜光性植物，强光及长日照下植株生长健壮。

大葱叶片管状，表面多蜡质，能减少水分蒸发，较耐旱，但根系无根毛，吸水能力差，所以大葱在各生长发育期都要供应必需的水分。但大葱不耐涝，连续淹水 2 天，根须将出现腐败现象。

大葱对土壤适应性广，但根群小，吸肥能力差，因此，要选择土层深厚、疏松、肥沃、富含有机质的沙壤土种植大葱。大葱对土壤酸碱度要求以 pH 值 7.0～7.5 为宜。大葱对土壤中氮肥较敏感，但仍需与磷、钾肥合理配合施用，才能获得高产。大葱在沙质土壤中栽培，假茎洁白美观，但质地松散，耐贮藏性差；在黏质土中栽培，假茎质地紧密，耐贮藏性好，但色泽灰暗；在沙壤土中栽培则产量高，品质好。

（五）栽培技术要点

1. 栽培方式 从日本进口的大葱种子价格昂贵，生产上一般采用育苗移栽方式。

由于出口日本大葱要求周年均衡供应，仅靠露地栽培不能满足出口的要求，因此，生产上一般结合保护地设施，实现周年栽培，周年供应，以满足市场需求。一般春季2～3月份用冬暖式大棚育苗，苗龄50～60天，定植于拱棚内，8月份收获；或3月底、4月初小拱棚育苗，苗龄60～70天，麦收后定植于露地，10月份收获；也可9月下旬露地育苗，自然越冬，翌年6月定植于露地，9～10月收获；还可9～10月小拱棚育苗，苗龄50～60天，定植于冬暖式大棚，翌年3～4月收获。日本大葱耐寒怕热，气温高时易抽薹，故在南方种植，最适宜的播种期为9月至次年3月。

2. 培育壮苗 播前15～20天，每亩施腐熟堆肥1 500千克，过磷酸钙40～60千克、三元复合肥15千克，浅耕耙平作畦，苗床宽100～120厘米，沟宽30厘米，高30厘米。用脚按顺序轻轻踩实，使畦面外实里松，平整，防止局部积水。

使用当年新种，每栽植亩大葱用种75～100克。播种前进行浸种消毒，方法一：用40%甲醛300倍液浸种3小时，浸后用清水冲净，可预防紫斑病；方法二：用0.2%高锰酸钾溶液浸种25分钟，再用清水冲净，可杀死种子表面的病原菌；方法三：用3倍于种子量的55～60℃温水烫种25分钟，不断搅拌。经浸种后的种子可提前1～2天出苗。

用撒播或条播，条播行距6～10厘米。大葱籽细小、种皮坚硬，吸水力弱。播前要浇足底水，水渗后种子掺细干土或细沙播种，覆土厚度1厘米，种子适当稀播，提高种子利用率。播种后覆盖稻草或薄膜或遮阳网，以防土表板结，齐苗后揭去覆盖物。

苗期管理：大葱苗期不耐干旱，需适当保持土壤湿润，否则生长缓慢、不均匀。大葱出苗后，及时撤去地膜，防止烤苗。当幼苗具2～3片叶时，结合浇水，追施1～2千克尿素；不间苗。当幼苗长至40厘米，已有6～7片叶时，应停止浇水，适当炼苗，准备定植。及时拔除杂草，大葱育苗期间严禁使用除草剂，保护地内育苗尤其应引起重视，否则极易失败，造成损失。要注意防病害，可在出苗后喷75%百菌青或25%瑞毒霉可湿粉2～3次。

春播大棚育苗若再加盖拱棚，一定要注意温度不要超过25℃。秋播苗不浇肥水，控制在越冬前保持二叶一心，防止越冬期通过春化，先期抽薹。在立冬前苗高10～12厘米时盖草木灰、厩肥防寒，保护幼苗越冬，越冬返青后，幼苗继续生长。定植前要蹲苗，使苗株充实，根须多而粗壮。

壮苗标准：苗高25厘米以上，葱白直径0．5厘米以上，管状叶色浓绿，单株不少于5片真叶。

3. 定植　一般苗高25～35厘米，茎粗7毫米左右，3～4片真叶时定植，如葱苗太高，定植前一周把葱苗上半部四分之一处剪去并喷杀菌药一次。取苗前二天浇水，取苗时不能用手拨，只能用铲铲出。

大葱定植一般不能迟于6月底，否则定植后进入7月上中旬高温期，定植后成活慢、生长差。当前茬作物收获后，及时清整田园，亩施用高温发酵堆肥2 000千克或优质农家肥5 000千克，过磷酸钙50千克、硫酸钾复合肥50千克，硼砂2千克，深翻耙平。

出口日本的大葱要求葱白细长，生产上应采取宽行密植法。露地栽培按行距1米，保护地栽培行距90厘米，南北行向。按行距95～100厘米开沟，沟宽40厘米，深25厘米。亩施腐熟有机肥3～4立方米，复合肥（15∶15∶15）50千克，用少量地表土拌匀撒入沟内。

定植前，首先剔除病弱苗、畸形苗和杂株，按苗大小分成大、中、小 3 级，分别栽植。定植时用甲基托布津可湿性粉剂 600 倍液蘸根。插葱时应垂直，不能弯曲。为方便通风透光和培土，应保持葱苗植株叶片切面与行向呈偏西 45°夹角。株距 2.5～3 厘米，亩栽 2.2 万～2.5 万株。

4. 田间管理

（1）补苗　发现缺苗应及时补栽，以保证全苗。

（2）中耕除草　定植后至封垄前，应结合追肥浇水进行中耕除草，以提高地温，促进根系生长，防除杂草。中耕离苗，以免伤根。也可每亩用 50%扑草净可湿性药剂 100～120 克或 48%乳油甲草胺 150～200 毫升，兑水 60 千克在定植前均匀喷散畦面，除草效果较好。对于草势旺盛的田块，可以采用化学除草，可（带防护罩）选用草甘膦近地面喷施灭草。

（3）浇水　大葱定植缓苗期一般不浇水，让根系迅速更新，植株返青。

葱白生长初期，植株生长缓慢，对水分要求不高，应少浇水，并于早晚浇水，避开中午以免骤然降低地温，影响根系生长，此时浇水 2～3 次即可。葱白旺长期，此时植株生长迅速，平均 7～8 天长出 1 片新叶。叶序越高，叶片越长，叶子寿命也越长。此刻葱叶葱白迅速生长，需水量大，应结合追肥、培土，每 4～5 天浇一次大水。生产上通过观察心叶与最高叶片的高度差来判断大葱是否缺水，一般差在 15 厘米左右为水分适宜，若超过 20 厘米，说明缺水，心叶生长速度变缓，应及时浇水。葱白充实期，植株生长缓慢，此刻养分从叶片回流至葱白内，需水量减少，但仍然需要保持较大的土壤湿度，以保证葱白灌浆，叶肉肥厚，充满胶液，葱白鲜嫩肥实。此时浇水 2 次即可。收获前 7～10 天停止浇水。

（4）追肥　出口大葱喜氮、钾肥。据分析，每 1 000 千克大葱产品需从土壤中吸收氮 3 千克、磷 0.55 千克、钾 3.33 千克。适时追肥是满足大葱生长发育，获得高产优质的重要措施。

葱白生长初期，以氮肥为主，亩施尿素 20 千克或硫酸铵 25 千克，忌施碳酸氢铵，否则葱白细软，不能出口。葱白旺长期，氮磷钾要配合使用，结合培土，每亩分 3 次追施三元复合肥 50 千克或酵素菌肥 80 千克，也可用 0.5%硼砂溶液叶面喷洒，亩用液量 50 升，10 天左右 1 次，连续使用 2～3 次，能保证大葱植株健壮，成品率提高 10%左右。

（5）*培土* 大葱经济产量取决于茎的粗细和长短，特别是出口大葱，要求葱白粗长。因此，培土除草是大葱管理的重要环节。培土应适当，一般在追肥浇水后进行，应掌握前松后紧的原则，生长前期培土不能太紧实，否则易出现葱白基部过细，中上部变粗的现象，影响质量。

一般培土 3～4 次。秋季栽培一般在 8 月下旬至 9 月上旬，当葱茎粗度长至 1 厘米左右时，结合中耕除草、施肥进行 2 次浅培土；在 9 月下旬至 10 月上中旬，当葱茎长出地表面 10 厘米以上开始第 3 次中耕培土。最后一次应在 11 月 20 日前结束全部培土工序，培土总高度在 35 厘米以上。培土应在土壤水分适宜时进行，过干过湿均不宜培土，且应在午后进行，此时培土不会损伤植株。前 2 次陆续填平垄沟，以后培土要适当压紧实。每次培土厚约 3～5 厘米，将土培至叶鞘与叶身的分界处略下，勿埋没叶身，以免引起叶片腐烂和污染葱白。培土时，取土宽度勿超过行距的 1/3，以免伤根。

5. 病虫害防治

（1）*主要病害防治* 日本大葱常见病害有紫斑病、霜霉病、白尖病（白病），保护地内易患灰霉病。

病害农业防治措施参照小香葱部分。化学防治：

防治紫斑病，常用 75%百菌清可湿性粉剂 500～600 倍液，或 64%杀毒矾可湿性粉剂 500 倍液，或 50%速克灵可湿性粉剂 1 500 倍液，或 50%扑海因可湿性粉剂 1 000 倍液。

防治霜霉病，常用 50%甲霜铜可湿性粉剂 800 倍液，或

72.2%普力克水剂800倍液。防治白尖病，可用77%可杀得可湿性粉剂500倍液，或72%克露可湿性粉剂800倍液，或30%绿得保悬浮剂500倍液。

防治灰霉病，可用50%速克灵2 000倍液，由于灰霉病易产生抗药性，应尽量减少用药量和施药次数，必须用药时，要注意轮换，交替或混合用药，生产上，通常用50%扑海因2 000倍液加万霉灵1 000倍液或65%硫菌霉威1 000倍液，效果良好。

(2) *主要虫害防治* 常见虫害有葱蓟马、葱蝇和斜纹夜蛾幼虫。

化学防治常用农药有：50%辛硫磷1 000倍液，2.5%功夫乳油4 000倍液。近年来，利用美国“绿浪”天然植物杀虫剂800～1 000倍液，防治上述害虫，特别是对抗药性害虫效果好，且无农药残留，完全符合出口标准。

(六) 收获与加工

一般在定植后140天左右葱白长35～40厘米、茎粗1.8～2.2厘米时即可采收。采收时必须仔细，勿折断葱白、擦破葱皮，以免引起腐烂。大葱收获时，可用铁锨将葱垄一侧挖空，露出葱白，用手轻轻拔起，避免损伤假茎，拉断茎盘或断根。收获后应抖净泥土，按收购标准分级，保留中间4～5片完好叶片。每20千克左右一捆，用塑料编织袋将大葱整株包裹好，用绳分3道扎实，不能紧扎，防止压扁葱叶。运输时，将包裹好的葱捆竖直排放在车厢内，可分层排放，不能平放，堆放。

运至加工厂后立即加工。先用利刀快速切去根毛，保留部分根盘。用高压剥皮枪从大葱叉档部将皮剥开，保留三叶。用干净纱布擦净葱白上的泥土。成品标准：葱白直径1.8～2.5厘米，长度35～45厘米，叶长15～25厘米。沿切板上的标准，将长叶按规格要求切去，齐叶。用符合国际卫生标准的材料捆扎，一般每330克为1束，每15束为1箱。将大葱入库彻底预冷，温度设定为5℃，装运集装箱时，温度设定为1～3℃。

（七）出口收购标准

大葱主要用于保鲜大葱出口，要求色泽良好无凋萎、腐烂、变质或抽薹植株，无病虫危害或伤害，没有沙土和异物，葱白直径1.8～2.5厘米，长度35～45厘米，叶长15～25厘米。

四、牛蒡栽培特性

牛蒡，即人们常说的牛菜、蝙蝠刺、东洋萝卜，它的肉质、叶柄和叶片可供食用，肉质根也有一定的营养价值。牛蒡凭着独特的口味和丰富的营养价值，最近风靡日本，甚至在欧美国家也掀起热潮（图30）。

图30 牛 蒡

（一）出口概况

牛蒡原产亚洲，我国从东北到西南均有野生牛蒡分布。目前我国已成为世界上最大的牛蒡生产和出口国，牛蒡加工出口产业布局已经形成，即沿海地区以山东、江苏为主的出口保鲜企业和以四川、广西、云南等内陆省份为主的深加工及药用企业。我国牛蒡主要出口日本，另有少量切片脱水干制外销东南亚等地，出口形式目前主要有保鲜牛蒡、脱水牛蒡片、速冻牛蒡制品、盐渍牛蒡等。

牛蒡能清除体内垃圾和毒素、改善体内循环，不仅有较高的营养价值，而且有较好的利尿、解热、抑制发炎的效用，属于高档保健食品，在国际市场越来越受到青睐，特别是在东南亚各国更是受消费者的欢迎。在日本、韩国、东南亚等国家和地区消费量比较大，每年需要大量从我国进口。我国牛蒡90%以上对日出口，日本每年从我国进口牛蒡约6万吨，市场需求量基本稳定。

近年来，由于大量的日本人、韩国人、中国台湾人在国内设立的各类牛蒡生产和深加工企业，挤走了国内牛蒡生产和加工的一定份额，也抬高了国内出口牛蒡生产和加工的标准，使得出口保鲜企业主要收购一级A品，其他加工企业主要收购B品，收购标准提高，而收购价格则被压低。由于牛蒡在国内几乎没有市场，生产发展主要依赖出口，因此牛蒡生产应当根据出口部门的出口计划进行科学安排。

（二）形态特征

牛蒡肉质根圆柱形，长60～120厘米，粗3～4厘米，表皮黄褐色、黑褐色等，肉质灰白色，稍粗硬。叶片轮生，广心脏形，全缘呈波状，叶片背面密生灰白色茸毛，有长叶柄。茎高1.5米左右。

第二年或第三年春天抽生花薹。头状花序，花冠紫红色，自花授粉。牛蒡的开花期为7～8月，开花后1个月左右种子成熟。瘦果，长0.6～0.8厘米，宽0.2～0.3厘米，倒卵形弯曲，灰黑色，千粒重12～14.5克。果实即为种子。新采收的种子有休眠期，可用变温处理，或硫脲浸种打破休眠。

（三）营养成分与功效

牛蒡的肉质根含有丰富的营养价值。每100克鲜菜中含水分约87克；蛋白质4.1～4.7克、碳水化合物3.0～3.5克、脂肪0.1克、纤维素1.3～1.5克；胡萝卜素含量高达390毫克，比胡萝卜高280倍；维生素C含量1.9毫克；含钙240毫克、磷106毫克、铁7.6毫克，并含有其它多种营养素。

牛蒡籽含一种甙，水解后可产生牛蒡配质及葡萄糖。此外尚含有维生素B，少量生物碱与脂肪油，油中主要成分为棕搁酸、硬脂酸、花生酸、油酸、α-亚油酸、牛蒡甾醇。经常食用牛蒡根有促进血液循环、清除肠胃垃圾、防止人体过早衰老、润泽肌肤、防止中风和高血压、清肠排毒、降低胆固醇和血糖，并适合糖尿病患者长期食用（因牛蒡根中含有菊糖），类风湿，抗真菌有一定疗效，对癌症和尿毒症也有很好的预防和抑制作用，因此被誉为大自然的最佳清血剂，中国台湾民间把牛蒡作为补肾、壮阳、滋补之圣品。药草师用它作为一种癌症治疗剂，同时也视它为疗效突出的消化剂及解肝毒剂。全世界最长寿的民族——日本人长期食用牛蒡根。日本熊本大学医学部前田博士认为牛蒡的保健功能在于可消除和中和有害人体健康的“活性氧”，因为“活性氧”不仅是致癌的因素也是动脉硬化和老化的原因之一。

牛蒡肉质根细嫩香脆。可炒食、煮食、生食或加工成饮料。食用牛蒡时，一般取其根烹制。在食用前，须先剥去牛蒡的外皮，用水浸泡后切成条状或片状。可凉拌、炒，也可做鱼、肉的配料，还可煲汤、腌制等，味道鲜美可口，营养价值高。

（四）主要品种

1. 柳川理想　品种引自日本。中晚熟品种。地上部长势旺，其根圆柱形，条形光滑、直、长度大，具有增产潜力大、耐寒性强、晚秋适播期长、春发快、长势旺、皮色好、香味浓、采收期长等优点，是淮北地区越冬牛蒡生产中的主栽品种，春、秋栽培均可。但秋播不易过早，以免先期抽薹。

2. 渡边早生　品种引自日本。根长75厘米、根茎3厘米左右，重约350～400克，根形好、根部凹凸少，产量高。植株较直立，可适度密植，抽薹少，为夏季采收的中早熟品种。

3. 山田早生　品种引自日本。根长75厘米、根茎3厘米左右，重约350～400克，根形好、根部凹凸少，产量高。茎叶较少的中柄红茎品种，植株较直立，可适度密植，抽薹少、生育稳定。茎秆表皮光滑，清洗后的色泽良好，肉质致密、风味好，木质化极迟，田间保持性长。

4. 野川　品种引自日本。中晚熟品种，大牛蒡类型。叶片叶柄较宽，长势旺，根长100厘米左右。头部较粗，皮色深褐，易糠心，早春易抽薹。

5. **松中早生** 品种引自日本。早熟类型。抽薹晚，可用于春、秋两季栽培。肉质柔嫩，白色，无涩味，烹饪时不变黑。根毛少，裂根少，根长70～75厘米，根形整齐一致，采收期较长。

6. **东北理想** 品种引自日本。春、秋兼用型品种。地上部长势旺，肉质根皮淡黄色，肉白色，条形大、长、光滑，产量高，易加工，商品性好。

7. **白肤** 品种引自日本。极早熟白皮牛蒡，抗病，高产。根长70～75厘米，肉质柔软，早熟高产，表皮光滑，不易发生裂皮和空心，根形整齐，可密植，风味好，抗病性强。

（五）对栽培环境的要求

牛蒡喜温暖湿润的气候，喜光，耐寒、耐热性均强。种子发芽温度为15～30℃，适温为20～25℃。植株生长适温为20～25℃。地上部不耐寒，在3℃左右时即枯死。根部耐寒，可耐－10℃的低温。牛蒡是绿体通过春化的作物，在肉质根直径1厘米以上，气温在5℃以下，较长时间才能通过春化阶段。在12小时以上的长日照条件下，才能抽薹开花。

种子发芽需一定光照条件，发芽期有光照条件可起促进发芽。牛蒡叶大而多，需要较多的水分供应。但根系不耐涝，在地下水位高或积水的地内，经2天以上，即会腐烂或大量发生歧根。

适于土层深厚、排水良好、疏松肥沃的砂壤土栽培。栽培前需深翻土地0.5～0.8米。生长期需要大量的肥料。忌连作，适宜的pH为7～7.5。

（六）栽培技术要点

1. **栽培方式** 以露地栽培为主。春、秋两季均可播种，生产上以春播为主，3月下旬至4月上旬播种，7月上旬开始采收，温暖地区可连续采收到翌年4月。秋季栽培可于8月上旬至9月初播种，温暖地区12月即可采收，北方则需覆盖越冬，翌年5

月采收。在北方寒冷地区，牛蒡也可利用大棚或日光温室进行提前或廷后栽培。

2. 整地、起垄 播种前按行距 60～70 厘米，挖宽 30 厘米或 40～50 厘米，深 80～100 厘米的种植沟，沟壁要垂直，不要打乱土层，然后从沟底层起分层施肥，将表土与有机肥拌匀、整细，剔出石块、砖瓦等杂物，放入沟底。底土与有机肥混匀放在上层，有机肥氮、磷、钾一次足量施入，同时沟内混入肥料及少量杀虫农药（每亩 700 克辛硫磷，拌沙土 10 千克）。每亩施腐熟有机肥 2 000～3 000 千克、尿素 25 千克、磷酸二铵 50～75 千克、硫酸钾 20～50 千克。种植沟填平后，春播田要顺沟放一次大水，沉实土壤，等墒情合适时，在原施肥沟上起垄以备播种，秋播则不必灌水沉实土壤。垄高 30 厘米，底宽 30 厘米，顶宽 20 厘米。

人工挖沟较为费工费力，目前多使用专用牛蒡挖沟机械，挖沟速度快，沟深均匀，质量好。机械开沟的行距一般为 70 厘米。挖沟前，先在地面按沟距画线，将过筛的有机肥、复合肥以及辛拌磷粉剂沿线撒施，再用开沟机沿线作业，机械开沟一方面可以将 1 米以上的土层打碎，另一方面可将肥料和农药均匀撒入土中。牛蒡机打沟后，在地面自然形成一条宽 40～50 厘米、高 25 厘米左右的垄，用脚沿垄的两侧把垄踩实，或用铁锨沿垄的两侧拍实，以防下雨时塌沟，造成牛蒡产生畸形。

3. 播种 牛蒡种子的成本较高，为了提高出苗率，应进行催芽播种。由于牛蒡的根系损伤后易畸形，产生歧根，因此多采取直播。

播前先浸种催芽。将种子用 25～30℃的温水浸泡 4～6 小时后，捞出用湿纱布包好，放在 25～30℃的温度条件下，保持湿度。约经 30 小时，种子“露白”时播种。

牛蒡种植密度以每亩植 8 000～9 000 株为宜，春季栽培宜密，秋季栽培宜稀。在垄顶开 3 厘米深的小沟，浇小水，水下渗后，再喷洒 20%的辛硫磷乳剂 1 000 倍液，防地下害虫。按 3 厘米株距播种，覆土 3 厘米，一般每亩用种200～300 克。

播种后及时覆盖地膜保墒。如无地膜，可在播种行上覆盖一层麦草保墒。出苗后及时清除麦草。

4. 田间管理

①出苗期管理　播种后，由于覆土太薄，土壤易干旱影响出苗，特别是秋季栽培，天气炎热，土壤易干燥。因此，出苗前应及时检查，保持表土湿润，如缺墒，可在麦草上撒水，或在播种沟旁开小沟浇水浸润。遇大雨应及时排水防涝，并中耕松土，防止土面板结。

播种后 10 天左右即可出苗。出苗后在阴天或傍晚陆续撤去覆盖的麦草，禁止中午撤草，以防幼苗突见强日光造成灼伤。覆盖地膜者，出苗后应立即破膜开小洞引苗出膜，防止薄膜压苗，造成热伤。

②间苗定苗　2 叶期间苗。间除生长不良，叶色过浓和病、残、伤株。4～5 片叶时，按苗距 7～10 厘米定苗。定苗时，除去劣苗及过旺苗，留大小一致的苗。早采收上市的留苗间距大一些，晚采收上市的适当密一些，以免间距大，使牛蒡直根过于粗大，影响外观质量。每穴保留一株苗。定苗不宜过早，防止死苗引起缺株。

③中耕除草和培土　牛蒡幼苗生长缓慢，苗期杂草较多，应及时中耕除草。封行前的最后一次中耕应向根部培土，有利于直根的生长和膨大，避免根茎结合部裸露后出现裂纹、黑皮和虫蛀。对杂草偏重的地块，可用除草剂除草，每亩用 10.8%高效盖草能 25～30 毫升，加水 50～60 千克，在牛蒡出苗后，从杂草出苗至生长盛期均可喷药。

④肥水管理　牛蒡进入 4 叶期应进行第一次追肥。在垄顶离苗 10～15 厘米远处开浅沟施入，每亩施尿素 10 千克。第二次在植株旺盛生长时结合浇水撒在垄沟里，每亩施 8～10 千克尿素。

第三次在肉质根膨大后，可用磷酸二铵 10 千克、硫酸钾 5 千克追施，最好用钢筋打孔，把肥施入 10～20 厘米深处，然后封严洞，促进肉质根迅速生长，达到高产优质。

每次追肥后，应及时浇水。适宜的土壤湿度是见干见湿，一般 5～7 天一水。雨季应及时排水防涝，防止水多烂根。

秋季栽培进入 11 月，天气渐冷，蒸发量降低，可减少浇水次数，停止追肥。只要土壤不干旱就不用浇水。

5. 病虫害防治

（1）*主要病害防治*　牛蒡病害主要有黑斑病、白粉病、叶斑病等。

①牛蒡黑斑病　主要为害叶片、叶柄，亦易在苗上发生。叶上病斑圆形，大小 2～20 毫米，褐色至茶褐色，表面平滑。后期自病斑中央渐变淡褐色至灰色，且极薄而易破，遇雨时常穿孔。后期病斑上散生许多小黑点。发病严重时，多个病斑融合为不规则形大斑块，致使病部黄枯。

主要防治措施：

精选种子，催芽后选壮芽播种；高畦或高垄栽培，注意密度要适宜，防止过密；重病地应与其他作物进行 2 年以上轮作；发病初期及时摘除病叶，以减少田间菌源。收获后彻底清洁田园，集中病残体深埋或烧毁，并随之进行土壤深翻，以减少翌年初始菌源，药剂防治可选用 80％大生可湿性粉剂 800 倍液，或 58％甲霜灵锰锌可湿性粉剂 600 倍液，或 30％绿得保悬浮剂 400 倍液，或 25％络氨铜水剂 500 倍液，或 77％可杀得可湿性微粒粉剂 600 倍液，或 60％百菌通可湿性粉剂 500 倍液，或 1∶1∶200～240 波尔多液。

②牛蒡白粉病　牛蒡白粉病主要为害叶片。开始时叶片两面生白色粉霉斑，为病原菌的分生孢子梗和分生孢子；后期粉霉斑呈黄褐色，上生许多小黑点。发病严重时叶上布满粉霉层，叶片早枯。

主要防治措施：

收获后彻底清除田间病残体并集中烧掉，以减少越冬菌源量；发病前喷 1 次 1∶1∶200 波尔多液，发病后喷 25%粉锈宁 800 倍液和 40%多硫悬浮剂 500 倍液各 1 次，间隔 10～15 天。

③牛蒡叶斑病　主要危害叶片和叶柄，叶片染病初在叶面上生许多水渍状暗绿色圆形至多角形小斑点，后逐渐扩大，在叶脉间形成褐色至黑褐色多角形斑，中央部褪成灰褐色，表面呈树脂状，有的卷缩。叶柄染病初现黑色短条斑，后稍凹陷，叶柄干枯略卷缩。

主要防治措施：

播种前或收获后，清除田间及四周杂草和农作物病残体；选用抗病品种，如未包衣则种子须用拌种剂或浸种剂灭菌；播种后用药土覆盖；适时早播，早间苗、早培土、早施肥，采用高垅或高畦栽培；发病时喷施 90%新植霉素可湿性粉剂 4 000 倍液，或 10%抗菌剂 401 乳油 500 倍液，或 72%农用硫酸链霉素可溶性粉剂 3 000 倍液，或 77%可杀得可湿性微粒粉剂 500 倍液，或 60%琥胶肥酸铜可湿性粉剂 500 倍液，隔 10 天左右 1 次，防治 2～3 次。

(2) *主要虫害防治*　牛蒡害虫主要有根结线虫、蚜虫、蛴螬、地老虎等。根结线虫用禾神元微生物菌肥灌根，每株灌液量 300～500 毫升；蚜虫用 50%抗蚜威水分散粒剂 2 000 倍液，或 10%吡虫啉可湿性粉剂 4 000～6 000 倍液，或 3%莫比朗乳油 1 000～1 500 倍液防治；蛴螬利用黑光灯诱杀，用 90%的敌百虫晶体 50 克或 50%的辛硫磷乳剂 100 毫升对水配成药液，拌入 3～4 千克炒香的麦麸或粉碎的花生饼中，傍晚顺垄撒入田间诱杀。

（七）收获

牛蒡的采收期不严格。根据牛蒡的品种特性，待肉质根长至规定大小，即应采收。采收过早，肉质根未长成，产量降低；采收过晚，肉质根老化，易出现糠心，降低质量。秋播牛蒡只要土壤冻结不厉害，从12月份至翌春3～4月，可随时采收。

采收时，留10～20厘米长的叶柄，上部用刀削去。然后从垄的顺侧挖深沟80～90厘米，露出肉质根后，拔出。采收时应注意勿伤肉质根，或拔断肉质根。

（八）出口收购标准

保鲜牛蒡收购标准：长度70厘米以上，直径1.5～3.0厘米，留1厘米以上的叶柄，防止全切去而出现脱水现象。牛蒡体直立，无分叉，无虫蛀，无病害，无失水，附带泥土少。

五、西兰花栽培特性

西兰花，别名青花菜、绿菜花，是十字花科芸薹属甘蓝种中以绿花球为产品的一个变种，原产于欧洲南部、地中海沿岸，喜温和湿润气候。西兰花质地柔嫩，风味独特，营养丰富，尤其是维生素C的含量很高，是一种时兴的高档蔬菜（图31）。

图31　西兰花

（一）出口概况

绿菜花（Broccoli）又名西兰花、绿花菜，属十字花科芸薹属甘蓝种植物，以绿色肥嫩的花球为食。产品质地柔嫩，风味独特，营养丰富，是一种高价值的天然蔬菜，以其口感纯正，营养丰富，抗癌效果好而深得国内外消费者的青睐，畅销国内外市场，年出口量增加较快。由于出口带动，近年来我国绿菜花生产发展较快，全国多数省份普遍种植，主要种植区域为浙江、福建、江苏、山东、河北、东北、甘肃等省。其中浙江台州的绿菜花种植面积稳定在 8 万～10 万亩，年总产量约 16.5 万吨，面积和总产量约占浙江的 60%，全国的 25%，为全国最大的绿菜花种植和出口基地。

我国的绿菜花主要出口日本、韩国、东南亚等国家，出口方式主要为保鲜绿菜花和速冻绿菜花两种。

日本是我国绿菜花的主要进口国。2000 年以前，日本保鲜绿菜花的进口主要来自美国，1999 年从美国进口量占到日本进口总量的 96%，我国只占到 2%，但在 2000 年以后，我国绿菜花对日出口开始迅猛增加，2000 年的市场份额上升到 13%。特别是 2002 年以来，我国对日绿菜花出口一直保持良好的势头，仅台州市每年出口日本的绿菜花数量就保持在 10 万吨以上。随着我国绿菜花从生产、加工、包装、冷藏设施和物流系统的不断完善，以及相关操作规程标准化的实施，绿菜花出口数量逐年增多，出口绿菜花生产大有作为。

（二）形态特征

西兰花主根基部粗大，须根发达，主要根群密集于 30 厘米以上土层内。叶片较窄，叶色蓝绿，渐转为深蓝绿，蜡粉增多。叶柄狭长。

苗期茎短缩，植株长出 20 余片叶子后抽出花茎，顶端生花球状的群生花蕾，花蕾青绿色。西兰花茎的腋芽较活跃，主茎顶端的花茎及花蕾群一经摘除，下面叶腋便生出侧枝，而侧枝顶端又生花蕾群。这些花茎及花蕾群采摘后，再继续分枝生花蕾群。因此，可多次采摘。花蕾群以主茎上所生的最大，侧枝上所生的较小。

花球的花枝伸长后，花球松散，部分花蕾开放。花黄色，结长角果，种子千粒重 3～4 克。

（三）营养成分与功效

西兰花是一种营养价值非常高的蔬菜，几乎包含人体所需的各种营养元素，含有蛋白质、糖、脂肪、矿物质、维生素和胡萝卜素等，被誉为“蔬菜皇冠”。在每100克西兰花可食用部分中，含蛋白质3.6克，碳水化合物5.9克，脂肪0.3克，钙78毫克，磷74毫克，铁1.1毫克，胡萝卜素25毫克，维生素C110毫克及多种矿物质。此外，西兰花中矿物质成分比其他蔬菜更全面，钙、磷、铁、钾、锌、锰等含量很丰富，比同属于十字花科的白菜花高出很多。

西兰花中含有丰富的硫葡萄糖甙，抗癌作用十分明显，日本国家癌症研究中心公布的抗癌蔬菜排行榜上，西兰花名列前茅。长期食用可以减少乳腺癌、直肠癌及胃癌等癌症的发病，健康的人经常食用西兰花也能起到预防癌症的作用。西兰花含有丰富的抗坏血酸，能增强肝脏的解毒能力，提高肌体免疫力。西兰花对高血压、心脏病有调节和预防的功用。西兰花是糖尿病患者的福音食品，富含的高纤维能有效降低肠胃对葡萄糖的吸收，进而降低血糖，有效控制糖尿病的病情。常吃西兰花还可以抗衰老，防止皮肤干燥，是一种很好的美容佳品；医学界还认为西兰花对大脑、视力都有很好的作用，是营养丰富的综合保健蔬菜。

西兰花在国外主要供西餐配菜或做色拉，国内以炒食或凉拌为主。食用前，可将菜花放在盐水里浸泡几分钟，可将菜花里的虫子赶出，还有助于去除残留农药；在烫西兰花时，时间不宜太长，否则失去脆感，拌出的菜也会大打折扣；西兰花焯水后，应放入凉开水内过凉，捞出沥净水再用；烧煮和加盐时间不宜过长。

（四）主要品种

1. 圣绿 该品种引自日本。中熟品种，秋季栽培从定植至采收100～120天。株高65～70厘米，开展度95厘米×95厘米，生长势强。作保鲜用小花球单球重300～350克；大花球单球重700～850克，直径15～18厘米，每亩产量可达1 500千克左右。球形圆整，蘑菇形，蕾粒粗细中等，色深绿。在长期低温条件下，不易变紫，宜作保鲜加工或鲜销，不宜作速冻加工。耐寒性强，耐阴雨一般，中抗霜霉病。

2. **优秀** 该品种引自日本。早熟品种，秋季栽培从定植至采收65天左右。株高60～65厘米，开展度85厘米×85厘米，叶较挺直而大，生长势强，总叶数20～21片。作保鲜用小花球单球重250～300克；作大花球单球重500～600克，直径13～15厘米，一般每亩产量1 000～1.200千克。球形圆整，半球形，蕾细，色深绿，低温条件下易产生花青素。耐阴雨，抗花球病变，不抗黑腐病。

3. **绿慧星** 株型稍开张，生长势极强，从定植到采收60天。花球紧密，花蕾中细，单球重260～300克，深绿色。本品种极早熟，适应性较广。

4. **绿雄** 该品种引自日本。株高66～70厘米，开展度40～45厘米，叶挺直而窄小，总叶数21～22片。作保鲜用小花球单球重250～300克；作素冻用大花球呈半球形，球面十分圆整，蕾粒中细，蕾色深绿。低温条件下不易产生花青素，但腊质较重，花球颜色略带灰白。饮食口感好，宜作保鲜加工或鲜销，可兼作速冻加工。耐寒性强，耐阴雨，生产上连续7～8天阴雨花蕾不发黄。对硼敏感，缺硼易产生裂茎等症状。较抗霉病，不抗黑腐病。

5. **里绿** 该品种引自日本。早熟品种，从播种到采收90天左右。生长势中等，生长速度较快，植株较高。侧枝生长弱，叶片开展度较小，适合密植。花球较紧实，色泽深绿，花蕾小，质量好。单球重200～300克，每亩产量400～500千克。抗病性及抗热性较强，适宜于春、秋露地栽培及晚春、早夏栽培。

6. **绿岭** 该品种引自日本。中熟品种，从播种到采收需100～105天。生长势强，植株较大。叶色较深绿，侧枝生长中等。花球紧密，花蕾小，颜色绿，质量好，花球大，单球重

300～500 克，大的可达 750 克。每亩产量 600～700 千克。生产适应性强，较耐寒，适宜春、秋露地栽培和温室保护地栽培。

7. 蔓陀绿　该品种引自荷兰。早熟，定植后 60 天左右采收。特别适于温带气候的秋季栽培，植株直立，叶色中绿，抗病性强。花球紧凑，花蕾细小，无空心，商品性极好，单球重 400～500 克。

8. 同伴　该品种引自荷兰。极优的高圆顶形夏季作物，田间保持力强，产品采收后品质极好；定植后 70～75 天可采收，早熟；深蓝色，花蕾细密，球茎无空心。品种适应于寒冷季节越冬栽培，秧苗具 5～6 片真叶时即可定植，苗过大或小移植都不得于成活，定植密度为株行距 65 厘米×50 厘米，每亩种植 2 500株，用种量 20 克。

（五）对栽培环境的要求

西兰花性喜冷凉，属半耐寒性蔬菜。植株生长适温 20～22℃，温度高于 25℃时花球品质易变劣，花球在－5～3℃的低温下会受冻害。花芽分化对低温要求不严，早熟品种只要平均气温在 20℃以下就能进行花芽分化，中晚熟品种的花芽分化要求温度较低，故不能在高温季节栽培，否则会形成插叶花球、毛花球和焦蕾。因此青花菜对播种期的要求较严格。

对光照的要求不十分严格，但在生长过程中喜欢充足的光照，但盛夏阳光过强时却不利于西兰花的生长发育。在湿润的条件下生长良好，不耐干旱，适宜生长的相对空气湿度为 80％～90％，土壤湿度为 70％～80％。气候干燥，土壤水分不足，植株生长缓慢，长势弱，花球小而松散，品质差。

对土壤的的适应性广，只要土壤肥力较强，施肥适当，在不同类型的土壤均能良好生长。适应土壤 pH5.5～8.0。需充足的氮、磷、钾，每生产 1 000 千克西兰花需吸收氮 10.88 千克、磷 56.5 千克、钾 16.67 千克，同时需较多的 Ca 和 Mg。西兰花对硼、镁等微量元素较为敏感，缺硼会出现裂茎，缺镁会引起叶片发黄。

（六）栽培技术要点

1. 栽培方式 西兰花春秋两季均可栽培。春季主要有大棚提前栽培、简易拱棚栽培、薄膜近地面覆盖和露地早熟栽培；秋季主要有露地栽培和大棚秋延后栽培，6月上旬到8月下旬定植，9～11月采收；冬季主要为温室栽培，8月中旬至11月中旬播种，9月下旬至12月下旬定植，12月到来年3月采收。

2. 育苗 春季育苗期40～45天，秋季25天左右。播种前用种子量0.3%的65%百菌清可湿性粉剂或65%代森锌可湿性粉剂拌种。苗床浇足底水后进行播种，每平方米苗床播6克左右种子，每亩播量70～80克，每亩需苗床面积10～13平方米。

出苗前温度保持在白天25℃，夜间15℃，出苗后白天12～20℃，夜间8～10℃。分苗前2～3天降低3～5℃。幼苗具2片真叶时移入营养钵内。分苗后白天保持25℃左右，夜间12～13℃。苗期尽可能使幼苗多接受光照，防止徒长。苗期一般不追肥。秋季育苗要覆盖遮阳网遮光、降温。

春季幼苗具5～6片真叶，秋季4～5片真叶时进行定植。

3. 定植 定植前10～15天耕翻土壤。深耕30厘米，结合耕地，每亩施优质农家肥3 000千克，过磷酸钙20千克，草木灰100千克作基肥。西兰花需硼较多，生产上常因缺硼而花茎开裂，因此整地前可每亩施入硼酸1千克作基肥。将基肥旋耕于耕作层中，氮素肥料不宜过多，防止花球带叶、花球畸形和茎部空心。

浅耕耙平整后作畦。一般采用高畦，畦宽100～120厘米，畦高25厘米左右，沟深30厘米以上。

春季一般当地日平均气温在5～10℃范围内定植。每畦栽两行，早熟品种行株距50厘米×40厘米或60厘米×30厘米，中熟品种行株距60厘米×45厘米。

4. 田间管理

（1）*肥水管理* 定植缓苗后过5～7天浇促苗水，使其达到一定叶数，叶片肥厚。以后要经常保持土壤湿润，特别是花芽分化前后及花球肥大期不可缺水，否则，会出现早现蕾，花球长不大的现象。

第一次追肥在定植后20天左右，有真叶6～7片，每亩施尿素7～10千克，过磷酸钙和氯化钾各5千克。第二次追肥在定植后40天左右，有15片真叶时进行，施肥量同第一次。当植株有20片叶子，开始出现小顶花球时进行第三次追肥，每亩施尿素10～15千克，过磷酸钙和氯化钾各5千克，同时叶面喷施0.2%的硼砂和0.3%的磷酸二氢钾及40毫克/千克的稀土。当主花球采收完后，若需得到一些侧花球，可适当追肥，促进侧花球生长。追肥宜随水施入或挖穴深施。

（2）整枝　西兰花易产生侧枝，主球未采收前应先打去侧枝，或者当大部分主球长到12～16厘米时，适当留3～4个侧枝，以减少营养消耗，利于通风透光，促进主花球的发育。

西兰花结球期不束叶，不用老叶遮盖叶球，否则将影响色泽和品质。

（3）中耕除草　苗期勤中耕，促苗发根。植株进入旺盛生长期后，田间杂草主要靠人工拔除。秋季栽培西兰花可采取覆盖黑色地膜防草技术控制杂草。

5. 病虫害防治

（1）主要病害防治　西兰花主要病害有霜霉病、黑腐病等。

①绿菜花霜霉病　叶片、花茎、花梗、花蕾和种荚均可受害。叶片以老叶最易受害，出现边缘不明显的黄色病斑，逐渐扩大，因受叶脉限制呈多角形或不规则黄褐色至黑褐色的病斑，高湿时叶背面产生散状白色霉层。花球上的花茎和大花梗发生在表皮内，前期表皮完好，表面可见隐藏的灰褐色斑点或斑块，分散状分布，发生较多时连接成片。天气潮湿时，花茎和花梗表面长出白色霜霉。严重时花梗缩短，致使整个花球表面凹凸不平。

主要防治措施：

选择抗（耐）病品种；避免与十字花科蔬菜连作、菜田深翻晒土，深沟高畦，沟渠畅通，雨后及时排水，严防大水漫灌；合理密植，增施优质有机肥；及时清理田间残留物并进行无害化处理，减少初侵染源；发病初期开始喷药，花球在现蕾后遇连续阴雨天气也需喷药，可用药剂有50%安克2 000倍，或30%万克（氧氯化铜）500倍液，7～10天喷一次，连续喷2～3次。收获前20天禁止使用农药。

②绿菜花黑腐病　幼苗至成株期均可发病。幼苗发病，子叶呈水渍状，迅速枯死。成株期发病，主要危害叶片，先从叶缘处发病，形成向内扩展的“V”字形病斑，病斑黄褐色，边缘淡黄色；根部受害，维管束变黑，内部干腐，病情严重时全株萎蔫死亡。

主要防治措施：

选用无病株留种；播种前用50℃温水浸种20分钟，或用农用链霉素1 000倍液浸种2小时；加强田间管理，重病地块轮作。适时播种，施足粪肥，雨后及时排水，避免过旱过涝，并及时摘除初期病叶，收获时彻底清除病残体；发病初期及时用药防治，可用72%农用硫酸链霉素可溶性粉剂4 000倍液，或新植霉素可溶性粉剂4 000倍液，或1∶1∶200至1∶1∶240倍波尔多液，或77%可杀得可湿性粉剂500倍液。

（2）主要虫害防治　西兰花主要害虫有蚜虫、菜青虫、小菜蛾、夜蛾等。菜青虫、小菜蛾、夜蛾可选用5%抑太保乳油1 500倍液，或5%卡死克乳油1 200倍液，或2.5%菜喜水悬浮剂1 000倍加99%绿颖400倍液防治；蚜虫用70%艾美乐水分散颗粒剂7 000倍液，或3%莫比朗乳油1 500倍液防治。

（七）收获

当主花球已充分长大，花蕾尚未开散，花球紧实，色绿时采收，采收过早影响产量，采收过迟花球松散，花蕾容易变黄，不符合贮藏和外销的标准。

采收应在上午 6：00～7：00 进行。用不锈钢刀具收割，带花茎 1～2 厘米长，除去叶柄及小叶，装入箱中，箱面覆盖一层叶片，以防水分蒸发。

（八）出口收购标准

颜色深绿、花蕾粒整齐一致，不散球，不开花，花蕾紧凑、茎无空洞，无活虫、无病斑。保鲜球直径为 10～15 厘米，其他直径为 10～35 厘米，花球边缘不开散。

六、洋葱栽培特性

洋葱又名球葱、圆葱、玉葱、葱头、荷兰葱，属百合科葱属，为 2 年生草本植物。洋葱产于亚洲西南部中亚西亚、小亚西亚的伊朗、阿富汗的高原地区。20 世纪初传入我国。洋葱在我国分布很广，南北各地均有栽培，但我国洋葱的品种类型较少，主要栽培品种来自国外，主要引自日本、美国、荷兰等国（图 32）。

图 32　洋　葱

（一）出口概况

洋葱在我国分布很广，南北各地均有栽培，而且种植面积还在不断扩大，现已超过 2.5 万公顷，成为世界上产量较多的四个国家（即中国、印度、美国、日本）之一。我国的种植区域主要是山东、甘肃、内蒙古。洋葱营养保健价值较高，在国外被誉为“菜中皇后”，需求量较大，已经成为我国重要的出口蔬菜之一，出口国家主要有日本、韩国、俄罗斯（黑龙江出口量占 85.3%）

以及东南亚，出口形式主要为保鲜洋葱和脱水洋葱。

我国洋葱在世界上以品种多、产量高而著称，出口品种日趋多样化，出口量也正在逐年增长。作为我国洋葱出口大国的日本，1999年我国洋葱对日出口量为4.5万吨，2005年以来年出口量增加到25万吨左右，扭转了美国洋葱称雄日本洋葱市场局面，同时对俄罗斯洋葱出口量2007年也达到13.2万吨。另外，随着全球洋葱需求量的增加和加入世界贸易组织，又为我国的洋葱出口提供了新的机遇，除了继续巩固日本、韩国、俄罗斯以及东南亚市场外，保鲜洋葱又成功登陆欧盟并打入美国市场，一举改写美国纯洋葱出口国的历史。

近年来，我国年出口洋葱数量基本稳定在50万吨左右。出口70%～80%。

（二）形态特征

洋葱为弦线状须根，根系较弱，主要根系密集分布在20厘米左右的表土层中，耐旱性较弱，吸收肥水能力也不强。营养生长时期茎短缩成扁圆锥形的茎盘，茎盘上部环生圆筒形的叶鞘和芽，下面着生须根。生殖生长时期，抽生花薹。

叶由叶身和叶鞘组成。叶身筒状中空，叶鞘圆筒状，相互抱合成假茎。生长后期，叶鞘基部积累营养而逐渐肥厚，形成肉质鳞片，鳞茎成熟前，最外面1～3层叶鞘基部所贮养分内移，而变成膜质鳞片，以保护内层鳞片减少蒸腾，使洋葱得以长期贮存。

（三）营养成分与功效

洋葱以肥大的肉质鳞茎为食用器官，营养丰富，据测定，每100克鲜洋葱头含水分88克左右，蛋白质1～1.8克，脂肪0.3～0.5克，碳水化合物5～8克，粗纤维0.5克，热量130千焦，钙12毫克，磷46毫克，铁0.6毫克，维生素C14毫克，尼克酸0.5毫克，核黄素0.05毫克，硫胺素0.08毫克，胡萝卜素1.2毫克。还含有咖啡酸、芥子酸、桂皮酸、柠檬酸盐、多糖和多种氨基酸。挥发油中富含蒜素、硫醇、三硫化物等。花蕾、花粉、花药等均含胡萝卜素。

洋葱鳞茎和叶子含有一种称为硫化丙烯的油脂性挥发物，具有辛辣味，这种物质能抗寒，抵御流感病毒，有较强的杀菌作用。洋葱精油中含有可降低胆固醇的含硫化合物的混合物，可用于治疗消化不良、食欲不振、食积内停等症。洋葱是目前所知唯一含前列腺素A的蔬菜，前列腺素A能扩张血管、降低血液黏度，因而会产生降血压、能减少外周血管和增加冠状动脉的血流量，预防血栓形成作用。对抗人体内儿茶酚胺等升压物质的作用，又能促进钠盐的排泄，从而使血压下降，经常食用对高血压，高血脂和心脑血管病人都有保健作用。洋葱中含有与降血糖药甲磺丁脲相似的有机物，并在人体内能生成具有强力利尿作用的皮苦素，糖尿病患者每餐食洋葱25～50克能起到较好的降低血糖和利尿的作用。洋葱中含有一种名为“栎皮黄素”的物质，这是目前所知最有效的天然抗癌物质之一，它能阻止体内的生物化学机制出现变异，控制癌细胞的生长，从而具有防癌抗癌作用。洋葱可以抑制组胺的活动，而组胺正是一种会引起哮喘过敏症状的化学物质，因此洋葱可以使哮喘的发作几率降低一半左右。

洋葱食用方法很多，可生食、熟炒。其中，洋葱与鸡蛋搭配、洋葱与粟米搭配，能够增加功效。洋葱忌大量食用，不宜腌制生吃、忌切碎放置后食用。另外，洋葱与蜂蜜、地黄、何首乌相克，不可同吃。

（四）主要品种

1. 金刚大玉　由日本引进的整齐度高，贮藏性好的一代交配洋葱种。适宜在北纬40度以上的地区种植，属于长日型品种。果实肥大，丰圆形，单球重350克左右，日本产地栽培亩产量约5.3吨以上，储存期可达6个月。栽培季节以2月下旬至3月上旬播种、9月中旬收获为宜。

2. **开拓者** 从美国引进的长日照中熟杂交一代黄皮洋葱种，最适宜种植纬度为38～48度。熟期约为110～115天。鳞茎高球形，硕大整齐，单果重约320克，单心率高，皮铜棕色。叶绿色，极耐抽薹。耐储藏，储藏期约6～8个月，适应性广，品质佳，味辛辣。高耐粉根真菌病及耐镰刀霉菌病。

3. **科罗拉多 F_1**（Colorado F_1） 从美国引进的长日照杂交品种，适于纬度35～48度，生育期110～115天左右。圆球形，表皮古铜色，收口紧，单心率高。大果型，果型均匀，整齐度高，多数在9厘米左右，耐储运，产量高，抗病强，植株表现良好。生长期间对粉根病有很好的抗性。

4. **神币1号 F_1**（Magic Coin F_1） 从美国引进的长日照杂交品种，适于纬度35～48度，生育期105～110天，较早熟。果型圆球形，皮色亮丽古铜色，收口紧，中大果型，果型均匀，整齐度高，多数在8厘米左右，耐储运，高产抗病，植株表现良好，葱叶为深绿色。生长期间对粉根病有很好的抗性。

5. **红骑士 F_1**（Hybrid Longday Redonion F_1） 从美国引进的长日照杂交品种，适于纬度35～48度，生育期110左右，高扁球型，表皮颜色紫红光亮，收口紧，耐贮运较好，果型较大，整齐度高，高产。植株表现良好，生长期间对粉根病有很好的抗性。

6. **金岛** 从美国引进的长日照中早熟杂交一代黄皮洋葱种，最适宜种植纬度为38～48度。熟期约为105～110天。近圆球型鳞茎，硕大，单心率高。表皮金棕色，色泽好。果肉紧实，洁白，品质佳，味较辛辣。叶深绿色，耐抽薹。特别耐储藏，储藏期可达6～8个月。耐粉根真菌病及镰刀霉菌病。

7. **大力神** 从美国引进的长日照中熟杂交一代黄皮洋葱种，最适宜种植纬度为38～48度。熟期约为110～115天。鳞茎近似球形，硕大，单果重约350克，单心率中高，表皮金棕色，光泽好。叶绿色，耐抽苔。储藏期约4～6个月，适应性较广，品质佳，味辛辣。高抗粉根真菌病及耐镰刀霉菌病。

8. **荷兰黄皮洋葱** 荷兰引进的长日照杂交一代洋葱种，是目前在我国市场上出现的一枝新秀品种。适应性广，纬度在38～48度的地区均可种植。产量高，亩产可达5 000千克，在水肥适宜田间管理合理的条件下亩产量可达到10 000千克以上。鳞茎圆球形，略高，球形好整齐，单果重300克左右。皮色棕黄色，不易破裂市场商品性极高。单心率高，收口好，紧实不易呛水，可储藏6～8个月，储藏期长。对粉根真菌病及镰刀霉菌病均有较强的抗性不易感染。

9. **金斯顿** 从美国引进的长日照晚熟杂交一代黄皮洋葱种，最适宜种植纬度为38～48度。熟期约为125天。麟茎圆球形，硕大紧实，单果重约300～350克。表皮金黄色，光泽好。叶绿色，耐分蘖。耐储存，储藏期4～6个月。产量高，适合加工出口。抗粉根真菌病及镰刀霉菌病。

10. **西班牙黄皮** 长日照黄皮洋葱品种。适宜种植纬度38～48度。中晚熟。鳞茎高圆形，硕大紧实，单心率较高。皮色深黄。叶绿色。产量高，中等辣味。储藏期约2～4个月。耐粉根真菌病。

11. **泉州黄1号** 日本黄皮中日照中晚熟品种，第二年5月下旬可以收获。个头大，球长得结实，球形好看，不易裂皮，球形甲高（球径比80～90）。肉质厚、纯白、微甜，耐贮藏。单球重在300克以上。可根据市场需求出货。

12. **长日早生** 日本产杂交种，耐夏季高温、高湿天气，果实近圆球型，铜黄色表皮有光泽，叶片开展度小，收口紧实，抗病性强，单球重250～280克，定植后100天成熟。储藏期5～6个月，亩产3 500～4 500千克。

13. **顶极** 日本产杂交种，棕黄色外皮，叶色深绿，叶管粗壮，13～14叶片，圆球形，抗病，整齐度好，定植后105～110天成熟，单球重280～350克，亩产4 000～5 000千克，储藏期

4～5个月。

14. **泉州中高黄洋葱** 引自日本。中晚生品种。球茎高。球重300～400克，整齐良好，株型直立，叶色浓绿，细长。叶数8～10片左右，基部紧实，茎细长。食味可口，可以生食。温暖地区可以在5月下旬～6月上旬收获，相对同类品种，生长较快，产量丰高，耐贮藏性好。亩产量为4 300～4 600千克。

15. **美国金冠** 生长势较强，叶色浓绿，抗病丰产，短日照，高球形，外皮橙黄色，光泽亮丽。球高7～8厘米，球径8～9厘米，球重300克左右，甚耐储运。

16. **阿波罗** 引自美国。中熟品种。表皮金黄色，圆形果略扁、紧实，果味温和，果型较大，贮藏期6～7个月，产量高，品质好。

（五）对栽培环境的要求

洋葱对温度的适应性较强。生长适温幼苗为12～20℃，叶片为18～20℃，鳞茎为20～26℃，鳞茎在15℃以下不能膨大。温度过高进入休眠。属长日照作物，在鳞茎膨大期和抽薹开花期需要14小时以上的长日照条件。在高温短日照条件下只长叶，不能形成葱头。

耐干燥、怕干旱，适宜60%～70%的空气湿度，在发芽期、幼苗生长盛期和鳞茎膨大期应供给充足的水分。对土壤的适应性较强，以肥沃疏松、通气性好的中性壤土为宜，沙质壤土易获高产，但粘壤土鳞茎充实，色泽好，耐贮藏。洋葱根系的吸肥能力较弱，需要充足的营养条件。每生产1 000千克葱头需从土壤中吸收氮2千克、磷0.8千克、钾2.2千克。施用铜、硼、硫等微量元素有显著增产作用。

（六）栽培技术要点

1. **栽培方式** 洋葱耐贮藏，以露地栽培为主。我国南方是秋冬播种，翌年晚春采收；长江和黄河流域多于秋季播种，翌年夏季采收；华北北部、西北、东北地区冬季严寒，多利用保护地育苗，翌年早春定植或早春保护地育苗定植，晚夏采收。夏季冷凉的地区也可春种，秋收。春季播种，秋季采收的洋葱应选择短日型或中间型品种。

洋葱不宜连作，也不宜与其他葱蒜类蔬菜重茬。

2. 育苗　育苗畦每亩施用腐熟有机肥 3 000 千克、氮磷钾复合肥 30 千克做基肥，深翻耙平后做成宽 1～1.2 米、长 10～20 米的平畦。

用凉水浸种 12 小时，捞出放在 18～25℃的温度下催芽，露芽时播种。撒播，或在苗床畦面上开 9～10 厘米间距的小沟，沟深 1.5～2 厘米，将种子条播于沟内。播后覆 1 厘米厚的细土，并将播种沟或畦面土踩实，随即浇水。

一般 100 平方米的苗床面积播种 600～700 克。苗床面积与栽植大田的比例，一般为 1∶15～20。为防地下害虫为害，可在覆土前撒施一定量的辛硫磷颗粒剂等。

出苗前一般不浇水，幼苗“拉弓”时及时浇水，促直弓出苗。1～2 片真叶时，要及时除草，并进行间苗，撒播的保持苗距 3～4 厘米，条播的约 3 厘米左右。幼苗期结合浇水进行追肥，每亩施氮素化肥 10～15 千克，或腐熟人粪尿 1 000～1 300 千克。

幼苗 3～4 片叶期进行定植。

3. 定植　秋季栽培，在前茬作物采收后进行耕地，耕深 20 厘米左右。结合耕地施基肥，一般每亩施腐熟有机肥 4 000～5 000千克，并掺施氮磷钾复合肥 25～60 千克，普撒后整平耙细。北方地区一般筑宽 1.5 米、长 10 米左右的低畦，以提高土地利用率，增加单位面积的栽植株数。南方地区多做高畦，以利排水。

作畦后覆盖黑色地膜，或用 50%除草剂 1 号可湿性粉剂 0.15 千克对水 450～750 千克均匀喷洒地面，随即覆盖普通地膜。

秋季栽植，一般以严寒到来之前 30～40 天定植为宜。选取根系发达、生长健壮，大小均匀的苗，淘汰徒长苗、矮化苗、病苗、分枝苗，生长过大与过小的苗。定植时先用竹竿或木棍在地膜上面打孔，然后将苗子植入孔内，用细土将根部周围封严。栽植深度以埋住茎盘、不埋心叶、深约 1～1.5 厘米为宜。一般行距 15～18 厘米，株距 10～13 厘米，每亩栽植 3 万株左右。早熟品种宜密，红皮品种宜稀，土壤肥力差宜密。

4. 田间管理

（1）查苗补苗　定植缓苗后，及时检查，缺苗处及早补全，确保全苗。

（2）肥水管理　定植后浇一遍缓苗水，缓苗期间保持土壤湿润，土壤封冻前浇 1 遍封冻水。

翌春幼苗开始返青，视土壤墒情浇 1 遍返青水，结合浇水每亩追施尿素 10 千克、氮磷钾复合肥 20 千克，促进幼苗生长。

鳞茎膨大前，随浇水每亩追施氮磷钾复合肥 10 千克、磷酸二氢钾 15 千克，促进叶片生长。

鳞茎膨大盛期再追 1 次肥，每亩追施氮磷钾复合肥 10 千克、磷酸二氢钾 15 千克，促进鳞茎膨大。这期间应视墒情及时浇水，保持土壤见干见湿。

采收前 7～10 天停止灌水和追施氮肥。

（3）摘薹　对早期抽薹的洋葱，在花球形成前，从花苞的下部剪除，防止开花消耗养分，促使侧芽生长，形成较充实的鳞茎。

（4）中耕松土　疏松土壤对洋葱根系的发育和鳞茎的膨大都有利，没有覆盖地膜的地块，一般苗期要进行 3～4 次中耕，每次浇水后进行；茎叶生长期进行 2～3 次中耕，植株封垄后停止中耕。

中耕深度以 3 厘米左右为宜，定植株处要浅，远离植株的地方要深。

覆盖地膜栽培的地块，应及时拔除田间局部长出的杂草。

5. **病虫害防治**　洋葱主要病害有软腐病、霜霉病、紫斑病等。洋葱主要害虫为地蛆和葱蓟马等。可参照小香葱部分进行防治。

（七）收获

一般在雨季到来前，假茎有 90%倒伏时选择晴天采收，切忌淋雨。

采收后应注意轻拿轻放，避免机械伤，然后在通风阴凉处晾晒，待鳞茎外三层皮晾干后，剪去根部和假茎。作贮藏的，待葱头表皮干燥，茎叶晒至七八成干时，编辫贮藏或将葱头颈部留 6～10 厘米叶梢，其余剪掉，装筐贮藏或堆放，防止雨淋。

（八）出口收购标准

应具有本品种特有的形状和色泽。鳞茎紧实，没有分球、裂球，无霉烂变质或抽薹，无病虫危害，叶鞘及根切除适中，外皮薄而不脱落，适度干燥，没有沙土等异物附着，洋葱的大小（直径、重量等）符合外商要求。

七、娃娃菜

娃娃菜，又称微型大白菜，是从日本（一说韩国）引进的一款蔬菜新品种，近几年开始在国内受到青睐。外形为长圆柱形，结球紧实，重 300 克左右，外表绿白色或鲜黄色，其中鲜黄色为精品。娃娃菜的外形与大白菜一致，但外形尺寸仅相当于大白菜的四分之一到五分之一，类似大白菜的“仿真微缩版”，故因此被称为“娃娃菜”。娃娃菜是韩国人主要进口我国的蔬菜品种。近几年，娃娃菜作为一种精细菜，除出口外，还大量销售于国内高档酒店、火锅店等，行情一路看涨，种植娃娃菜前景被十分看好（图 33）。

（一）形态特征

娃娃菜的生长周期为 50 天左右；一般商品球高 20 厘米，直径 8～9 厘米，净菜重约 200～300 克。叶数多，菜帮小并且很

图 33　娃娃菜

薄，筋络不明显，外边颜色翠绿，内部颜色嫩黄。

娃娃菜的外形与结构大白菜一致，类似大白菜的“仿真微缩版”。但两者还是有明显区别的。从外形上看，娃娃菜的叶基较窄、叶脉较细，而大白菜的叶子叶基和叶脉都较宽大；娃娃菜一般心叶外叶同步生长，叶面比较平整，大白菜一般先长外叶再长心叶，包心生长较紧密，叶子皱缩程度严重，呈扭曲状；娃娃菜的叶片多，菜帮薄，细，大白菜的菜帮宽、厚；娃娃菜的叶片有韧性，大白菜心韧性差，发脆、易烂。

（二）营养成分与功效

娃娃菜的营养成分与大白菜的基本相同，每 100 克鲜菜中含维生素 A560.00 微克、维生素 C 27.00 毫克、维生素 E 0.11 毫克、镁 39.00 毫克、钙 160.00 毫克、铁 3.60 毫克、锌 0.58 毫克、铜 0.28 毫克，含有纤维素 2.30 克，明显高于普通大白菜。锌的含量不但在蔬菜中名列前茅，就连肉蛋也比不过它。

娃娃菜的药用价值也很高，中医认为其性微寒无毒，经常食用具有养胃生津、除烦解渴、利尿通便、清热解毒之功效。娃娃菜还含有丰富的纤维素及微量元素，也有助于预防结肠癌。

（三）主要品种

1. 亚洲迷你　品种引自韩国。播种后 50～55 天收获，株型紧凑，外叶浓绿色；不易抽薹，适合早春栽培；内叶黄色，叶数多，商品性好；生长快，熟期短，早期栽培商品性状好。适宜于春季露地，高冷地夏季，秋季种植。

2. 高山娃娃菜 品种引自韩国。一代交配品种。极早熟，最佳播期在每年3～4月份，在温度稳定在12℃以上时开始播种（注：苗期温度低于12℃时会出现早抽薹现象），育苗移栽45天收获，直播60天左右收获，该品种外叶少，内叶金黄色，极为美观，结球紧实，合抱。球高16～18厘米，球茎6～7厘米，剥去外叶单球菜重350～400克。

3. 春月黄 该品种是从韩国进口极早熟耐抽薹黄心白菜，生育期50天左右，外叶深绿，内叶嫩黄，单球重2千克，叠抱紧实，口味极佳，抗病性强，一般亩产5000千克以上，是新一代商品质出口型最佳品种。

4. 金娃3号 韩国进口黄心早熟娃娃菜。该品种属小株型娃娃菜类型，全生育期约45天，株形直立，适宜密植，高产，帮薄甜嫩，内叶金黄，富含多种维生素，味道鲜美，风味独特，抗逆性较强，耐抽苔，适应性广，是超市、冷库、加工首选品种。春播时低温不易长期低于13度，以免抽薹。亩栽培密度8 000～12 000株，适宜生长温度15～23℃。

5. 黄金宝娃娃菜 韩国进口品种。该品种外叶为深绿色，芯叶为浓黄色，白帮帮薄，质优纤维少，味道极佳，球叶合抱，尖顶直通型，抽薹晚，耐病性强，适于春秋两季多茬种植，易栽培。生长期55天左右，单株重1千克左右。

6. 高丽贝贝 韩国进口品种。小株型袖珍白菜，全生育期55天左右，开展度小，外叶少。株型直立，结球紧密，适宜密植，球高20厘米左右，直径8～9厘米，品质优良，高产，帮薄甜嫩，味道鲜美，风味独特，抗逆性较强，耐抽苔，适应性强。

7. 金童娃娃菜 韩国进口品种。外叶浓绿色，内叶金黄色，叠抱型结球紧密，商品率高，口感好，品质佳；外叶直立适宜密植，抗病性较强，定植后40～45天可采收，适宜春秋季种植。

8. **夏娃** 中国香港高华公司育成。耐热，耐湿，早熟，播种后55天采收，株型直立，适宜密植，叶片绿色，心叶黄色，结球紧密，口感好。抗病毒、根肿病，适宜夏秋季种植。

（四）对栽培环境的要求

1. **温度** 娃娃菜是大白菜的一个变种，同属半耐寒性蔬菜植物，耐轻霜，不耐严霜。最适宜生长的平均温度为12～22℃，平均温度高于25℃生长不良，低于10℃生长缓慢，短期0～2℃低温虽受冻尚能恢复，长期生长在－2℃低温以下则受冻害，播种温度范围应以10～25℃为宜。早春播种覆盖地膜，可提高地温提早播种，达到早播早上市的目的。

2. **光照** 喜光照，属长日照作物，不经过较长的低温期就能通过春化阶段，在高温、长日照的条件下能抽薹开花。

3. **水分** 在营养生长期间喜欢较湿润的环境，由于其根系较弱，所以，如果水分不足则生长不良，组织硬化，纤维增多，品质差。但如果土壤水分过多则影响根系吸收养分和水分，也会造成生长不良。

4. **土壤** 选择在土壤结构适宜、理化性质良好、耕层深厚、土壤肥力较高、排灌方便的地块种植，壤土pH值以6.5～7.5为宜。

5. **营养** 需肥量较多，植株生长前期对氮肥需求量大，磷肥次之，到了叶球形成期，对氮肥和钾肥需求量增多。

（五）栽培技术要点

1. **栽培方式** 娃娃菜适宜在春、秋露地和春秋冬保护地种植，应排开播种，分期采收，均衡上市。

（1）春温室栽培 1月中旬育苗，2月中、下旬定植，也可2月初直接播种，4月中、下旬采收。

（2）春大棚栽培 2月上旬温室育苗，3月上旬定植（或3月初直接播种），4月底至5月初采收。

(3) 春露地栽培　直播适期在3月底至4月初，育苗移栽的方式在3月上旬至中旬播种育苗，4月上旬定植，5月底至6月初采收。

(4) 夏秋露地栽培　8月中下旬直接播种，10月上中旬采收。

(5) 秋冬温室栽培　9月下旬至11月上旬直接播种，11月至次年2月采收。

2. 整地做畦　应选择土壤肥沃，排灌方便的沙质壤土至黏质壤土为宜。因生育期较短，要注重基肥的使用，应全面施足腐熟有机肥，有机肥每亩5 000千克，10～15千克复合肥做底肥。缺钙或土质偏碱的地区可增施15～20千克的过磷酸钙以保证钙的吸收，深翻耙平。

娃娃菜可垄作，也可畦作。春秋两季宜畦作，省工省时；夏季宜垄作，利于排水，畦宽1～1.2米。

3. 播种定植　在有保护设施的情况下，可全年排开播种。但春天要注意低温抽薹的危险；夏季要用遮阳网，遮强光降高温，利用防虫网防止蚜虫传播病毒病。

娃娃菜可直播，也可育苗移栽。在气候较为适宜的春秋两季，可精量播种，即每穴点播1～2粒或1穴2粒和1穴1粒进行交叉点播，亩用种量100～150克。育苗移栽的要在苗3叶期带土坨，株行距20厘米×30厘米。每亩种植株数8 000～10 000株。

4. 植株管理　肥水管理：出苗前后要保持土壤湿润，包心前要勤松土，增加土壤透气性和保墒。娃娃菜可不蹲苗或只进行1周时间蹲苗，便可加强肥水管理促进生长。保持土壤湿润，但不要积水，在植株迅速膨大期（结球期）每亩追施尿素10千克1次。

查苗补苗：直播田要及时间苗、补苗；育苗移栽田应在3～4片叶时定植，避免幼苗过大移植时伤根。

5. 病虫害防治

(1) 主要病害防治

①软腐病　软腐病是娃娃菜主要病害之一，它是一种细菌性病害。白菜感病后有的茎基部腐烂，外叶萎垂脱落，包心暴露，稍动摇即全株倒地；有的发生心腐，从顶部向下或从茎部向上发生腐烂；有的外叶叶缘焦枯，同时感病部位有细菌黏液，并放出一种恶臭味。

主要防治措施：

加强栽培管理，合理安排茬口，尽量避免连作或与十字花科蔬菜轮作；高畦栽培；应及时耕翻整地，注意施用充分腐熟的粪肥作基肥；腾茬早的地块，应及时深耕晒垡，促进病残体腐解，减少害虫和病菌来源；及时拔除病株，减少菌源，防止蔓延。拔除后的穴可用生石灰灭菌；发病初期，用77%可杀得可湿性粉剂600倍液喷雾，或72%农用硫酸链霉素可溶性粉剂4 000倍液喷雾，隔5～7天喷1次，连喷3～4次，必须在收获前15天使用。

②霜霉病　苗期和成株期均可受害。幼苗受害，子叶正面产生黄绿色斑点，叶背面有白色霜状霉层，遇高温呈近圆形枯斑，受害严重时，子叶和嫩茎变黄枯死。成株期发病，主要为害叶片，最初叶正面出现淡黄色或黄绿色周缘不明显的病斑，后扩大变为黄褐色病斑，病斑因受叶脉限制而呈多角形或不规则形，叶背密生白色霜状霉。病斑多时相互连接，使病叶局部或整叶枯死。病株往往由外向内层层干枯，严重时仅剩小小的心叶球。

主要防治措施：

选用抗病品种；应根据茬口、品种及气候确定适宜的播期；应及时耕翻整地，施用充分腐熟的粪肥作基肥；高畦栽培，避免积水，天气比较干燥则用清水肥浇灌，浇灌时只灌到畦面不接触心叶，忌大水漫灌，只能小水沿垄沟浸灌；发现中心病株后，立即拔除并喷药防治，药剂可选用40%三乙膦酸铝（乙磷铝）可湿性粉剂200～300倍液，或70%乙磷铝锰锌可湿性粉剂500倍液，或70%百菌清可湿性粉剂600倍液，或72%霜脲锰锌（克露、克抗灵、克霜氰）800～1 000倍液，或每亩用1.5亿活孢子/克木霉菌可湿性粉剂267克兑水50升喷雾，每5～7天喷1次。

③病毒病 病苗心叶叶脉透明或沿脉失绿，产生浅绿与浓绿相间的斑驳或叶片皱缩不平，有的叶脉上生褐色坏死斑。成株染病植株矮缩，叶色呈花叶状，有时在叶部形成密集的黑色小环斑。

主要防治措施：

病毒病的防治以苗期防蚜至关重要，苗期要用10%吡虫啉可湿性粉剂1 500倍液将传毒蚜虫消灭。在病毒病发病初期喷洒抗毒剂1号300倍液或1.5%植病灵Ⅱ号乳剂1 000倍液或20%病毒A可湿性粉剂500倍液，隔5～7天1次，连续防治2～3次。

（2）主要虫害防治 娃娃菜虫害主要由蚜虫、小菜蛾等。

小菜蛾可在虫害发生初期选用2.5%菜喜悬浮剂1 500～2 000倍，或5%除虫菊素乳油1 000～1 500倍，或2.5%天王星乳油1 000～1 500倍等进行防治。蚜虫用50%抗蚜威水分散粒剂2 000倍液，或10%吡虫啉可湿性粉剂4 000～6 000倍液，或3%莫比朗乳油1 000～1 500倍液防治。

（六）采收

当全株高30～35厘米，包球紧实后，便可采收。采收时应全株拔掉，去除多余外叶，削平基部，用保鲜膜打包后即可上市。

第三节 引进观赏蔬菜栽培特性

一、观赏南瓜栽培特性

观赏南瓜为葫芦科南瓜属一年生蔓性草本植物，主要是果形新奇、果色美丽可爱、观赏性强的小南瓜，具有瓜形奇特，果实细巧可爱，颜色亮丽，观赏期长等优点。观赏南瓜可观性强，既能在露地、温室种植，又可用花盆栽培，多个不同形状颜色的成熟果实搭配作为装饰品或礼品，高雅怡人，观赏价值高，近几年来已经成为现代农业示范园中吸引游客的亮点之一（图 34）。

（一）形态特征

观赏南瓜是攀爬植物，根系较为发达。分枝力强。主侧蔓均可结果，主蔓 6～8 节出现第 1 朵雌花，其后雌雄花交替出现，一般隔 5～7 节再现雌花，有时连续发生几朵雌花。雌雄同株异花，花色鲜黄或橙黄色，筒状，花瓣先端尖形，萼片尖狭。

图 34　观赏南瓜

果形有扁圆、长圆、钟形、梨形、瓢形、碟形等，果色有绿、桔红、黄等，间有条纹或斑纹，果肉多为黄色或深黄色，果皮有的光滑，有的具有瘤状突起，有的具有条纹，成熟后果皮木质化，表面覆盖蜡质层，贮藏期可达 1～2 年。

种子扁平，椭圆形，多为白色、淡黄色或淡褐色。

（二）主要品种

1. 佛手　该品种引自日本。主蔓第 10 节着生第 1 雌花。嫩果奶白色，老熟时果色有白、橙、绿和镶嵌绿色条斑混合。果实形状特别，尾部有 5～10 个凸出的小角，形似皇冠，小巧可爱。果实纵径 9～11 厘米，横径 10～12 厘米，果重 250～400 克。中熟，生长期 90～120 天，长势中等。主蔓均可结果。观赏期可长达 1 年。

2. **鸳鸯梨**　该品种引自美国。主蔓第 7 节着生第 1 雌花。果实长 8～9 厘米，横径 4～7 厘米，果重 100～150 克。果实西洋梨形，小果，上细小而下大圆球形，果实底部为深绿色，上方为金黄色。果实表面有淡黄色条纹相间，果实细巧可爱。早熟，生长期 80～100 天，长势中等，主侧蔓均可结果，但以主蔓结果为主。观赏期可长达 1 年。

3. **龙凤瓢**　该品种引自美国。主蔓第 12 节着生第 1 雌花。果实上细长、下大，长 10～20 厘米，横径 5～9 厘米，果重 150～200 克。果实汤匙形，小果，果实下方为球形，上方具可握式长柄，形状像“麦克风”。果实底部为深绿色，上方为橙黄色。果实表面有淡黄色条纹相间。早熟，生长期 80～100 天，长势中等，主侧蔓均可结果，但主蔓结果为主，耐寒不耐热。

4. **金童**　该品种引自美国。主蔓第 5 节着生第 1 雌花。嫩果灰白色，老熟时果色为鲜橙色，果实扁圆形，有明显棱纹线，果实细巧可爱。果实纵径 4～7 厘米，横径 7～10 厘米，果重 10～150 克。早熟，生长期 90～120 天。生势中等，主侧蔓均可结果，但以主蔓结果为主。

5. **玉女**　该品种引自美国。主蔓第 5 节左右着生第 1 雌花，以后节节连续结果。嫩果浅白色，老熟时为雪白色，果实扁圆形，有明显棱纹线，果肉黄色，果实小巧新奇。果实长 5～7 厘米，横径 7～10 厘米，果重 100～150 克。早熟，生长期 80～100 天，生势中等，主蔓结果为主。

6. **桔灯**　该品种引自日本。主蔓第 10 至 13 节着生第 1 雌花。果实长 12～13 厘米，横径 13～15 厘米，果重 200～300 克。果实圆形，果面有疣状突起，果面橙色，果面有黄色的条纹相间并有黄色的斑点。早熟，生长期 80～100 天，生势中等，主蔓结果为主。观赏期可长达 1 年。

7. **丑小鸭**　长势一般，叶片中等，每株结果 8～10 个。果实皇冠或佛手果形，皮色有白色、黄色等，横径8～10厘米，长12～15厘米，单果重150克。颜色有黄绿相间，橙绿相间，奶白色和绿色相间等等。形状更是多样变化，但是整体形象酷似小鸭子，所以起名丑小鸭。正常室温下6个月左右。

8. **锦绣球**　主蔓第10～13节着生第1雌花。果实长12～15厘米，横径13～16厘米，果重200～300克。果实圆形，果面有疣状突起，果面橙色，果脐部黑色。早熟，生长期80～100天，长势中等，主蔓结果为主。

(三) 对栽培环境的要求

喜温怕寒，种子发芽的最适温度为25～30℃，生长适温为18～32℃，10℃以下停止生长，35℃以上高温停止结果。

南瓜属短日照作物，在低温与短日照条件下可降低第一雌花节位而提早结瓜。在充足光照下生长健壮，弱光下生长瘦弱，易于徒长，并引起化瓜。

耐旱但需水量大。开花结果期间，要及时灌溉，经常保持土壤湿润。雌花开放时若遇阴雨天气，易落花落果。

对土壤要求不严格。但土壤肥沃，营养丰富，有利于雌花形成，雌花与雄花的比例增高。适宜的pH为6.5～7.5。较喜肥，是吸肥量最多的蔬菜作物之一，生产1 000千克南瓜需吸收氮3.92千克、五氧化二磷2.13千克、氧化钾7.29千克。

(四) 栽培技术要点

1. **栽培方式**　观赏南瓜抗性较差，露地栽培容易发生病毒病，适宜在温室、大棚内栽培或庭院栽培。华北地区分春秋两季种植，春植于2～3月份播种，秋植7～8月份播种，育苗移植，春季注意防寒育苗。温室周年可种植。

2. **育苗**　早春在温室大棚内育苗，秋季采用遮阳网育苗，防雨降温，防止暴雨，大棚四周应用防虫网防害虫侵入。

用育苗钵育苗。

微型观赏南瓜的种皮较厚，播种前要浸种催芽。方法是：先用55～60℃温汤浸种10分钟，加入冷水降至室温后，浸种8～10小时。将种子捞起沥干，用干净纱布包好，放于25～30℃下催芽。待90%以上种子“露白”后，开始播种。

播种前一天将育苗土淋透水，每育苗钵播1粒，然后盖土0.8～1厘米的营养土。待子叶出土后及时揭去地膜。在育苗过程中，注意保持适温和土壤湿度，一般早春棚内温度以25℃左右为宜。育苗土不能过湿和过干，以免发生病害，可用500倍敌可松液或800倍多菌灵液喷雾防止猝倒病。苗期幼苗长势弱或叶色变黄，可淋1～2次2%的复合肥液，当幼苗有4～5片真叶时定植。

3. 定植 定植前整地施肥。土壤栽培每亩施腐熟鸡粪1 000千克、复合肥30千克作基肥，地面要整平，在定植前10天扣膜，进行高温闷棚，以杀菌灭虫。基质栽培可用泥炭土、河沙、珍珠岩按5∶3∶2的比例混合配制，每方基质中混入2千克有机无土栽培专用肥、10千克消毒鸡粪，混匀后填槽。

观赏南瓜是蔓生植物，大多采用棚架栽培，密度不宜大，一般双行定植，株距50厘米左右，每亩种植1 200株左右。

定植时注意保持苗土完整不伤根，定植后淋足定根水，夏季要在棚顶覆盖遮阳网，防止烈日晒死新苗。

4. 田间管理

(1) *水肥管理* 观赏南瓜生长迅速，特别在夏季高温期，蒸腾作用强，水分消耗大，应保证水份供给，一般2～3天浇一次透水。从雌花现蕾到第一瓜坐稳期间，土壤湿度过大或追肥过多易引起茎叶徒长影响坐果，应注意蹲苗，适当控水控肥。

盆栽南瓜，花盆的蓄水能力差，每天应浇水2～3次。

土壤栽培，植株成活后施1次速效性水肥；第二次追肥在瓜蔓长30厘米左右时，要注意看瓜苗长势，如瓜蔓嫩尖向上，叶色翠绿叶片肥大则表示生长旺盛，可暂不追肥。大部分果坐稳后重施1次肥以促进果实生长，追肥一般每亩用三元复合肥20千克，开沟施用。生长中后期，为促进果实生长，使成熟果实提高硬度，每10～15天可叶面喷0.5%～1%氯化钾或磷酸二氢钾。

基质栽培采用营养液滴灌最好，如无营养液滴灌，可每周追施1次0.3%～0.5%的三元复合肥，坐果后每立方米基质施入消毒鸡粪10千克、花生麸5千克、磷肥1千克补充营养，保证植株旺盛生长。

盆栽南瓜，应掌握"勤施薄施"的原则。在间苗定植后7天起，每周可追施1次0.3%～0.5%复合肥水溶液。进入开花结果期，需养分量增大，结合松土，每盆追施复合肥10克＋尿素5克并补充营养土至满盆，促进根系发育。此后根据植株长势、叶色、结果等具体情况，每10天左右追0.3%～0.5%复合肥水溶液一次。

（2）整蔓　土壤栽培当植株长度达到30～40厘米时，要搭竹篱或吊线让植株攀援，如侧蔓生长过多，叶子相互遮挡，要适当剪除，以利通风透光，一般主蔓1米以下的侧蔓全部打掉，个别长势较弱的植株可考虑保留。生长后期植株基部老叶既消耗养分，又易感白粉病，应及时摘除。

盆栽南瓜，苗高25～30厘米时搭架引蔓，架材可用竹竿或根据花盆的大小用铁丝烧制，架高1.5～1.8米。在阳台栽培可吊绳或利用防盗网，引蔓围绕架子、防盗网攀爬。

（3）人工授粉　为促使微型观赏南瓜多坐果、结好果，应进行人工辅助授粉。方法是：植株开始开花后，在每天早上6～10时，选择当天开的雄花，降去花冠，将雄蕊的花粉涂到雌花柱头上。同株授粉与异株授粉均可。

（4）温度管理　设施栽培要加强温度管理，生长温度范围在15～35℃之间，最适温度为25～28℃。早春低温应做防寒措施，避免冻害，夏秋高温季节应进行遮阳栽培。

5. 病虫害防治

（1）主要病害防治

①南瓜白粉病　初期背面出现水渍状病斑，正面病斑泛黄，

后期叶片背面长出白色粉状物（病原子实体），严重时叶片发黄、干枯，植株死亡。当温度条件为 20～25 ℃，且田间湿度较大或干湿交替出现时，病害发生较严重。

主要防治措施：

定植前 5～7 天，棚室用硫黄粉点燃熏蒸消毒；可用高脂膜或京 2B，兑水为 30～50 倍液进行喷雾，每隔 7～10 天喷 1 次，连喷 4 次进行保护；发病初期，可使用 70%耐尔可湿性粉剂 800 倍液，或 72%殷实悬浮剂 1 200 倍液，或 80%大生 500 倍液，或 70%纳米欣可湿性粉剂 800 倍液，或 50%甲基托布津悬浮剂 600 倍液，连续喷药 2～3 次，每 5 天一次。

②南瓜枯萎病　受害后根系发黄，茎基部纵裂，剥开后可见维管束变褐色。叶片自下向上萎蔫、发黄，初期白天萎蔫，早晚恢复，后期整株枯死。该病害在土壤黏性大，排水不良或根系生长较差和根结线虫为害的条件下发生较为严重。

主要防治措施：

增施有机肥，合理灌水，避免产生肥害和水害；及时防治根结线虫；发病初期，停止田间漫灌水，并使用 20%好靓2 000～3 000倍液或 50%甲基托布津 500 倍液进行灌根。

（2）*主要虫害防治*　观赏南瓜植株各部均密披细毛，害虫较难接近，主要为害的有蚜虫和白粉虱。蚜虫用黄色纸板涂 10 号机油诱杀，或用洗衣粉 400～500 倍溶液、10%吡虫啉可湿性粉剂 4 000～6 000 倍液、3%莫比朗乳油 1 000～1 500倍液防治，设施内用 22%敌敌畏烟剂 250 千克熏杀；白粉虱可用 20%灭扫利乳剂 2 000 倍液，或 25%烯啶噻啉乳油 2 000～2 500 倍液喷雾，设施内用 22%敌敌畏烟剂 250 千克熏杀。

（五）收获

微型观赏南瓜以观赏为主，如食用，在开花后 10 天左右采收，如作为观赏摆设可在开花 45 天后纤维化变硬时采收。采收后通常进行晾晒、打蜡、上色、雕刻等处理。

二、西洋南瓜栽培特性

西洋南瓜为葫芦科南瓜属印度南瓜种中的一类品种，原产南美洲。口感甜面似有栗味，所以俗称“栗味南瓜”。我国内地目前普遍种植的西洋小南瓜多是 20 世纪 90 年代从日本和我国台湾省引进的笋瓜杂交一代品种。因其外观优美，品质及适口性好，价格高而平稳和种植销售效益均佳的优点，而使近年的栽培面积迅速扩大，有逐步取代“中国南瓜”的趋势。西洋南瓜含有丰富的蛋白质、碳水化合物及多种维生素和矿物质，有防治糖尿病、降低胆固醇、保护视力等多种保健功效。食用方法有多种，可炒食、蒸食、作馅等，并可加工成南瓜粉、饮料、南瓜酱等数十种产品，产品需求量逐渐增大（图 35）。

图 35　西洋南瓜

（一）形态特征

西洋南瓜是攀爬植物，根系较为发达，苗期根系少，再生力弱。分枝力强，茎和叶柄上有刺，全株密披细毛，叶片常深裂（深缺刻），个别叶脉间有银白色斑。主侧蔓均可结果，主蔓 6～8 节出现第 1 朵雌花，其后雌雄花交替出现，一般隔 5～7 节再现雌花，有时连续发生几朵雌花。雌雄同株异花，花色鲜黄或橙黄色，筒状，花瓣先端尖形，萼片尖狭。

果实扁圆形，果形小，单瓜重 1～2 千克，大的瓜老熟后可达 3 千克以上；嫩者 25～30 天采收，老熟果则需 40～45 天采收。皮色因品种而异，有灰绿、绿色、橙黄色、金黄色。果肉厚，果肉深黄或橙黄色，质脆，果皮薄而无硬壳。果柄圆，上下粗细一致，与果实连接处稍膨大。

（二）营养成分及功效

西洋南瓜富含营养，据统计，每100克含蛋白质0.6克、脂肪0.1克、碳水化合物5.7克、粗纤维1.1克、灰分0.6克、钙10毫克、磷32毫克、铁0.5毫克、胡萝卜素0.57毫克、核黄素0.04毫克、尼克酸0.7毫克、抗坏血酸5毫克。此外，还含有丰富的瓜氨素、精氨酸、天门冬素、葫芦巴碱、腺瞟呤、葡萄糖、甘露醇、戊聚糖、果胶等。

中医认为，南瓜性味甘、温，归脾、胃经，有补中益气、清热解毒之功，适用于脾虚气弱、营养不良、肺痈、水火烫伤。《本草纲目》言其"补中益气"。南瓜含瓜氨酸、精氨酸、麦门冬素及维生素A、B、C、果胶、纤维素等。南瓜中的果胶能调节胃内食物的吸收速率，使糖类吸收减慢，可溶性纤维素能推迟胃内食物的排空，控制饭后血糖上升。果胶还能和体内多余的胆固醇结合在一起，使胆固醇吸收减少，血胆固醇浓度下降。因而南瓜有"降糖降脂佳品"之誉，患有糖尿病者，常取本品佐餐，不仅可以果腹，而且还可以降糖降脂，可谓一举数得。许多人成天和电脑打交道，难免造成视疲劳。维护眼睛健康，除了用眼卫生外，多食含维生素A丰富的食物，如南瓜，可有效地保护眼睛。南瓜子含有大量磷质，能防止矿物质在体内积聚形成结石，并能维护眼巩膜的坚韧度。所以，常吃炒熟的南瓜子可预防胆结石、防止近视。德国科学家研究发现，经常嚼食南瓜子的民族，很少见有前列腺疾病的发生。因此，男性步入中年以后，常食南瓜子，还可有效地预防前列腺肥大。

但南瓜中含有较多的糖分，不宜多食，以免腹胀。《本草纲目》言南瓜"多食发脚气，黄疸"。《随息居饮食谱》言"凡时病疳疟，疸痢胀满，脚气痞闷，产后痧痘，皆忌之"，食用时应注意。

（三）主要品种

1. **银栗南瓜** 品种引自中国台湾省，又名“李白”。为杂交一代品种，全生育期90天左右，植株长势强健，节间较短，茎蔓较粗且硬，叶片肥大，叶色浓绿，坐果率高，第1雌花着生于主蔓10～13节，以后每隔1～5节连续出现1～2朵雌花，坐果整齐集中，果实厚扁球近似桃型，果皮白色间有浅绿色条纹，果脐中凸，外观端正光滑，肉厚腔小，果肉鲜黄，肉质细粉香甜。尤其在采收后放置10天以上煮食，其肉质粉、松、甜美，口感绝佳，品尝过的人都赞不绝口。果实特别耐贮运，一般老熟瓜采后贮存90～100天风味不变。丰产性好，采用单蔓、双蔓、三蔓整株均可，单株留果2～3个，平均单果重5千克左右，最大可达10千克以上，一般每亩产5 000～7 000千克。

2. **红栗南瓜** 品种引自日本。蔓生，茎蔓圆形，无棱沟，叶色较绿，节间短，分枝力强，生势旺，茎蔓粗壮。叶掌状形、全缘，叶片正反面及叶柄外被茸毛。主侧蔓均能挂果，第一雌花节位4～6节，连续坐果性强，开花后至果实成熟约35～40天，成熟后果柄短而粗。单瓜重1.5～2.0千克，果实扁圆形，果皮桔红，色彩艳丽，果肉橙红，肉厚3～3.2厘米，肉质粉甜，风味独特，既可食用又可观赏。果形均匀，大小一致，光照充足则干物质含量高，营养丰富，常温下可贮存40～90天，较喜冷凉气候，但生长耐热性也强，抗霜霉病、病毒病。20～25℃生长迅速，定植后约35天始花，嫩瓜20天左右采收，老熟瓜40天可采收上市。适应性广，露地、大棚、高寒山区、温湿冷凉地均可栽培，春夏秋初冬都可种植，熟期早，耐贮运，适宜出口外销基地采用。

3. **绿皮南瓜** 早熟品种，从出苗到采收越100天左右，果实扁圆形，果面有绿色和灰色，有条纹，果面比较光滑，肉厚4～5厘米，心腔小，极耐贮运，果肉橘黄色，肉质特面带有香甜味，口感极佳，单株重2～3千克左右，每株结果2～3个，亩产 3 000 千克左右。保护地抢早栽培经济效益高，深受消费者欢迎和喜爱。

4. **金太阳南瓜**　早熟品种。果实厚扁球形，果面深黄皮至红色，果色美丽。果肉橙红色，肉质紧细，高粉，少水，品质极佳。易坐果，单株可坐果 2～3 个，单果重 1.5 千克左右，单产 2 000 千克/亩。本品种随成熟度增加而黄色加深，高温条件栽培可能因感病而形成花瓜，南方地区高温栽培时应慎重。采收后贮藏在通风处数日，含糖量明显增加。

（四）对栽培环境的要求

1. **温度**　喜温暖的气候条件，发芽最适温度 25～30℃，最低 15℃以上；茎叶生长最适宜温度 25～30℃，夜温 15～18℃；地温 15℃以上根系开始生长，最适 22℃左右，高于 30℃根系生长受到抑制；果实生长期昼夜温差大，有利于提高品质。

2. **光照**　在长日照条件下，利于雄花发育，而雌花发生较少；在短日照的条件下，雌花增加；苗期减少日照时数，每天 8 小时左右可促进早熟、增产；南瓜属短日照作物，每天 10～12 小时光照时数为宜。

3. **水分**　具有较强的吸水和抗旱能力，但其叶片大蒸腾作用强，仍须较多的水分供应，以膨瓜期需水量最多；结瓜前水份过大易徒长；后期水分过多品质差。

4. **土壤与营养**　对土壤适应性较强，但以疏松肥沃、排灌良好的壤土最好；需肥量多，以氮、磷、钾和微量元素配合使用产量高、品质好。若氮肥施用量过多，引起茎叶徒长，导致落花、落果和产品品质差，易感染病虫害。吸收氮∶磷∶钾肥料比例为 3∶2∶6。

（五）栽培技术要点

1. **栽培方式**　西洋南瓜的栽培方式有温室和塑料大棚栽培、露地栽培等类型，其中温室和塑料大棚栽培是主要的栽培方式。北方主要茬口有：

春季露地种植3月中、下旬育苗，4月中旬（需扣小拱棚复膜保温）至5月初定植，6月中旬～7月上旬采收。秋季温室种植8～9月育苗，9～10月定植，11～2月陆续采收。春季温室种植12月底至翌年1月底育苗，1月下旬至2月下旬定植，4～7月陆续采收。

2. 育苗

（1）配置育苗土或育苗基质　用口径10厘米的大育苗钵育苗。营养土的配制比例约为猪圈肥：土＝2：1。肥、土用用网筛选筛好。配制的营养土应每立方米加100克50%多菌灵可湿性粉剂和100克50%辛硫磷乳油，同时加1千克磷酸二铵或复合肥，混匀后，加盖塑料膜或湿草帘，闷2～3天后装钵。

育苗基质一般按2：1比例将草炭与蛭石混合，混合时，每立方米基质内混入干鸡粪10～12千克或育苗专用缓释肥。

（2）种子处理　种子于温水中浸种8～12小时，捞出晾干表层水分进行催芽，催芽温度在25～30℃之间为宜，待芽透出种壳露白时播种到穴盘或育苗离钵（袋）中。

（3）苗期管理　子叶出土前盖好棚膜，提高温度以促进出苗。当多数子叶出土后，要降低棚内湿度。幼苗长出真叶后，每隔5～7天喷1次叶面肥。当苗有2～3片真叶展开时定植到田间。

3. 定植

（1）整地做畦　重施基肥，每亩1 000～2 000千克腐熟有机肥，100千克腐熟鸡粪，高钾三元复合肥13～15千克，整地做畦。一般采取爬地栽培，东西向铺膜，瓜秧南北走向。

（2）定植　由于红皮南瓜商品为老熟瓜，所以营养不足时连续座瓜力较差，设施栽培一般采取高密度栽培。对爬式栽培株距40～50厘米，小行距75厘米，大行距3米，亩栽800株左右；若单行栽培株距0.5米，行距1.8米，每亩约种750株。

西洋南瓜根部再生力稍差，苗期定植时应尽量保护根系不使断损。

4. 田间管理

(1) *肥水管理*　定植后应及时浇缓苗水，并亩追施尿素 20 千克，以促进枝叶生长，极早发棵。坐果后浇一次膨果水，并亩追施硫酸钾复合肥 20 千克，促进果实发育。以后根据气候适当浇水，果实长大后，适当控制水分，促进果实干物质积累，提高南瓜品质。

(2) *整枝*　整枝方式有单蔓整枝、双蔓整枝等。

单蔓整枝只保留主蔓进行结果，植株生长势强，生长期短，早熟性好，瓜大质优，适合设施内高密度栽培，亩栽 900～1 000 株。

双蔓整枝有两种方法：一种是保留主蔓，在基部选留 1 条长势相当的子蔓，其余子蔓尽行摘除。因主蔓结果较早，采收期可提前 3～5 天。另一种是当幼苗具有 4～5 片真叶时对主蔓摘心，当侧蔓长出后选留两个生势相当的子蔓，使其平行生长，争取两条蔓同时结果，果型整齐，便于管理。双蔓整枝适合多种栽培方式，一般定植密度为 600～800 株。

(3) *授粉、留瓜*　双蔓整枝留 3～4 个瓜，主蔓第 8～12 片真叶节位雌花开始留瓜，子蔓第二朵雌花后开始留瓜，生长势强应提前留瓜，生长势弱应于三节雌花后留瓜。在所留瓜坐稳后，拳头大小时，在枝端留一定叶片，并留 1～2 朵雌花后进行摘心，争取多结瓜，促进果实的快速膨大。

单蔓高密度栽培一般在结第二个瓜后第三节后摘心。第一留瓜节位一般于第 8～12 片真叶处，距根部 1～1.2 米之间。间隔 3～4 片真叶一雌花后摘心，再留第二个瓜，以得优质高产。

(4) *压蔓*　南瓜茎节上有不定根发生，有固定瓜蔓及增加吸收养分的作用，可任其发根伸入土中，扩大吸收根群。

(5) *果实护理*　爬地栽培，果实和土面接触时容易腐烂以及产生大量的瘤状突起，严重影响外观。应于幼果期用竹片、草垫衬垫，或用泡沫板、泡沫餐盒垫，将瓜垫起可有效预防腐烂，着色不匀，以提高品质。

膨瓜期若光照过强，红皮南瓜水分含量较小，皮薄，强烈的直射光照下，易大量发生日灼病，其症状是先红紫后渐白，遇雨产生溃癌面，丧失商品价值。膨瓜期应设法遮阴，避免阳光直射，在膨瓜中后期，可用青草或瓜叶遮盖其上，效果良好。

膨瓜期将瓜垫高，每隔5～7天将阴面翻起，减少与地接触面。最大限度接受光照、保证果肉厚薄一致。

5. 病虫害防治

（1）主要病害防治

①南瓜病毒病　主要表现为花叶型（叶片上出现黄绿相间的花叶斑驳，叶片成熟后叶小，皱缩，边缘卷曲。果实上表现为瓜条出现深浅绿色相间的花斑）、皱叶型（多出现在成株期，叶片出现皱缩，病部出现隆起绿黄相间斑驳，叶片边缘难于开展，同时叶片变厚、叶色变浓）、蕨叶型（南瓜植株生长点新叶变成蕨叶，成鸡爪状。果实受害后果面出现凹凸不平、颜色不一致的色斑，而且果实膨大不正常）三种类型。在整个生育期都可能发生，当温度高于30℃时，染病植株才表现受害症状。高温干旱有利于蚜虫迁飞和繁殖，易诱发此病流行。

主要防治措施：

在播种前用10%磷酸三钠溶液浸种20分钟消毒后播种；适时播种，合理肥水，培育壮苗；农事操作中，接触过病株的手用肥皂水洗后再进行农事操作，防止接触传染；及时防治蚜虫、粉虱、蓟马，防止传播病毒；发病前选用20%病毒A可湿性粉剂500倍液，或1.5%病毒灵乳油1 000倍液，或1.5%植病灵Ⅱ号乳剂1 000倍液，或40%病毒必克可湿性粉剂500倍液，每隔7～10天一次，连续防治2～3次，注意交替用药。

②南瓜白粉病　参考观赏南瓜部分。

③南瓜炭疽病　炭疽病是南瓜上的主要病害，在南瓜生长各

阶段均可发病，严重降低南瓜产量；幼苗期发病，病苗子叶上出现褐色圆形病斑，蔓延至幼茎茎基部缢缩而造成猝倒；成株期发病，病叶初呈水浸状圆形病斑，后呈黄褐色，在茎或叶柄上，病斑长圆形，凹陷，初呈水浸状黄褐色后变成黑色，病斑蔓延茎周围，则植株枯死。果实病斑初呈暗绿色水浸状小斑点，扩大后呈圆形或椭圆形，暗褐至黑褐色，凹陷，龟裂，湿度大时中部产生红色黏质物。

主要防治措施：

合理轮作，种子播前用50%多菌灵可湿性粉剂500倍液浸种20分钟，清水冲净后催芽播种；加强田间管理，适时浇水追肥；加强棚室温湿度管理，使棚内湿度保持在70%以下；阴雨天选用45%百菌清烟剂，每亩250克，隔9～11天熏1次，连续或交替使用；发病初期喷洒50%甲基硫菌灵·硫黄悬浮剂700倍液加75%百菌清可湿性粉剂700倍液，或25%炭特灵可湿性粉剂500倍液，或50%施保功可湿性粉剂1 500倍液，或10%世高1 000～1 500倍液，或25%使百克乳油1 200倍液，或2%抗霉菌素（农抗120水剂），或2%武夷菌素（BO-10）水剂200倍液，隔7～10天1次，连续防治2～3次。

（2）*主要虫害防治*　主要虫害有蚜虫、白粉虱、潜叶蝇等。蚜虫、白粉虱选用啶虫脒3 000倍液、一遍净1 500倍液或10%吡虫啉1 500倍液喷雾防治。潜叶蝇用50%潜克、5%尼索朗混配3 000倍液药剂组合防治。

（六）采收

西洋南瓜以采老熟瓜为主，一般坐果后30～45天即可采收。老熟瓜成熟标志是果柄纵裂，现白条，瓜柄近无绿色，果皮色大红亮丽，晴天用指甲难以掐入，果肉甘甜。采收宜在晴天露水干后进行，防止破损。

果柄收水晾干后，贮存于通风干燥处，一般不超过两层，分级存放，及时清除烂瓜，避免感染。果实贮存可达4个月以上；

热天室内可贮存1个月左右，果皮可能有轻度变质、变色，但不影响内在品质。伴随贮存期的延长，南瓜的粉质虽有下降，但单糖含量增加，肉质更为粉松香甜。

三、巨型南瓜栽培特性

巨型南瓜是近年从美国引进的特大南瓜新品种，单瓜重30～50千克，最大150千克以上。瓜型巨大，果形圆整，皮色艳丽，颇有观赏性，经济价值高，每个巨型南瓜可售400～600元。据报道，在北戴河集发农业观光园，一个重达150千克的“南瓜王”卖到1万元“天价”。另外，美国巨型南瓜含粗蛋白质14%、无氮浸出物64%和丰富的胡萝卜素，对糖尿病、肝病、肾脏病有食疗效果，可煮食或晒制瓜条、瓜脯或加工淀粉，开发潜力巨大（图36）。

图36　巨型南瓜

（一）形态特征

葫芦科南瓜属一年生攀援草本，根系较强大，茎叶茂盛，叶片大而厚实。主蔓结瓜，花雌雄同株，单生，黄色，单果重10千克以上。瓜高圆球形或长椭圆形，瓜皮黄红色，瓜肉厚，橙红色，肉质细。不适合架式栽培，可伏地栽培。

（二）主要品种

目前我国内地种植的巨型南瓜品种主要是来自我国台湾农友公司培育的巨人南瓜和来自美国超级大南瓜等。生育期120天左右，单瓜重量最高可达446千克，一般为150～200千克，品质佳、食性好。

（三）对栽培环境的要求

巨型南瓜喜光喜温但不耐高温。根系强大，茎叶茂盛，叶面较大，需水量多，适宜较湿润的土壤和空气。茎叶生长速度快，果实膨大快，喜肥水，喜肥沃、湿润、排水良好的土壤。叶片大似荷叶，叶大、茎脆易折，怕风、怕晒。适宜酸碱度中性的土壤种植，适宜土壤 pH 值 6.5～7。

（四）栽培技术要点

1. 栽培方式　巨型南瓜果实硕大，不适合架式栽培，宜爬地栽培。另外，巨型南瓜叶大、茎脆易折，也怕强光照射，适合保护地内种植，露地栽培要有防风和遮阳措施。

春季一般 3～4 月直播种植，使果实膨大期错开 7～8 月的高温季节。北方地区育苗栽培一般 12 月至翌年 2 月，用营养钵育苗。

2. 育苗

（1）种子处理　把种子放入 55℃的热水中搅拌 15 分钟，捞出后将种子用清水浸 4 分钟，再浸入 10%磷酸三钠溶液中 10 分钟后捞出，放入 25～30℃的温水中浸种 8～10 小时。将种子捞起沥干，用干净纱布包好，放于 25～30℃下催芽。经 24 小时左右，种子开始破壳出芽，催芽中间用 25℃左右的温水淘洗一遍种子，洗去粘液后用布包好继续催芽。待 90%以上种子“露白”后，开始播种。

（2）配制育苗土　采用营养钵育苗。育苗土可用专用育苗基质或自配营养土。自配营养土可按草炭∶蛭石∶园土∶农家肥＝1∶1∶2∶2 体积比配方配制，将四者混合均匀后使用。营养土消毒可按每 1 000 千克苗床土施枯草芽孢杆菌 1 千克，施放于苗床土三分之二深处，以杀灭土壤杂菌。

（3）播种　选晴暖天上午播种。播种前将育苗土浇透水，水渗后，每钵播 1 粒带芽的种子，种子芽尖向下，覆土 2 厘米左右。播种后覆盖地膜保温保湿。

（4）苗期管理　春季育苗早晚气温低，即使在大棚内也要搭建小拱棚进行保温。播种后白天温度保持25～30℃，夜间18℃。待子叶出土后及时揭去地膜。在育苗过程中，注意保持适温和土壤温度，一般早春棚内温度以25℃左右为宜。育苗土不能过湿和过干，以免发生病害，可用500倍敌可松液或800倍多菌灵液喷雾防治猝倒病。苗期幼苗长势弱或叶色变黄，可淋1～2次2%的复合肥液，当幼苗有4～5片真叶时定植。

3. 定植　定植前进行整地。当幼苗长至4～5片叶时，移栽至田间，挖直径为1米深为60厘米的坑，再将腐熟农家肥和土按1∶1的比例将坑填满，每坑同时混入氮磷钾复合肥0.5千克左右。浇足底水后，上面盖5厘米的土，将苗栽在上面，然后用细竹杆支起一个拱形小棚，扣上地膜，中午阳光充足时注意放风。每个坑1株，株距3～4.5米，每亩植150～200株由于瓜蔓长得很快，因此需要足够的空间以利于其生长。

定植时注意保持苗土完整不伤根，定植后淋足定根水，夏季要在棚顶覆盖遮阳网，防止烈日晒死新苗。

4. 田间直播　在田间挖直径为1米深为60厘米的坑，再将熟粪、土按1∶1的比例填至离地表3厘米处，挖一个约3～4厘米深的小坑，每穴播种1～2粒催出芽的种子，用松软的土覆盖种子，播种穴的间距为3～4.5米。然后用细竹杆支起一个拱形的架子，扣上地膜。这样既能保证光照时间和温度，又能防止风吹，中午阳光充足时定时放风。

待瓜苗长出4～5片叶时，间去其中的一株弱苗。当日最低气温稳定在零上12℃左右时，把地膜揭掉。

（五）田间管理技术要点

1. 肥水管理　定植后瓜苗生长很快，追肥、浇水是管理的中心工作。苗期要适当控水，瓜坑内土壤保持半干半湿以防徒长，并增加幼苗抗性。缓苗后，每株每次随水施入尿素、复合肥各 50～100 克；在瓜果膨大期增施磷钾肥，促进瓜果膨大，每 5～7 天施有机肥一次，每株 50～70 千克，氮、磷、钾肥各 0.5 千克。追肥时，要在离瓜秧 1 米处，四周围起，将腐熟的厩肥兑水，加入氨、磷、钾复合肥，浇入粪沟内。

进入雨季，要搞好瓜秧四周的排水，以防止烂瓜现象。同时，在南瓜周围撒放老鼠药，做好老鼠破坏南瓜的预防工作。

2. 固定瓜蔓和防风 巨型南瓜叶大、茎脆易折，露地栽培为防止瓜秧被风吹翻，要用小锹把瓜蔓下的土壤翻松，用铁线做成倒“U”字形，将瓜蔓固定在地表上，待瓜蔓生根后，将铁线拿掉，最好不用土来压蔓，以防腐烂；其次要在每棵瓜的周围用竹杆和废农膜做成 60 厘米高的防风罩。

3. 植株调整、授粉和留瓜 主蔓有 20 片叶，长 2 米左右前，打掉全部侧蔓，开始留花。通常去掉每条瓜蔓上的第一个雌花，保留第二个或第三个雌花，此时瓜蔓已长到 2.5 米，在早 8 时前选择一朵新鲜的雄花，摘掉外层的花瓣，将雄蕊上的花粉抖落到雌花的柱头上，以后产生的雌花一律摘掉。当瓜长到鹅蛋大小时每株选留一个瓜形好的瓜，其他摘除。坐瓜的位置要整平、略垫高，并留出 1 平方米空间并在南瓜坐稳后用泡沫板垫起，以免因湿度过高导致腐烂。主蔓长到 6 米左右时及时打顶，选留 3～5 个侧枝，为瓜的生长膨大提供一定的空间。

4. 其他管理 在南瓜果实膨大的中期，要适当将匍匐于地下的瓜面轻轻翻面，使之得到光照而着色，这样采收后可延长南瓜的储藏期。南瓜表皮颜色转深，果梗发白且发生网状龟裂时，表示瓜已成熟。这时，无论留在地里或采收摆放，都应将瓜垫起，避免地面湿度过大造成腐烂。

对生长速度快、蔓粗叶大、果实膨太快，具有瓜王之相的植株，指定专人建立档案，重点保护，专项培养。

5. 病虫害防治 参照西洋南瓜部分。

(六) 收获

南瓜表皮颜色转深，果梗发白且发生网状龟裂时，表示瓜已成熟。即可进行采收，采收后需放置在干燥的地方，为延长其观赏时间，可以用福尔马林 3 000 倍液喷施南瓜柄。

四、金皮西葫芦栽培特性

金皮西葫芦皮色金黄，色泽亮丽，又称香蕉西葫芦，是美洲南瓜中的一个黄色果皮新品种。金皮西葫芦性温、甘、无毒，除含有较丰富的碳水化合物、蛋白质、矿物盐和维生素等营养物质外，还含有瓜氨酸、腺嘌呤、天门冬氨酸、葫芦巴碱等物质，具有促进胰岛素分泌的作用，能预防糖尿病、高血压以及肝脏和肾脏的一些病变发生。由于其能除致癌物（亚硝胺）而具有防癌的效果，并能帮助肝、肾功能减弱患者增强肝、肾细胞的再生能力，目前还被广大妇女称之为“最佳美容食品”，因此市场前景看好，价格也高于普通西葫芦。金皮西葫芦以食用嫩果为主，嫩果肉质细嫩，味微甜清香，适于生食，也可炒食或作馅，其嫩茎稍也可作菜食用，其中以冬、早春季早上市的小型幼嫩瓜更受消费者欢迎。近年来，金皮西葫芦作为高档蔬菜被广泛种植于科技示范园、生物观赏园以及大型蔬菜生产基地中，发展前景广阔（图 37）。

图 37　金皮西葫芦

(一) 形态特征

金皮西葫芦具有强大的根系，根群主要分布在 15～30 厘米的耕作层内，根系吸收能力强。茎蔓生或半蔓生，五棱，茎上有茸毛，中空。叶互生，呈掌状五裂，叶面带有刺毛，叶柄直立，带有刺毛，中空易损伤。

果实棒状，有光泽，金黄色，果肉黄白色。嫩瓜长 25～30 厘米，横径 4～5 厘米，质脆味香。种子呈浅黄色，千粒重150～200 克。

（二）营养成分及功效

西葫芦含有较多维生素 C、葡萄糖等营养物质，尤其是钙的含量极高。不同品种每 100 克可食部分（鲜重）营养物质含量如下：蛋白质 0.6～0.9 克、脂肪 0.1～0.2 克、纤维素 0.8～0.9 克、糖类 2.5～3.3 克、胡萝卜素 20～40 微克、维生素 C2.5～9 毫克、钙 22～29 毫克。

中医认为西葫芦具有清热利尿、除烦止渴、润肺止咳、消肿散结的功能。可用于辅助治疗水肿腹胀、烦渴、疮毒以及肾炎、肝硬化腹水等症。西葫芦含有一种干扰素的诱生剂，可刺激机体产生干扰素，提高免疫力，发挥抗病毒和肿瘤的作用。西葫芦富含水分，有润泽肌肤的作用。

一般人群均可食用。脾胃虚寒的人应少吃。

（三）主要品种

1. **金蜡烛西葫芦** 该品种来自美国。早熟，从种植至初收 53 天，果实直而整齐，长圆筒形，上有微突起的浅棱，果皮非常光滑如蜡，金黄色。果柄五棱形，浓绿色，果肉柔嫩，奶白色，商品果长 18～20 厘米。植株直立、矮生，主蔓生长粗壮，叶开张，容易采收，品质风味好。

2. **薄皮金黄色西葫芦** 该品种来自美国。植株紧凑、矮生，早熟，从定植至采收 54 天，果型较苗条，圆筒形，略弯，形状如香蕉，适宜采收幼果生食，以果长 8～10 厘米最合适。果实可切成粗条作夏季沙拉或“迷你”餐前小吃，品质风味甚佳，适宜作冷冻食品。

3. 558 **紧蜡**　该品种来自美国。优质、极早熟品种，从定植至采收40天。植株紧凑矮生，叶片较少，果实甚多，果实圆柱形，细长、弯曲，幼果可于7厘米长时采收，直至20厘米长时品质仍滑嫩。果皮金黄色，平滑而有光泽，果肉米黄色，适于生食，也可作冷冻食品。

4. **黄金果美洲南瓜**　该品种来自日本。植株矮生，生长势较强，植株开展度约80厘米，主蔓4～6节开始出现雌花，并连续发生雌花。早熟，从定植至初收约43天。直播后约70天初收。果实横径4厘米，长约20厘米。瓜皮金黄色，平滑有光泽，果柄五棱形深绿色，果肉米黄色，用于生食宜于开花后4天采收，此时品质风味最好。

5. **埃多拉都黄金果西葫芦**　该品种来自美国。植株半蔓性，生长势强，产量高，主蔓5～6节开始结瓜，以后基本每节都有雌花。从定植至初收约49天。果实长棒形，表皮黄金色，光滑，瓜果基部有数条微突起的条形浅棱，果顶端逐渐变细成圆锥形。果肉奶油色，肉细嫩，微甜，品质风味好，生食或煮熟后食用均可。

6. **高迪**　该品种来自以色列。植株株型紧凑，非常开放。果实金黄色，长圆柱形，瓜长20～25厘米。易采收，生长势强。

7. **金珊瑚**　该品种来自荷兰。早熟，丰产，果实金黄色，瓜条直，圆柱形，果柄绿色，果实长25厘米左右，直径5厘米左右。单瓜重400克左右，株型直立，节间短，每亩产量可达7 000千克，适合于保护地和露地栽培。

8. **韩国金皮西葫芦**　耐寒性强，适合于保护地栽培。果实金黄色，表面有浅纵棱，果长20厘米左右，直径6厘米左右，每亩产量可达4 000千克。

（四）对栽培环境的要求

金皮西葫芦性喜温暖的气候，植株在12℃以上才能正常生长发育，最适温度为21℃，开花结果要求15℃以上，果实发育最适温度为22～23℃，营养生长期在较低的温度下有利于雌花的分化。

在短日照下，雌花数量多，但是在雌花形成后仍以自然日照有利于植株的生长。在育苗期间，每日给予8小时光照，可以促进早熟，增加产量。

耐旱性强，结瓜前保持土壤见干见湿，结瓜后须适时灌溉才能获得好的产量。

对土壤要求不严格，但为了获得高产优质的产品，宜选用有机质丰富、肥沃并且保水保肥能力强、pH值5.5～6.8的沙质壤土或壤土。

（五）栽培技术要点

1. 栽培方式 金皮西葫芦主要进行大棚和温室栽培，北方地区以温室冬春茬栽培较普遍，一般10月上、中旬育苗，元旦前开始供应。

2. 育苗 用育苗钵育苗。播前先将育苗土充分浸透，每钵点种1粒，上覆湿润细土1.5厘米，不可过薄，防止“带帽”出土，播后覆盖地膜。

出苗前，保持较高棚温，以28～30℃为宜，出苗后撤去地膜，降低棚温，白天20～25℃，夜间12～15℃。第一片真叶展开后，白天温度22～26℃，夜温12～16℃。育苗期间钵土不干旱不浇水。定植前一周，进行低温炼苗。

瓜苗3～4叶期进行定植，苗龄30天左右。

3. 定植 定植前深翻地，每亩施入优质圈肥8 000～10 000千克、三元复合肥100千克、饼肥100千克，整平耙细后做畦。起高20厘米的马鞍形小高垄，大垄距80厘米，小垄距60厘米。浇透垄背，造好底墒，按株距60厘米栽苗，每亩栽植1 600株。浇足定植水。定植后随即覆盖地膜。

4. 田间管理

（1）温度管理 缓苗期白天温度25～30℃，夜间12～20℃；

缓苗后降低温度，白天20～25℃，夜间12～15℃，利于雌花分化及早坐瓜；坐瓜后，白天温度22～26℃，夜间12～16℃。

（2）肥水管理　根瓜坐住前一般不追肥浇水，当根瓜长约10厘米时，可浇一水，深冬季节采取小水膜下暗浇的方式，15～20天1次，浇水不宜过勤，尽量浇水带肥，不浇白水，每次每亩冲施硝酸钾15～20千克、磷酸二氢钾5千克。结瓜盛期，配合棚内病虫防治，喷施叶面肥促进叶片生长健壮，提高产量。

（3）吊蔓整枝　开始采瓜时进行吊蔓。吊蔓时先将细绳上部系好，下垂至地面，拴在瓜蔓基部，随生长随把瓜蔓绑在细绳上。当植株较高已采收3～5个嫩瓜后，可随吊蔓绳进行落蔓，并适当培土，促发不定根，增强吸收能力。落蔓时先掐去下部老叶、病叶、侧蔓及开放过的雄花。

（4）保花保果　西葫芦无单性结实能力，保护地栽培须进行人工辅助授粉。可采取花对花授粉法，或用20～25毫克/千克浓度2，4-D涂抹花柄。

5. **病虫害防治**　参照观赏南瓜部分。

（六）收获

金皮西葫芦以食用嫩瓜为主，一般于蘸花后10天，单瓜重0.5千克时收获为宜，或看市场需要而定采收标准。根瓜可早采收，能防坠秧。采收时，切口尽量离开主蔓远些，采后装入塑料袋、箱筐或礼品盒备售。

五、观赏葫芦栽培特性

观赏葫芦属葫芦科瓠瓜属，原产热带，只作观赏，不能食用，果实为葫芦形或上部有一细长的长柄，下部似一个圆球体，皮色以青绿为主，间有白色斑，老熟果外皮坚硬，非常可爱，具有较高的观赏和艺术价值，惹人喜爱，果实老熟后，坚硬的果壳可以用来制作容器和工艺品，是发展观光旅游农业的主栽品种之一。

（一）形态特征

为葫芦科葫芦属草本植物，根系入土浅，主要分布在0.2～0.3米深的土层中，侧根发达，水平分布较广，根的再生能力较差，大苗移植不易成活。

茎蔓生，长达数米，分枝力强，主蔓结果迟，以子蔓、孙蔓结果为主。叶近圆形或心脏形，茎、叶上具有密生的白色茸毛。

花冠白色、单生，雌、雄异花同株，夜开昼合，故有“夜开花”之称。果实形态因品种而异，有亚腰形、棒形、长柄形和圆形的（图38）。

图38 观赏葫芦

（二）主要品种

目前国内种植的观赏葫芦品种主要来自荷兰、以色列、美国、韩国、日本等国家，部分来自我国台湾省。

1. **小葫芦** 根系不发达，蔓性草本，具柔软茸毛。叶片小，浅缺刻近似圆形，花为白色。以子蔓和孙蔓结果为主。果实葫芦形，横径4～5厘米，长度不超过10厘米。嫩果有茸毛，成熟果光滑无毛，外皮坚硬。

2. **长柄葫芦** 根系发达，茎节着地处容易产生不定根。蔓长8～10米，子蔓多，生长势极旺盛。叶较大，浅缺刻近似圆形。花白色，单生，子蔓和孙蔓结果为主。果实有一条细长的柄，长约40～50厘米，长柄葫芦下部似一个圆球体，横径14～20厘米。皮色以青绿为主，间有白色斑，老熟果外皮坚硬。种子褐色，长约1.5厘米，横径约0.7厘米，底部有2个小突起，两面具二条白色的突起线和小沟。

3. **鹤首葫芦** 果实下部是不规则高球形，奇形怪状，表面有明显的棱线突起，呈不规则凹凸面，颜色墨黑，直径8厘米，高40～60厘米，上方具细长柄，整个葫芦外形酷似“鹤首”，栽后80天结瓜。适于庭院棚架栽培，或篱垣栽培。

4. **拇指葫芦** 主蔓第25节至30节着生第一雌花，果实葫芦形高10～12厘米，上部横径2～3厘米，下部横径3～4厘米，青绿色，小巧玲珑，观赏性极高。播种至初收80～90天，延续采收120天左右，生势强。侧蔓结果为主。极小型葫芦，适宜观赏。

5. **天鹅葫芦** 主蔓第25节至30节着生第一雌花，果实颈部上方略为膨胀似头部，下方近圆球型，直径约15～20厘米，果实高约35～45厘米，表面光滑有淡绿色斑纹，外型犹如天鹅，果面绿色有斑点。播种至初收80～90天，延续采收120天左右，生势强。侧蔓结果为主。观赏期可长达1～3年，干燥时也可用于雕刻观赏。

6. **苹果葫芦** 主蔓第25节至30节着生第一雌花，果实圆球型，直径约15～20厘米，果实高约20～30厘米，表面光滑有。播种至初收80～90天，延续采收120天左右，生势强。侧蔓结果为主。观赏期可长达1～3年。干燥时也可用于雕刻观赏。

（三）对栽培环境的要求

葫芦是喜温植物，种子15℃开始发芽，20～30℃为发芽的适宜温度，生育适温20～30℃，15℃以下生长不良，10℃以下停止生长，5℃以下开始受害。

葫芦属短日照植物，要求有较强的光照，在光照充足的条件下病害少。

葫芦生长需要充足的水分，而开花、结果期土壤、空气湿度过高则花和幼果易腐烂。

葫芦南北均可种植，适应性很强，对土壤的要求不十分严格，各类农田、农业观光园、房前屋后、田间地头、荒坡野岭、花盆、阳台都可以种植，但疏松肥沃、持水性好的土壤可提高产量。

（四）栽培技术要点

1. 栽培方式　一般采用保护地栽培。种植时根据各地的气候条件掌握好播种时间，长江中下游地区采用保护地栽培，1月底至8月均可播种，但以春、秋两季栽培为主。

2. 育苗　用穴盘或育苗钵育苗。观赏葫芦的种皮较厚，吸水性差，插种前应先用30℃温水浸泡，小葫芦种子浸泡3～4小时，长柄葫芦、鹤首葫芦和天鹅葫芦的种子浸泡7～8小时，使种子充分吸水。捞出种子沥干水分后，进行催芽，大部分种子出芽后开始播种。

播种时，将种子出芽端朝下一一插入育苗盘或育苗钵中，播完后覆土1～1.5厘米，盖上地膜保湿。7、8月播种，气温较高，需盖遮阳网，降温育苗。

一般播种3～4天后，种子开始发芽出土，及时揭去塑料薄膜，去掉夹在子叶上未脱落的种壳。当有三分之一种子出土时，需降低土温至18℃左右，并开始通风，防止幼苗形成高脚苗。尽量让秧苗多见光，增强秧苗光和作用，提高抗性。苗期浇水要适当控制，床土不干不浇水，如浇水应在晴天中午进行，浇水后通风排湿。定植前一周逐渐加大通风，延长通风时间，降温炼苗，提高秧苗抗逆性。当营养钵中的幼苗生长到4～6片真叶时就可定植。

3. 定植

（1）土壤栽培　种植时应选择土层深厚、土壤肥沃、排水良好的沙质壤土或黏质壤土。栽植前深翻土面30厘米，翻耕碎土，耙平地面。由于观赏葫芦生长期长，耐肥力强，因此要一次性施足基肥，一般每亩施腐熟厩肥2 000千克、过磷酸钙50千克、草木灰150千克作底肥。定植前一周整地做畦。北方地区用低畦，宽1.5～2米；南方地区用高畦，畦宽1.5～2米，高0.3米，畦沟宽0.4～0.5米。

定植选在晴天上午8点至下午3点进行。将幼苗从营养钵中带土取出，避免伤及根部。每畦种植两行，株距40～50厘米。栽完后浇水，春季栽培要搭小拱棚以提高温度，使幼苗早生根，早缓苗。

（2）槽式基质栽培　在温室内北边留80厘米走道，南边留30厘米，用砖垒成南北向栽培槽，槽内径48厘米，槽高24厘米，槽距72厘米；也可以直接挖半地下式栽培槽，槽宽48厘米，深12厘米，两边再用砖垒2层。槽内铺1层厚0.1毫米的塑料薄膜，膜两边用最上层的砖压住。膜上铺3厘米厚的洁净河沙，沙上铺1层编织袋，袋上填栽培基质。

栽培基质可用煤渣、蔗渣、锯末屑、珍珠岩、泥炭等按一定比例组成混合基质，如6份蔗渣加4份煤渣（体积比）等。使用前基质先喷湿盖膜堆闷10～15天以灭菌消毒，1立方米基质中再加入有机无土栽培专用肥2千克、消毒鸡粪10千克，混匀后即可填槽。每茬作物收获后进行基质消毒，基质一般3～5年更新1次。

定植前先将基质翻匀整平，每个栽培槽内的基质进行大水漫灌，使基质充分吸水。水渗后每槽定植2行，基质略高于苗茎基部。株距45厘米，每亩定植2 000株左右，栽后轻浇小水。

（3）盆栽　当苗生长到4～5片真叶时，选择生长势壮旺、叶色浓绿、节间粗短、无病虫害的苗，在阴天或晴天傍晚移栽，一般每盆栽一株。移栽前，先将盆中基质浇透水。

4. 田间管理

（1）肥水管理　定植成活后结合浇水，每亩施尿素10千克。

在抽蔓上架前，进行第二次追肥，在植株根部周围，挖穴施入或直接撒施在表土上，每亩施复合肥或葫芦专用肥 20 千克，为结瓜打下营养基础。当瓜长到直径有 3～4 厘米时，再进行追肥，在根部周围 20 厘米处挖穴，每亩施复合肥或专用肥 20 千克，促进瓜果的膨大。结果盛期每 10～15 天施一次肥。肥后应中耕松土，保持土壤疏松，有利于根系生长。同时结合叶面喷施，用 0.4%～0.5%的磷酸二氢钾，每 15 天一次。小葫芦要薄肥勤施，长柄葫芦和鹤首葫芦生长旺盛，前期要严格控制营养生长，防止徒长，影响座果率。

基质栽培追肥一般在定植后 20 天开始，此后每隔 10 天追肥 1 次，每次每株追施专用肥 15 克，坐果后每次每株 25 克。将肥料均匀撒在离根 5 厘米处。

观赏葫芦各生长阶段对水分需要量不同，定植后浇一次缓苗水，促进缓苗。缓苗后到坐瓜前要控制浇水。在农业园区，为了便于管理和节约用水，一般采用滴灌，将塑料管铺设在植株边上，水直接从软管微孔流出，渗入植株根际周围的土中，既满足植株水分要求，又不会因为浇水而降低地温，浇水量也容易控制。开花期一般不浇水，促使顺利坐果。结瓜盛期要浇足水，经常保持土壤湿润，以保证果实充分生长发育。

（2）温度、光照管理　设施栽培定植后，温度保持白天20～25℃，夜间 12℃左右。坐瓜后保持白天 25～28℃，夜间 12～15℃。葫芦喜温、喜光，应早拉晚放草苫。尽量让植株多见光。

（3）植株整理　观赏葫芦采用搭架栽培，架高 2～2.5 米。在植株甩蔓前应及时插成井字或人字架，并引蔓上架，结合引蔓，将主蔓 0.5 米以下的侧蔓及早摘除，只留 1～2 个健壮侧蔓，任其生长。上架后，要对主蔓打顶，力求架上蔓分布均匀。在生长过程中应剪去棚架上过密的细弱侧枝，促进通风透光。

（4）人工授粉　人工授粉其可促进瓜类多座果结好果。观赏葫芦开花在夜里，须在夜里或次日凌晨进行人工授粉，1 朵雄花授2～3朵雌花。

（5）果实管理　要防止果实搁放在铁丝上或被藤缠住，并将果实顺于架内，防止强光照射，也利于果实的正常生长发育。在葫芦生长中后期，大果型葫芦应用网袋或托盘托住果实，防止果实坠断果柄落地。

（6）中耕松土　在葫芦的整个生长期间应在幼苗、坐果前和坐果后最少中耕除草三遍，要求耕深、耕细、耕透以促进发根旺长。

5. 病虫害防治

（1）主要病害防治

①葫芦白粉病　苗期至收获期均能发病。主要危害叶片，茎蔓次之。发病初期叶面或叶背产生近圆形白色小粉斑，其后发展成边缘不明显的连片白粉，严重时全叶布满白粉，发病后期白粉变黑。高温干旱和高湿交替出现可诱使该病发生。

主要防治措施：

科学管理，避免干旱或干湿不均，培育健壮植株；发病初期用20％粉锈宁2 000倍液，或50％甲基托布津600倍液，或农抗120杀菌剂100毫克/升进行叶面喷雾，设施内可用百菌清烟剂或粉锈宁烟剂熏蒸。

②葫芦灰霉病　主要危害幼瓜。病菌从开败的花侵入，长出灰色霉层后，直侵入瓜条，造成脐部腐败。被危害的瓜条脐部变黄变软，萎蔫腐烂，病部密生灰色霉层。茎、叶接触病瓜后也可发病，大块腐烂并长有灰绿色毛。气温在23℃，相对湿度大于94％时易发病。

主要防治措施：

通风排湿，降低空气湿度；加强田间管理，防止植株生长过旺和徒长，培育健壮植株；激素沾花时加入速克灵进行预防；设施内病害初起时用10％速克灵粉尘剂每亩1千克喷粉，或用50％速克灵可湿性粉剂1 500倍液喷雾。每7天1次，连喷3～4次。

（2）*主要虫害防治*　观赏葫芦主要害虫有蚜虫、白粉虱等。蚜虫用黄色纸板涂10号机油诱杀，或用洗衣粉400～500倍溶液、10%吡虫啉可湿性粉剂4 000～6 000倍液、3%莫比朗乳油1 000～1 500倍液防治，设施内用22%敌敌畏烟剂250千克熏杀；白粉虱用20%灭扫利乳剂2 000倍液，或25%烯啶噻啉乳油2 000～2 500倍液喷雾，设施内用22%敌敌畏烟剂250千克熏杀。

（五）收获与加工

果实生长130天左右，呈金黄色时可开始采摘，干燥后即可进行分类加工。

葫芦成熟的表现：表皮颜色由绿变白，绒毛脱落，葫芦壳的木质变硬，葫芦秧已枯黄。

晾干的测定方法是：将葫芦拿在手中，用手拍打几下后再用力摇晃，当听到葫芦里的种子沙沙响声时说明葫芦已干透了，干透了的葫芦是不会再腐烂了。

加工葫芦前将葫芦用水浸泡30分钟，再用刀子括掉表皮。用细沙纸打磨葫芦表面，将表面磨光滑，然后用铅笔在葫芦上按构思图案打草稿、烙画。

六、蛇瓜栽培特性

蛇瓜别名蛇丝瓜、蛇豆，果实细长，弯曲，形似蛇，瓜形奇特，观赏期长，是观光农业难得的好品种。另外，蛇瓜的嫩果和嫩茎叶可炒食、作汤，别具风味，是观赏和食用兼用的新型蔬菜。

（一）形态特征

蛇瓜根系发达，侧根多，易生不定根。茎蔓细长，长可达5～8米，茎五棱、绿色，分枝能力强；叶片绿色，掌状深裂，裂口较圆，叶面有细绒毛。

花白色，单性花，雌雄同株异花，主蔓、侧蔓均能连续着生雌花。嫩瓜细长，瓜身圆筒形或弯曲，瓜先端及基部渐细瘦，形似蛇，瓜皮灰白色，上有多条绿色的条纹，肉白色，质松软，成熟瓜浅红褐色，肉质疏松。种子近长方形，上有两条平行小沟，表面粗糙，浅褐色，千粒重200～250克（图39）。

图39　蛇　瓜

（二）营养成分及功效

蛇瓜以嫩果实为蔬，嫩瓜含丰富的碳水化合物、维生素和矿物质，主要营养成分含量见表12。

表12　蛇瓜营养成分（每100克中含量）

成分名称	含量	成分名称	含量	成分名称	含量
可食部	89	水分（克）	94.1	能量（千卡）	15
能量（千焦）	63	蛋白质（克）	1.5	脂肪（克）	0.1

（续）

成分名称	含量	成分名称	含量	成分名称	含量
碳水化合物（克）	3.9	膳食纤维（克）	2	胆固醇（毫克）	0
灰分（克）	0.4	维生素A（毫克）	3	胡萝卜素（毫克）	20
视黄醇（毫克）	0	硫胺素（微克）	0.1	核黄素（毫克）	0.03
尼克酸（毫克）	0.1	维生素C（毫克）	4	维生素E（T）（毫克）	0
钙（毫克）	191	磷（毫克）	14	钾（毫克）	763
钠（毫克）	2.2	镁（毫克）	47	铁（毫克）	1.2
锌（毫克）	0.42	硒（微克）	0.3	铜（毫克）	0.04
锰（毫克）	0.16	碘（毫克）	0		

蛇瓜富含钙，钙是骨骼发育的基本原料，直接影响身高，调节酶的活性，参与神经、肌肉的活动和神经递质的释放，调节激素的分泌，调节心律、降低心血管的通透性，控制炎症和水肿，维持酸碱平衡等。蛇瓜富含铜，铜是人体健康不可缺少的微量营养素，对于血液、中枢神经和免疫系统，头发、皮肤和骨骼组织以及脑子和肝、心等内脏的发育和功能有重要影响。蛇瓜富含钾，具有有助于维持神经健康、心跳规律正常，可以预防中风，并协助肌肉正常收缩。具有降血压作用。

保健方面，蛇瓜适宜厌食、偏食，不易入睡、易惊醒，易感冒，头发稀疏，智力发育迟缓，学步、出牙晚或出牙不整齐，阵发性腹痛腹泻，X或O型腿，鸡胸的少年儿童。适宜抽筋乏力，关节疼，头晕，贫血及产前高血压综合征，水肿及乳汁分泌不足的孕妇及哺乳期妇女。适宜骨痛，牙齿松动、脱落，驼背、食欲减退、消化道溃疡多梦、失眠、烦躁、易怒的老年人。适宜出现头晕、乏力、易倦、耳鸣、眼花。皮肤黏膜及指甲等颜色苍白，体力活动后感觉气促、骨质疏松、心悸症状的人群。

（三）主要品种

依果实颜色可分为白皮、青皮品种；依果实表皮条纹形状可分为青皮白条、白皮青丝、灰皮青斑品种。

(四) 对栽培环境的要求

蛇瓜喜温耐热不耐寒。生长适温 20～35℃，低于 15℃时停止生长。喜湿润的环境，在水分供给充足、空气湿度高的环境中结瓜多，果实发育良好。蛇瓜喜光，结瓜期要求较强的光照，花期如阴雨天多、低温会造成落花和化瓜。

蛇瓜喜肥耐肥也较耐贫瘠，对土壤适应性广，各种土壤均可栽培，但在贫瘠地种植及盆栽时，结瓜小、产量低。

(五) 栽培技术要点

1. **栽培方式** 观赏蛇瓜主要进行保护地内槽栽和畦栽，以槽栽为主。蛇瓜的适应性比较强，日光温室可在 1 月中下旬育苗栽培，大棚、地膜可适当推迟，露地栽培可用地膜于 3 月中下旬至 4 月上旬进行育苗栽培。

2. **育苗** 蛇瓜种皮较厚且硬，播前应浸种催芽，用 70～75℃的温水烫种，并不断搅拌，当冷却至 30℃时，继续浸种 8～10 小时，然后，在 30℃条件下催芽，约 60%以上的种子出芽后即可播种。

用营养钵育苗。播种前 3～5 天配制好苗床土，要求土质疏松，营养全面。每钵播种 1～2 粒种子，上盖 1 厘米细土，并地膜覆盖。育苗期间一般不需追肥，要经常浇水，避免育苗土过干。苗床温度白天保持 20～25℃，夜间 15～20℃。第 3～4 片真叶展开后进行定植，苗龄一般 30～45 天。

3. **定植** 定植前整好地，施足基肥，基肥沟施，每亩用腐熟禽畜粪肥 3 000 千克，加过磷酸钙 75 千克、硫酸钾 20 千克。起垄或高畦栽培，行距 80～200 厘米、株距 50～80 厘米，每亩用苗 600～1 000 株。定植后浇足水。

4. 田间管理

(1) 肥水管理 蛇瓜生长速度快，对肥水需要量较大。在定植成活后追肥一次，结瓜初期大追肥 1 次，结瓜盛期追肥 2～3

次，结瓜后期适量追肥。追肥最好用稀粪水或N、P、K三元复合肥15～30千克/亩。结果期叶面喷施0.2%～0.3%的磷酸二氢钾。

结瓜前控制浇水，防止徒长，结果期勤浇水，经常保持地面湿润，保证水分供应。

（2）搭架整枝 初期要让瓜蔓爬地生长，且进行压蔓扩大根系。摘去全部侧蔓，当蔓长1米以上时才引蔓上架，搭高棚或两层人字架。主蔓不能摘心，要合理绑蔓让其分布均匀，而侧蔓依长势留1～2条瓜后留3片叶再摘心。

整枝、摘心、打蔓要在晴天上午10时后无露水时进行。为提高蛇瓜的观赏性，在瓜长30厘米左右时将其人工弯曲在枝架或蔓上，长大后也就似蛇一样卷曲，十分美观。

蛇瓜植株基部节位着生雄花序，上部雌花节位也着生雄花序，这些雄花序消耗大量的养分，所以需要疏去基部和雌花节位上的雄花序，摘除部分卷须，集中养分供给雌花，促进结瓜。

（3）人工授粉 设施栽培昆虫不足，需要进行进行人工授粉以提高座果率。

（4）中耕除草 搭架前在行间进行一次深中耕，清除杂草，疏通排灌沟，搭架后视土壤及杂草发生情况进行中耕除草，中耕后培土，以免根群外露。

5. 病虫害防治

（1）主要病害防治

①蛇瓜立枯病 苗期、成株均可发病，是立枯丝核菌侵入后引起的。苗期染病：茎基部变褐、茎叶萎垂枯死，其早期症状与猝倒病较难区分，稍长大后病苗白天萎蔫，夜晚恢复，反复几次后，才干枯死亡。成株染病：多发生在近地面处，初生水渍状斑，气温高时植株上部呈萎蔫状，病斑扩展绕茎1周时，全株枯死。湿度大时在病部长出稀疏的浅褐色菌丝。

主要防治措施：

严格选用无病菌新土配营养土育苗；实行轮作，与禾本科作物轮作可减轻发病；适期播种，一般以5厘米地温稳定在12～15℃时开始播种为宜，出苗后及时剔除病苗。雨后应中耕破除板结，以提高地温，使土质松疏通气，增强瓜苗抗病力；发病初期可喷洒64%杀毒矾镁可湿性粉剂500倍液，或58%甲霜灵猛锋可湿性粉剂500倍液，或20%甲基立枯磷乳油1 200倍液，或72.2%普力克水剂800倍液，隔7～10天喷1次。

②蛇瓜霜霉病　发病初期，叶面上出现水浸状不规则形病斑，逐渐扩大并变为黄褐色，湿度大时叶片背面长出。黑色霉层。日平均气温在18～24℃，相对湿度在80%以上时，病害迅速扩展。

主要防治措施：

选用抗病品种；及时整枝吊蔓，清除老叶和病叶病枝；增施有机肥，氮磷钾配合施肥；设施栽培加强通风管理，进行膜下沟灌等；发病初期，用80%大生可湿性粉剂600～800倍液，或58%代森锰锌可湿性粉剂500倍液，或72.2%普力克水剂800倍液，或52.5%抑快净水分散粒剂1 000～1 500倍液，或72%杜邦克露可湿性粉剂800～1 000倍液等叶面喷雾，5～7天1次，连喷3～4次；设施栽培还可以选用10%百菌清烟剂或15%克菌灵烟剂，亩用药200～250克，于傍晚密闭温室、大棚后点燃。

③蛇瓜细菌性角斑病　子叶染病，初呈水浸状近圆形凹陷斑，后微带黄褐色，干枯；真叶受害，初为水渍状浅绿色后变淡褐色，病斑扩大时受叶脉限制呈多角形。后期病斑呈灰白色，易穿孔。湿度大时，病斑上产生白色黏液。干燥时病部开裂，有白色菌脓。茎及瓜条上的病斑初呈水渍状，近圆形，后呈淡灰色，病斑中部常产生裂纹，潮湿时产生菌脓，后期腐烂，有臭味。低温高湿利于发病。黄河以北地区露地，每年7月中旬为角斑病发病高峰期。

主要防治措施：

培育无病种苗，用新的无病土苗床育苗；发病后控制灌水，促进根系发育增强抗病能力。实施高垄覆膜栽培，平整土地，完善排灌设施，收获结束后清除病株残体，翻晒土壤等；种子用新植霉素或次氯酸钙浸种，用清水浸种后催芽播种；发病初期用72%农用硫酸链霉素可溶性粉剂 3 000～4 000 倍液，或 88%水合霉素可溶性粉剂 1 500～2 000 倍液，或 3%中生菌素可湿性粉剂 800～1 000 倍液，或 20%叶枯唑可湿性粉剂 1 000～1 200 倍液，或氢氧化铜可湿性粉剂 800～1 000 倍液喷雾防治，视病情隔 5～7 天喷 1 次。

（2）**主要虫害防治**　蛇瓜主要害虫有潜叶蝇和小菜蛾。潜叶蝇用 40%绿菜宝乳油 1 000 倍液防治；小菜蛾用 1%7051 杀虫素乳油 2 000～2 500 倍液，或 20%米满胶悬剂 1 500 倍液防治。

（六）收获

以采收嫩瓜为主时，一般定植后 30 天左右开始采收。蛇瓜从开花至商品成熟约 10 天左右，此时瓜果表皮显奶白的浅绿色，有光泽，若采收过迟影响品质及继续座果。盛瓜期 1～2 天采收 1 次。单株种植的每株最多能结瓜 40～60 个。

蛇瓜留种以留主蔓第二节瓜为宜。一般雌花开放授粉后 30 天以上种子成熟，种果下端开始转橙红色时即可摘下，后熟 1～2 天，把种子掏出清洗晾干备用。

七、迷你番茄栽培特性

迷你番茄属于微型番茄品种，二十世纪随着我国城市观赏园艺的发展而引入我国。迷你番茄植株低矮，果型小巧、色泽鲜艳、生食口味好，具有观赏和食用双重价值，并且观赏期长，适合家居和现代农业观光园区种植。

（一）形态特征

迷你番茄属于有限生长类型，植株低矮，盆栽株高 30 厘米左右，节间短，分枝多，株型紧凑，呈球形结构。结果早，一般

7～8 节开始坐果，每穗结果3～5 个。果实圆正，果面光滑，果色有红色、粉红和黄色等。小果型，单果重 10 克左右（图 40）。

图 40 迷你番茄

（二）主要品种

目前，国内种植的迷你番茄品种主要引自国外，种植较普遍的品种为引自以色列的情人果（也叫迷你番茄）。

情人果，也叫迷你番茄。植株低矮，盆栽株高 25 厘米左右，节间短，生长势较强。第 6～7 节着生第一花序，6 穗花左右封顶，每穗果 3～5 个，每株 25 个果左右。果实圆正，果面光滑，果色有红色和黄色两种，果味酸甜适口，单果重 10 克左右，果茎 2.5～3 厘米，具有观赏和食用双重性，观赏期长。

（三）对栽培环境的要求

喜温怕寒。种子发芽要求温度25～30℃，幼苗期要求温度 20～25℃，结果期适宜温度 25～28℃（夜间 15～20℃）。喜光，耐荫，耐旱，水分过多容易裂果。对土壤要求不严格，喜土层深厚、排水好、富含有机质的肥沃园地。适宜的土壤酸碱度中性至微酸性。结果期，需要较多的磷和钾。

（四）栽培技术要点

1. **栽培方式** 以室内或保护地盆栽为主。一般播种期安排在 9 月中旬，元旦前进入观赏佳期。

2. **育苗** 将种子放入 25～28℃温水浸种 6～8 小时，再用 1 000倍高锰酸钾溶液浸泡 20 分钟，用清水洗净，沥干后用潮湿的纱布包种子，在25℃左右下催芽，出芽后播种。

用6～8厘米口径的育苗钵育苗。每钵播1粒带芽的种子，播种后覆盖0.5厘米厚的营养土，并覆盖地膜。出苗前保持温度25～30℃。出苗后揭开地膜，白天温度23～28℃，夜间12～16℃。根据天气和苗情进行及时浇水，保持钵土见干见湿。

当苗高10厘米左右，长出3～4真片叶时进行定植，一般春播苗龄30天左右，秋播苗龄25天左右。

3. 定植 选用塑料或陶瓷花盆，花盆口径20厘米，高25～30厘米即可。定植前将秧苗进行浇水。选晴天上午，将苗从营养钵中取出。放置到铺有1/3厚营养土的花盆中，然后用营养土填至花盆高的4/5处耧平。

在日光温室中做长6米、宽1.2米的畦，畦面向下挖10厘米，将已定植上苗的花盆摆入畦中，定植后及时浇水。

4. 定植后管理

（1）*温度和光照管理* 设施栽培定植后2～3天内白天气温20℃内不放风。以后保持白天气温25～30℃，夜间温度10℃左右。

番茄系喜光性植物，适度的光照有利于植株健壮生长和果实的发育，果色好。长期光照不足容易引起植株节间变长，果小，色泽不佳，影响美观。

（2）*肥水管理* 一般缓苗后及时浇缓苗水，在现蕾前可适当控制水分，不干不浇，以促进根系发育。第一穗果开始膨大后要保证足够的水分，夏季浇水应在早晨或傍晚，每周结合浇水进行1次追肥。每次每盆用腐熟干鸡粪20～50克或复合肥5克进行追肥。生长期要求土壤相对湿度保持75%以上，空气相对湿度保持50%～65%。

（3）*保花保果* 用于观赏的矮生樱桃番茄，其开花座果能力较强，因此最好不要采用2，4-D或防落素处理，以免造成畸形果，影响观赏效果。在低温、弱光条件下，可用振动方式人工辅助授粉。

（4）植株调整　要及时摘除病叶、黄化叶，以促进通气。开花结果后植株容易倾斜，可用小竹竿或钢丝支撑，以增强观赏效果。

5. 病虫害防治　参照樱桃番茄部分。

（五）收获

番茄果实转色期约 7～10 天，待果实着色均匀后即由陆续采收。第一批果实在定植后 70～80 天可以采收。采收后应及时对植株补充水分和营养。

八、彩色番茄栽培特性

彩色番茄是普通番茄的变异品种，主要有紫果品种、绿果品种、黑果品种、黄果品种以及五彩果品种，营养丰富，有较高的食用性和观赏性。彩色番茄一改传统番茄中红色和粉红色品种一统天下的割据，不仅为番茄增添了新的花色品种，扩大了品种的选择范围，也为番茄的商品利用和园艺观赏的发展注入了活力，深受广大菜农和消费者的欢迎，市场前景看好。彩色番茄在我国的种植时间不长，目前主要种植于农业生态园区（图 41）。

图 41　彩色番茄

（一）形态特征

彩色番茄的根系较发达，分布广而深，经移栽后，主要根群分布在 30～60 厘米的土层中。吸收力强，有一定的耐旱性。其根颈、茎上易生不定根，定植时宜深栽。

茎半直立或蔓性。苗期茎的顶端优势较强，不分枝。当主茎上出现花序后，开始萌发侧枝。叶腋间均易抽生侧枝，需整枝打杈，使植株保持一定的株型。单叶，羽状深裂或全裂。叶上布满银白色的茸毛。

完全花。小型果品种为总状花序，每花序有花 10 余朵到几十朵；中大型果为聚伞花序，着生单花 5～8 朵。自花授粉。果实形状有圆球形、扁圆形、卵圆型等几种，颜色有紫色、绿色、黑色、橙色、黄色以及带有不同颜色花纹的五彩等几种。单果重 50～200 克。种子扁平略呈卵圆形，灰黄色，表面有茸毛，千粒重平均 3.25 克左右。

（二）主要品种

彩色番茄品种主要有紫果品种、绿果品种、黑果品种、黄果品种以及彩纹品种。

彩纹品种根据成熟果底色和花纹颜色不同分为：黄绿彩纹品种（成熟果为黄色并带有绿色花带）、绿绿彩纹品种（成熟果实青绿色并带有绿色花带）、紫彩纹品种（成熟果呈紫红色并带有彩色条纹）、红彩纹品种（成熟果呈红色并带有彩色条纹）、粉红彩纹品种（成熟果呈粉红色并带有彩色条纹）。

（三）对栽培环境的要求

番茄为喜温性蔬菜，生育适温为 20～25℃，低于 15℃影响授粉受精和花器发育，在－1～－2℃下植株死亡，高于 35℃停止生长。种子发芽适温为 25～30℃，幼苗期 20～25℃，开花期 20～30℃，结果期 25～28℃。适宜地温为 20～22℃。

性喜光，一般要保证 30～35 千勒克斯以上的光照强度。耐旱，适宜的空气湿度为 45％～55％，土壤湿度为 60％～80％。

对土壤要求不严格，高产栽培宜选土层深厚、排水良好、富含有机质、中性或微酸性的肥沃土壤。生育前期需要较多的氮，适量的磷和少量的钾，以促进茎叶生长和花芽分化。座果后需要较多的磷、钾。

（四）栽培技术要点

1. **栽培方式** 彩色番茄属于高档蔬菜，主要进行设施栽培，露天栽培较少。

2. **育苗技术** 彩色番茄种子价格昂贵，生产上多采取育苗钵育苗和育苗盘无土育苗。春番茄采用温室或阳畦育苗，秋番茄一般进行遮荫育苗。

选择饱满充实、色泽鲜亮、无病虫的种子晾晒8～12小时后用1%高锰酸钾浸种20～30分钟后杀灭病毒，清洗干净，淋去种皮上的水分，装入湿布袋中置于25～30℃下催芽。种子露白后播种。

浇透水后播种，每育苗钵和穴盘播种一粒带芽的种子，播后覆盖育苗土或基质1厘米左右，并覆盖地膜保湿。出苗前苗床保持昼温25～30℃，夜温15～20℃，出苗后昼温20～25℃，夜温13～15℃。定植前8～10天，进行低温炼苗。

夏季育苗最好采用遮阳网、寒冷纱等降温，并防治蚜虫、注意排水，防止幼苗徒长。

冬春育苗的适宜苗龄60～70天，具7叶以上，现大蕾，株高20厘米左右；秋季遮荫育苗的适宜苗龄20～30天，具3～4片真叶，株高10厘米左右。

3. **定植** 塑料大棚春番茄应适当早定植，山东省一般3月中下旬定植。如大棚采用多层覆盖或临时加温等措施，可适当提早定植。温室番茄根据生产安排和幼苗大小进行定植。

定植前，每亩施优质有机肥5 000千克左右、过磷酸钙100千克、硫酸钾10～20千克，施肥后深翻30厘米以上。整平后按50～60厘米小行距、70～80厘米大行距开沟栽苗，早熟品种株距30厘米左右、中晚熟品种株距35厘米左右。浇足定植水后培成单行小垄，并采用一膜双垄覆盖形式覆盖地膜。

滴灌栽培一般采用高畦栽培，畦面宽80厘米，畦沟宽40厘米，每畦种植两行。定植后覆盖地膜。

4. 田间管理

（1）温度管理　春季番茄定植初期以防寒保温为主。定植后3～4天内，一般不通风或稍通风，维持白天棚温30℃左右。缓苗后开始通风，白天保持温度25～28℃，夜间13～15℃。之后，随着外界温度的升高，加大放风量，延长放风时间，白天温度不超过32℃，夜间不超过17℃。秋番茄定植后缓苗期间应防高温和强光，入冬后加强保温，白天25～28℃，前半夜20～15℃，后半夜15～10℃，地温保持18～20℃。

（2）光照管理　冬春栽培番茄应加强棚膜管理，保持良好的透光性，同时适当稀植，并及时摘除植株上的老叶、病叶，保持田间良好的透光性。遇连阴天时应进行人工补光，使每天的光照时间不短于12小时。夏秋栽培番茄，栽培前期应适当遮荫，防强光和高温。

（3）肥水管理　定植缓苗后，若土壤水分不足，可轻浇一次缓苗水，之后适当控水。第一穗果坐住并开始膨大时，浇促果水，同时每亩随水冲施尿素15千克、硫酸钾3～5千克，以后经常浇水，保持地面湿润。温室番茄冬季一般15～20天浇一水，采取膜下暗灌，入春后每10～15天浇一水，大小垄沟齐浇。结果期每收一穗果追一次肥，交替使用磷酸二铵、尿素、硝酸铵，每次每亩冲施肥15～20千克，并配合适量硫酸钾。

（4）保花保果　花期用15～20毫克/升2，4-D蘸花，或用30～50毫克/升防落素喷花，防止落花落果。

（5）支架落蔓　塑料大棚春番茄早熟栽培或秋延迟栽培一般用架竿插成篱笆架或圆锥架；温室全年茬番茄一般采用绳架，用细尼龙绳缠绕茎蔓，将植株吊起，并随植株的长高，定期下落茎蔓，茎蔓下落方式主要有迂回式、交叉式等几种。

（6）摘叶　勤摘老叶、病叶，保持植株良好的光照条件。一般每采收完一穗果，就要把采收果穗下的老叶全部打掉。摘叶时，要保留叶柄基部1厘米左右长以保护茎干，以上部分用剪刀剪除。

5. **病虫害防治** 参照樱桃番茄部分。

（五）收获

番茄采收要在早晨或傍晚温度偏低时进行，中午前后采收的果实含水量少，鲜艳度差，外观不佳，同时果实的体温也比较高，不便于存放，容易腐烂。

果实要带一小段果柄采收。采收下的果实要按大小分别存放。

九、观赏辣椒栽培特性

观赏辣椒全年开花结果不断，玲珑而又可爱，为观果植物之上品，且味辛辣，可当调味料食用，家庭园艺栽培既可观赏又实用，适合庭园点缀或盆栽。

（一）形态特征

观赏辣椒是辣椒属中的一种，根系不太发达，茎直立，老茎部木质化。分枝能力强，分枝习性为双杈状或三杈状分枝。株高30～60厘米。单叶互生，卵状披针或矩圆形，全缘、有叶柄。花小，单生或数朵簇生于枝端，有梗。花冠辐射状5裂，花色有白、绿、浅紫和紫色。花期6～9月。浆果、直立或稍倾向上。果形因品种而异，有长指形、樱桃形、角锥形、羊角形、风铃形等类型。果色有黄、红、橙、紫、白和绿色等。观果期8～10

图42 观赏辣椒

月份（图 42）。

（二）主要品种

我国也有一些地方观赏辣椒品种，但由于品种类型较少，观赏性差，因此目前普遍种植的还是从境外引进的一些品种，主要引自国家和地区有日本、韩国、荷兰以及我国的台湾省等。

1. **黑葡萄辣椒**　植株高 55 厘米，叶深绿色、花紫色。果朝天、果圆形。幼果皮色如熟透的巨丰葡萄。果径 0.8～1.2 厘米，熟果成鲜红色，幼老果均有光泽，对结果和簇生果多。株结 200 余果，果味强辣，果实大小均匀，其景极为雅致亮丽。

2. **红枣辣椒**　中熟。植株高 58 厘米，分枝中等。坐果性好，果朝下，幼果深绿色。成熟果为深红色，果形大小与成熟的鲜红大枣一样，果皮略有网纹。果长 4 厘米，直径 2.4 厘米、肉厚、味极辣微甜。单果重 15～20 克，株产 100 余果。如大面积栽培，亩栽 3 000 棵左右。

3. **黑弹头辣椒**　株高 60 厘米。叶深绿色、株茎和叶茎均紫色，开紫花。对结果和簇生果较多，坐果率高，株产 100 余果。果呈圆三角形，似"子弹头形"，味极辣。幼果皮黑色，朝天。果长 3 厘米，直径 1.6 厘米，果柄长 2.5 厘米，成熟果为鲜红色。在盛果期，果黑红朝天，如待发的密林防空弹头，极为肃立、壮观。

4. **樱桃辣椒**　极辣型。株高 40 余厘米，分株多，杖展平坦（一般盆栽不用造型即可），叶节密、花多和结果率高，株产 200～300 果。果朝天，果柄长 2.4 厘米，幼果乳白如珍珠，熟果鲜红色如成熟的红樱桃，水淋淋亮晶晶，小巧玲珑，美观有趣。

5. **金线椒**　果细长，果长 12～14 厘米，横径 1～1.1 厘米。幼果淡绿色，果朝下，熟果呈金黄色。味极辣，属麻辣型品种，深受嗜辣者喜爱。植株生长势强，株高 65 厘米，叶绿狭长，花白色。结果性好，株产 100 余果，丰产。大面积栽培每亩2 550

株左右。

6. **五彩辣椒**　植株长势健壮。株高65厘米。分枝多，叶节密，花多，一叶双果坐果率高。株产400～500余果，实是罕见。果呈长圆锥形近似三角形，果朝天。果长2.5厘米，横径1.6厘米，果柄长2.5厘米。每枝同时有乳白、浅黄、浅紫蓝、橘黄、成熟后为鲜红色。这是该品种盛果期其果色转色的过程。因该果是朝天，故一眼望去，像“天女散花”，五颜六色，十分的艳丽漂亮，景观可爱。是丰产型品种。

7. **五彩锥形椒**　株高15～20厘米，开展度20～30厘米。叶片卵形至互生，46厘米，宽2.6厘米，绿色，叶柄长0.9厘米。花丛生，白色。果实锥形，向上直立生长，长3厘米，横径0.7～0.9厘米，果实成熟由乳白、紫、黄、橙转为红色，观赏期长达7～8个月。

（三）对栽培环境的要求

观赏辣椒喜温、怕霜冻、忌高温。生长适温为18～30℃，果实发育适温为25～30℃，但成熟的果实可以耐10℃的低温。

观赏辣椒属短光照植物，对光照的要求并不太严格。但光照不足会延迟结果期并降低结果率；高温、强光则会引起果实日灼或落果。

观赏辣椒较为耐旱，水分过多会导致授粉不良，推迟结果。

观赏辣椒对土壤要求不严格，几乎所有的土壤都能够生长，在生长过程中，要保持土壤足够的肥力。

（四）栽培技术要点

1. **栽培方式**　保护地内一般采取槽式基质栽培或盆栽，露地则多垄作。

2. **育苗**　播前种子用55～60℃的温汤浸种，并不停地搅拌，10分钟后取出种子用清水再浸3～4小时，捞起后用干净的湿布包好，置于25～30℃的恒温箱中催芽，待种子“露白”时即可播种。一般采用落水播种法，盖土宜浅。

种子发芽适温为 25℃，播种约 1 周后出苗。当幼苗长至 17～20 厘米，具有 6～8 片真叶时可移栽定植。

3. 定植　槽式基质栽培一般利用红砖砌成简易栽培槽，槽底部铺有薄膜，槽宽 74～100 厘米，双行定植，株行距为 35 厘米×45 厘米，每亩定植 3 000～3 500 株。

采用盆栽时，选用规格为 30 厘米×40 厘米的花盆，装满由菜园土加有机肥混合而成的基质，每盆栽植 1 株。

采用露地栽培时，每亩施优质农家肥 1 000 千克，氮、磷、钾三元复合肥 20 千克，均匀撒在地表后，深翻 25～30 厘米，整平耙细后起垄，垄高 15 厘米左右，垄距 50～60 厘米，在垄上覆盖地膜，定植株距 30～40 厘米。

4. 田间管理

（1）肥水管理　定植后采用稀薄的营养液进行浇灌或者施入高效有机肥。浇灌营养液通常在定植 15 天后开始，用清水浸泡配方有机肥 24 小时后取上清液，稀释后浇灌，每隔 10～15 天淋施 1 次，用量为每株 0.5～1.5 升。固体肥料一般定植后，每隔 15 天左右，每立方米混入鸡粪 5～6 千克。

田间管理盆栽辣椒每株每次每盆施 10 克消毒鸡粪即可，开花结果期要加强水肥管理。

露地栽培施足基肥后，坐果前不再施肥，门椒膨大期结合浇水，施肥一次，每亩施氮磷钾复合肥 15～20 千克，以后每 15 天左右施一次尿素，每亩 10 千克左右。

结果前，适当控制浇水，防止植株生长过旺，结果后，经常保持地面湿润。

（2）植株调整　辣椒分枝力强，栽培过程中应用短竹扎稳主干，修剪侧枝，促进通风透光，提高座果率。一般苗高 10～15 厘米后适当整枝、摘心，促使造型美观。

盆栽植株冬季可移至室内，适当养护可继续开花，观果期往往可延长到新年。

5. **病虫害防治** 参照彩色甜椒部分。

(五)收获

观赏辣椒虽以观赏为主，但亦可食用，可根据各自需要决定是否采收。在采收的过程中要注意树型的结构，以有利果实接受阳光，并使果实着色均匀，增强观赏性，延长观赏期。

十、观赏茄子栽培特性

观赏茄子是指茄子中的微型茄子品种，植株小巧，果实较小，果实形状有鸡蛋形、五指形、圆球形和卵形等，表皮有紫黑、白、紫红、大红等颜色，有的品种果色初为银白，成熟时转为金黄，枝条上悬金挂银很美观。近年来，我国观赏茄子的栽培发展很快，在许多现代农业园区和游览景区纷纷引入种植，是发展观光旅游农业的主栽品种之一（图43）。

图43 观赏茄子

(一)形态特征

植株低矮，茎上分枝较多，姿态开张，一般株高50～100厘米，株冠25～80厘米；根系由主根和多级侧根构成，主要根群分布在近地表30厘米以内的土层中，根系木质化较早，再生力稍差，不定根的发生力也弱。植株直立，一般不需搭架插杆支撑。单叶互生，阔椭圆形，叶缘波浪状。

花多单生，也有 2～4 朵簇生的，白色或紫色。花萼宿存，其上有刺。果实为浆果，果实形状有圆形、扁圆形、卵圆形、长形等。小果型，单果重 10～100 克，果实颜色有紫红、白、绿、青等。

（二）主要品种

我国民间也有少量的观赏茄子种植，但花色品种较少，目前普遍种植的还是国外引入品种。

1. 非洲红茄 又名平茄、赤茄，原产非洲，一年生草本。一般株高 30～40 厘米，叶片形状、大小和普通菜用茄子相似，只是叶脉上有刺、花序腋生，有花 3～8 朵。花冠白色或淡紫色，直径 2 厘米左右。果实扁圆形，长 2 厘米，宽 2 厘米嫩果浅绿色，老果红色，单果重 20～40 克，观赏期长，状如小灯笼，适于观赏，不宜食用。

2. 乳茄 又名五指茄。株高约 1 米，叶片稀疏，对生，全株被蜡黄色扁刺。花蕾略下垂，花瓣 5 枚，紫色，径约 3.8 厘米，黄色花药呈锥形。果实呈倒置的梨状，基部有 5 个乳头状突起。结果初期乳茄表皮墨绿色，随着生长逐渐变成橙黄色，如一盏盏小灯笼挂在枝头。

3. 宝石茄 又名红宝石，是茄科的一个野生变种，无食用价值。果小圆球形、火红色，果面光滑明亮色泽艳丽，结果量多，每棵能挂果几十个至一百多个。果柄牢固，果面坚韧性强，果实长期不变色、不变形、不烂果、不掉落，观赏期长，是盆栽及插花配景的好素材。

4. 蛋茄 也叫金银茄，形态及习性均似普通茄子，高约 30 厘米，叶互生，于叶腋间抽出单花。浆果，椭圆形，长约 5 厘米，形似鸡蛋。嫩果白色，成熟时变金黄色，随着植株枝干上陆续结果，银色的嫩果与金黄色的成熟果混杂生长，故也被称为

“金银茄”。

（三）对栽培环境的要求

茄子喜温，不耐霜冻，生长适温25～30℃，低于17℃和高于35℃时生长缓慢。对光照时间长短不敏感，但果实发育要求有充足的光照。

对土质要求不严，以土壤含水量高、富含有机质、耕层深厚的肥沃冲积土最为适宜。喜肥，对肥料的吸收以钾最多，氮次之，磷最少，其氮、磷、钾吸收比例为：4∶1∶8。

（四）栽培技术要点

1. **栽培方式** 茄子在华南地区略加保护即可露地越冬，而华东、华中、华北地区冬季必须在室内或大棚内越冬。

可盆栽、地栽。盆栽宜用盆口直径30厘米以上的大花盆，用营养土或基质栽培。

规模种植一般采取保护栽培形式，用营养土或基质进行槽栽。用红砖砌成简易栽培槽，槽底部铺有薄膜，槽内宽48厘米左右。

2. **育苗** 播种前用浓度为0.5%高锰酸钾溶液浸种消毒20分钟后，放入温水中浸种24小时，捞出种子放置在浸湿的吸水纸或纱布上催芽。半数左右种子发芽时播种。

大量育苗应采用育苗钵育苗。数量少时可直接盆播，覆土厚度为0.5厘米左右。播种后覆盖地膜或稻草等保持土壤湿润。盆播的可直接在盆面上盖玻璃。

播种后苗床要保持湿润，不要忽干忽湿或过干过湿。采用盆播的每天宜将玻璃掀开数分钟，使之通风透气。种子发芽出土后，除去覆盖物。幼苗过密，应即行间拔，将过密的纤弱苗拔去，使留下的苗能充足吸收阳光，间拔后需立即浇水，使松动的幼苗根部接触土壤。待幼苗长出3～4片真叶时，移栽到育苗钵中，每钵一株苗。

3. **定植** 定植前深耕，亩施2 500～4 000千克腐熟的厩肥，并施过磷酸钙及草木灰。整地做畦，作成高畦或垄畦，一般畦宽1.2～1.5米，栽双行。

当日均温度稳定在17℃左右时定植，选择温暖晴天进行。定植不可过深，以与原来苗床栽植深度相同，或与秧苗的子叶节平齐为宜，子叶露在土外。槽栽和土壤栽培株行距60～80厘米。定植后覆盖地膜。

盆栽每盆1株苗。

4. 田间管理

(1) 肥水管理　茄子抗旱性强，苗期适当控制浇水，在门茄"瞪眼"之前应控水，中耕蹲苗。"瞪眼"之后需进行一次重点浇水、施肥。进入盛果期后勤浇水，结合浇水进行追肥。每隔10～15天追施1次氮磷钾复合肥，每亩氮磷钾复合肥15千克，同时叶面喷施0.2%硫酸锌、0.5%硼酸，促进茄子生长，提高茄子品质，使茄子表面有光泽。

在严冬低温时，适当地减少浇水次数，有利于提高地温，促进植株生长，同时降低室内空气湿度，减少病害。

(2) 整形修剪　小果型品种株高15厘米左右时打顶，使其长出分枝，分枝长到10厘米左右再次打顶。一般打顶3～4次，促使多分枝，株形矮壮，即可形成高40～50厘米的球形植株，这样挂果后非常美观。

大果型品种一般采取双干整枝，以第一级分枝的两个分枝为主干，随着植株生长，每隔半个月进行一次整枝，除去主干上所有侧枝和植株基部新长出的侧枝，盛果期每个主干上适当地留1～2个侧枝，第一果坐住后摘心。

叶片长密后须摘叶，摘除硕大、黄枯的老叶，以利通风透气、增强光照，使叶细又厚。摘叶时发现徒长枝、过密枝、枯枝、病虫枝也应剪除。

(3) 保花保果　冬季温室或早春大棚栽培茄子，由于温度偏低，花芽分化质量差，自然座果率不高，需要进行人工点花，一般选用30毫克/升的2，4-D涂抹花柄，或用50毫克/升的防落素在花半开时喷花。

（4）疏花疏果　一些簇生花序的品种，结果比较多。每个花序挂果一般在4个以上，为了保证茄子的品质及果形，必须进行疏果。当茄子长到拇指大小时进行疏果，每个花序选生长快，果柄粗的茄子留3～4个。

5. 病虫害防治

（1）主要病害防治

①茄子早疫病　茄子早疫病主要为害叶片。病斑圆形或近圆形，边缘褐色，中部灰白色，具同心轮纹，直径2～10毫米。湿度大时，病部长出微细的灰黑色霉状物。后期病斑中部脆裂，严重的病叶早期脱落。

主要防治措施：

深翻改土，增施有机肥料、磷钾肥和微肥；选用抗病品种，种子严格消毒，培育无菌壮苗；加强通气，调节好温室的温度与空气相对湿度，使温度白天维持在25～30℃，夜晚维持在14～18℃，空气相对湿度控制在70％以下；发病初期，选用72.2％普力克800倍液，或72％克露700～800倍，或70％甲霜灵锰锌，或70％乙磷铝锰锌500倍液等交替喷洒，每5天1次，连续2～3次，阴雨天气改用百菌清粉尘剂喷粉，每亩用药800～1 000克；或用克露烟雾剂熏烟防治，每亩用药300～400克。

②茄子叶霉病　叶霉病主要危害叶片，叶片染病发生在中下部叶片，由下向上扩展，初在叶片正面生黄色斑点，叶背后生黄褐色绒状病斑，致叶卷曲干枯。棚内湿度大、阳光照射不足、光线不良、叶片过密、通风不好，会加速叶霉病的发病和扩展。

主要防治措施：

收获后及时清除病残体，集中深埋或烧毁；栽植密度应适宜，雨后及时排水，注意降低田间湿度；发病初期开始喷洒50％多菌灵可湿性粉剂800倍液，或47％加瑞农可湿性粉剂

800～1 000倍液，或40%杜邦新星（福星）乳油9 000倍液，或60%防霉宝2号水溶性粉剂1 000倍液，每亩喷药液60～65升，隔10天左右1次，连续防治2～3次。

③茄子灰霉病　茄子灰霉病多从花蕾部侵染，继而向茄子花萼部和幼果部发展，发病果实变褐色腐烂并长出黑灰色霉曾，最后全株腐烂。

主要防治措施：

保护地采用生态防治，及时通风降湿；阴雨天保护地可施用10%速克灵烟剂，每亩每次250克，或5%百菌清粉尘剂，每亩每次1千克；发病初期喷洒50%速克灵可湿性粉剂1 500～2 000倍液，或50%农利灵可湿性粉剂1 000倍液，或40%多·硫悬浮剂500倍液，或36%甲基硫菌灵悬浮剂500倍液。茄子沾花时，也可在激素中加入0.1%的50%速克灵可湿性粉剂，或50%扑海因可湿性粉剂。

④茄子绵疫病　主要为害果实，茎和叶片也被害。在果实上初生水浸状圆形或近圆形、黄褐色至暗褐色稍凹陷病斑，边缘不明显，扩大后可蔓延至整个果面，内部褐色腐烂。潮湿时斑面产生白色棉絮状霉。病果落地或残留在枝上，失水变干后形成僵果。叶片病斑圆形，水渍状，有明显轮纹，潮湿时，边缘不明显，斑面产生稀疏的白霉，干燥时，病斑边缘明显，不产生白霉。花湿腐，并向嫩茎蔓延，病斑褐色凹陷，其上部枝叶萎蔫下熏，潮湿时，花茎等病部产生白色棉状物。

主要防治措施：

选用抗（耐）病品种、播种前对种子进行消毒处理、实行3年以上的轮作倒茬、选择地势高燥、排水良好的地块、适时整枝，打去下部老叶，改善田间通风透光条件，及时摘除病叶、病果，并将病残体带出田外，以防再侵染；发病初期选用75%百菌清500～600倍液，或50%甲基托布津可湿性粉剂800倍液，或40%乙磷铝可湿性粉剂200倍液等交替用药，一般每隔7～10

天喷1次，连喷3～4次。

(2) 主要虫害防治　茄子主要害虫有蚜虫、蓟马等。蚜虫用黄色纸板涂10号机油诱杀，或用洗衣粉400～500倍溶液、10%吡虫啉可湿性粉剂4 000～6 000倍液、3%莫比朗乳油1 000～1 500倍液防治，设施内用22%敌敌畏烟剂250千克熏杀；蓟马用“克蓟”乳油1 000倍液，或70%吡虫啉可湿粉剂6 000～7 500倍液防治。

(五) 收获

小型观赏茄子一般不采收，任其在植株上自然成熟。大型茄子通常观赏与食用兼顾，应在果实变硬前及时收获。

十一、羽叶甘蓝栽培特性

羽叶甘蓝原产欧洲，为十字花科二年生蔬菜，是食用甘蓝包菜的园艺变种，又名彩叶甘蓝、叶牡丹，其观赏品种较多，有皱叶、不皱叶和深裂叶；有叶缘呈翠绿、灰绿、深绿的，还有叶中呈白、黄、玫瑰红、紫红色等，都是适于观赏的各有特色的品种。在百花凋零的冬季，羽叶甘蓝以其独特的叶色、姿态及观赏期长的优越性，成为冬季重要的盆花和花坛植物。

(一) 形态特征

羽叶甘蓝根系发达，主要分布在30厘米深的土层内。茎短缩，密生叶片。叶片肥厚，倒卵形，被有蜡粉，波状皱褶，呈鸟羽状。

花序总状，虫媒花。角果，扁圆形。种子圆球形，褐色，千粒重4克左右。

(二) 营养成分与功效

羽叶甘蓝营养丰富，含有大量的维生素A、C、B_2及多种矿物质，特别是钙、铁、钾含量很高。其中维生素C含量非常高，每100克嫩叶中维生素C含量达到153.6～220毫克，在甘蓝中可与西兰花媲美。其热量仅为209焦耳，是健美减肥的理想食品。

羽衣甘蓝可以连续不断地剥取叶片，并不断地产生新的嫩叶，其嫩叶可炒食、凉拌、做汤，在欧美多用其配上各色蔬菜制成色拉。风味清鲜，烹调后保持鲜美的碧绿色（图 44）。

图 44　羽叶甘蓝

（三）主要品种

羽叶甘蓝品种类型比较多，按高度可分高型和矮型；按叶的形态分皱叶、不皱叶及深裂叶品种；按叶片颜色，边缘叶有翠绿色、深绿色、灰绿色、黄绿色等品种，中心叶则有纯白、淡黄、肉色、玫瑰红、紫红等品种。

（四）对栽培环境的要求

羽叶甘蓝喜冷凉，耐寒性很强，经锻炼良好的幼苗能耐－12℃的短时间低温，成株在我国北方地区冬季露地栽培能经受短时几十次霜冻而不枯萎，但不能长期经受连续严寒。种子发芽适温为 18～25℃，植株生长适温 20～25℃，能在夏季 35℃高温中生长，但在高温季节所收获的叶片风味较差，叶质较坚硬，纤维多。

较耐阴，但充足的光照下，叶片生长快速，品质好。采种的植株要在长日照下抽薹开花。

对水分需求量较大，干旱缺水时叶片生长缓慢，不耐涝。对土壤适应性较强，而以腐殖质丰富的肥沃沙壤土或黏质壤土最宜。适宜土壤 pH 值 5.5～6.8。

(五) 栽培技术要点

1. 栽培方式 观赏羽叶甘蓝主要进行畦栽和槽栽，也适合进行盆栽。

2. 育苗 采用营养杯及苗床育苗两种方式。8～12 月份均可育苗移栽。育苗时，先将苗畦浇透，播种后上覆 0.5～1 厘米厚的细土，每亩用种量为 30 克。出苗后保持苗床湿润，幼苗长至 5～6 片真叶时即可定植到大田。

夏季育苗可用遮阳网覆盖，冬季育苗时注意保温。

羽叶甘蓝苗期容易遭受菜粉蝶和菜蟒为害，有条件的可以用防虫网育苗。齐苗后喷多效唑一次，浓度为 120 毫克/千克，防止幼苗的下胚轴在高温、高湿条件下发生徒长。苗床育苗，分苗前注意适当控水，防止徒长。当幼苗长至 5～6 片真叶时定植。

3. 盆栽技术要点

(1) 定植　苗长至 4～7 片真叶时即可上盆，用口径为 18～20 厘米的瓦盆或口径为 13 厘米的塑料钵上盆。

(2) 施肥　小苗定植 5～7 天后，在花盆内点施全效复合肥 6～10 粒/盆，然后每隔 7～10 天施有机肥稀释液加 0.2%尿素一次，每次施肥后，要用清水清洗植株叶面一遍。

(3) 浇水　要控制盆土的水分，保持盆土湿度 70%左右，防止盆土长时间湿度过大。

(4) 植株调整　上盆后视植株的生长情况，对主秆生长过高的喷施多效唑，浓度为 1 000 倍液。

4. 花坛栽培技术要点

(1) 整地、做畦　翻耕前每平方米施商品有机肥 3 千克，平整土地后做成 1～1.2 米的平畦或小高畦。

（2）*定植* 橙盖地膜，每畦种 2 行，行距 50～60 厘米，株距 30～40 厘米，定植后浇水。

（3）*定植后管理* 定植 5～6 天后浇缓苗水，地稍干时，中耕松土。以后要经常保持土壤湿润，夏季不积水。

生长期适当追肥，前期农家肥和化肥兼用，后期适当增加磷钾肥用量，减少氮肥用量，使叶片颜色鲜明美观。

5. 病虫害防治

（1）*主要病害防治*

①猝倒病 发芽后出土前染病多烂种，出土后染病于近土表处出现水渍状，变软，表皮易脱落，病部缢缩，迅速扩展绕茎一周，菜苗倒伏，造成成片死苗。

主要防治措施：

选用地势高燥、排灌方便、无病土的田块做苗床；雨过后及时清理沟畦，排水；施用腐熟粪尿、农家肥、酵素菌沤制的堆肥等；选用无病、包衣的种子，如未包衣则种子须用拌种剂或浸种剂灭菌，播种后用药土覆盖，移栽前喷施一次除虫灭菌剂；出苗后，严格控制温度、湿度及光照，棚室栽培的可结合练苗，揭膜、通风、排湿；发病时选用 50％多菌灵可湿性粉剂 500～800 倍液，或 70％甲基托布津可湿性粉剂 800～1 000 倍液，或 75％百菌清可湿性粉剂 700 倍液，或 30％恶霉灵可湿性粉剂 800 倍液，或 64％杀毒矾可湿性粉剂 600～800 倍液防治。

②菌核病 成株受害多发生在近地表的茎、叶柄或叶片上。初生水渍状淡褐色病斑，引起叶球或茎基部腐烂，但不发生臭恶，在病部表面长出白色棉絮状菌丝体及黑色鼠粪状菌核。在温度 20℃左右和相对湿度在 85％以上的环境条件下，病害严重。

主要防治措施：

发病严重地进行深翻，菌核深埋土中；合理施肥，提高植株抗病力。发病初期选用 50％托布津可湿性粉剂 500 倍液，或 70％甲基托布津可湿性粉剂 1 000～2 000 倍液，或 50％速克灵可湿性粉剂 2 000 倍液，或 40%菌核净可湿性粉剂 1 000～1 500 倍液，或 30%菌核利可湿性粉剂 1 000 倍液。每隔 10 天喷药一次，共 2～3 次。

（2）主要虫害防治　虫害主要有斜纹夜蛾、银纹液蛾，菜粉蝶等，可用辛硫磷、菊脂类农药等交替或混合喷施。

十二、彩叶甜菜栽培特性

彩叶甜菜为普通甜菜的变异品种，原产欧洲南部。彩叶甜菜按叶柄的颜色分为白梗、青梗和红梗 3 种类型，我国农家以青梗种栽培较普遍。近年从国外引进的优良品种有尼泊尔的白梗甜菜和英国的红梗甜菜，是菜用、饲料、观赏等多用途品种，栽培容易，产量高，可多次剥叶采收，供应期长，可在夏季缺少叶菜时上市，北方可在日光节能温室栽培（图 45）。

图 45　彩叶甜菜

（一）形态特征

根系发达，主根呈长圆锥状。营养生长时期茎短缩，生殖生长时期抽生花茎。叶卵圆或长卵圆形，肥厚，表面皱缩或平展，有光泽，呈绿色或紫红色。叶柄发达，宽短肥厚或窄长肥圆，颜色有红、橙、黄、紫、白等几种。

穗状花序，果实聚合成球状，称为种球，含 2～3 粒种子，种子肾形，棕红色。种球千粒重 14.6 克左右。

（二）营养成分与功效

彩叶甜菜属于叶用甜菜，营养丰富，每 100 克叶片中含还原糖 0.95 克，粗蛋白 1.38 克，纤维素 2.87 克，脂肪 0.1 克，胡萝卜素 2.14 毫克，维生素 C 45 毫克，维生素 B_1 0.05 毫克，维生素 B_2 0.11 毫克，钾 164 毫克，钙 75.5 毫克，镁 63.1 毫克，磷 33.6 毫克，铁 1.03 毫克，锌 0.24 毫克，锰 0.15 毫克，锶 0.58 毫克，硒 0.2 微克。

叶甜菜性味甘凉，具有清热解毒、行瘀止血的作用。《嘉祐本草》载：叶甜菜“补中下气，理脾气，去头风，利五脏”。叶甜菜含有大量的叶黄素和玉米黄质，据研究表明，这两种植物色素能保护视网膜免受岁月的侵袭，因为它们会在视网膜内沉积，吸收有害的短波光线，所以摄入越多，眼睛就能得到越好的保护。

叶甜菜有淡淡的甜味和咸味，可能国内不太常见。叶甜菜可煮食、凉拌或炒食，如清炒叶甜菜、叶甜菜烧豆腐、肉炒牛皮菜。民间认为叶甜菜煸炒后与粳米粥共煮，能解热、健脾胃、增强体质。广东韶关有一道“叶甜菜包”，是用白萝卜、鲜冬笋、韭菜等切粒加水发虾米、香菇、瘦肉粒共炒后，勾芡，然后用叶甜菜包裹后油锅煎之，煎时要把叶柄放于锅上，此菜风味独特，吃后回味无穷。

（三）主要品种

彩叶甜菜品种引自国外，按照叶柄颜色不同一般分为红梗、橙梗、黄梗、紫梗、白梗几种类型。

（四）对栽培环境的要求

彩叶甜菜喜冷凉润湿的气候条件，适宜生长温度为 15～25℃，抗寒性强，幼苗能在－3～－5℃下存活。不耐热，超过 30℃则生长不良。对土壤要求不严，以排灌良好而肥沃的中性或弱碱性土壤为好，能耐盐碱。

（五）栽培技术要点

1. 栽培方式　露地栽培分为春、秋两季，而以秋季栽培为主。春季 2～4 月可陆续播种，以采收幼苗为主；秋季 9～12 月播种，11 月至翌年 5 月采收，一般剥叶采收。北方冬季日光温室栽培，8～9 月播种，9～10 月定植，元旦至春节供应。

彩叶甜菜分为直播和育苗移栽两种栽培方式，以采收幼苗为主的通常直播，分期剥叶采收多进行育苗移栽。

2. 直播与育苗

（1）种子处理　甜菜的种子是植物学上的球果，果皮革质，皮厚不易吸水发芽，播种前要将聚合果搓散，以免出苗不匀，然后浸种 10～12 小时。

（2）直播　条播、撒播均可，播后覆土 1～1.5 厘米，覆土后镇压，然后浇水。每亩用种量约 2.0 千克。

（3）育苗　苗畦、营养钵育苗均可。播后覆土 1～1.5 厘米厚，每亩需种 1.5～2.0 千克，约可定植 8 亩地。苗龄 30 天左右。

播种后保持地面湿润，炎夏还需覆草保湿，以利发芽。

3. 定植　播前或定植深耕地，每亩施腐熟有机肥 3 000～5 000千克、复合肥 50～100 千克，均匀铺施地面，深耕整平后，做成宽 1.3～1.5 米的低畦。

育苗移栽多次采收的，定植株行距为 25～30 厘米×30～40 厘米。

4. 田间管理

（1）间苗定苗　直播甜菜，播种后须分次间苗，定苗株行距为 10～15 厘米×15～20 厘米。

（2）中耕培土　叶用甜菜定植或定苗后，要及时地进行中耕、除草。栽培中后期，应在收后及时中耕培土，以促进新根发生，防止倒伏。

（3）肥水管理　一次性小株采收的，以基肥为主，收获前

3～5 天停止浇水，以保证商品质量。

育苗移栽甜菜除施足基肥外，生长收获期间还要多次追肥，可在每次收获后进行追肥，每次每亩施用尿素 10 千克左右。

温度低时生长慢、收获少，宜少浇水少施肥。温度高时，生长快、收获多，宜多浇水多施肥。

5. 病虫害防治

（1）主要病害防治

①甜菜病毒病　主要表现为黄化病（初发病时叶尖或叶缘退绿，呈金黄色或橙黄色，以后向叶片下部扩展，最后叶片变黄，但叶脉仍保持绿色。病叶增厚质脆，用手折捏易裂出声。受害严重时，除心叶保持正常绿色外，外层叶片全部变黄干枯。一般采种株发病早，母根展开叶片后即可显示症状，受害比较严重）、花叶病（病叶形成淡绿和暗绿相间的斑驳，阳光下透视，可清晰地看出明暗相间的颜色；病叶叶片稍薄，有的皱缩。老叶和新叶均表现症状，一般心叶病状更明显。采种株也有发生，症状和原料甜菜相同）、缩叶病（由心叶开始显现症状，逐渐向外扩展，叶片皱缩、暗绿、局部增厚，叶尖边缘呈褐色焦枯）三种发病症状。

主要防治措施：

因地制宜选抗病品种；及时清除田间以及周边杂草，减少蚜虫发生量和毒源；在蚜虫迁入甜菜地之前及时防治蚜虫；症状连续出现时，喷 20％毒克星可湿性粉剂 500 倍液，或 0.5％抗毒丰菇类蛋白多糖水剂 250～300 倍液，或 20％病毒宁水溶性粉剂 500 倍液，隔 7 天 1 次。

②甜菜褐斑病　叶片病斑圆形，中央灰白色，边缘紫红色，上生灰色霉层。后期病斑多破裂或穿孔脱落。发生严重时病斑密集，布满叶片，表面密生灰霉层，叶片迅速枯死，叶柄、秆茎、及长茎病斑近梭形，中央灰色，边缘褐色或紫红色，潮湿时表生灰色霉层。

主要防治措施：

选用抗病品种、收获后及时清除病残体、实行 4 年以上轮作；发病初期开始喷洒 50%多霉灵可湿性粉剂 800 倍液，或 70%甲基硫菌灵可湿性粉剂 1 000 倍液，或 40%百霜净胶悬剂 600～700 倍液，或 50%苯菌灵可湿性粉剂，或 65%甲霉灵可湿性粉剂 1 000 倍液等，隔 10～15 天 1 次，连续防治 2～3 次。

（2）主要虫害防治　彩叶甜菜常见害虫为潜叶蝇和红蜘蛛。潜叶蝇选用 40%敌敌畏 500 倍液防治；红蜘蛛用阿维螨清 1 000～1 500 倍液，或炔螨特 1 000～1 500 倍液防治。

（六）收获

采收幼苗者播种后 50～60 天或定植后 30～40 天开始采收；剥叶采收者定植后 40～60 天，待有 6～7 片大叶时开始采收，一般每 10 天左右剥叶一次，每次剥叶 3～4 片，留3～4 片大叶。

第四节　其他引进蔬菜栽培特性

一、佛手瓜栽培特性

佛手瓜又名隼人瓜、安南瓜、肴梨、寿瓜、合掌瓜、万年瓜等，属葫芦科冬季稀特蔬菜品种，原产于墨西哥和印度尼西亚群岛，19 世纪初由日本传入中国。佛手瓜清脆多汁，味美可口，营养价值较高，既可做菜，又能当水果生吃。佛手瓜形如两掌合十，有佛教祝福之意，因此称之为“佛手”、“福寿”，深受人们喜爱，非常适合庭院与厅廊栽培，可供观赏和遮荫绿化，并且地上部一般无病虫害，不需药剂防治，可作为无公害蔬菜进行栽培，是观赏与食用兼用的蔬菜，也是现代观赏园艺中不可缺少的观赏蔬菜品种之一。

（一）形态特征

佛手瓜的早期根系为弦状须根，随着植株的生长，须根逐渐加粗伸长，形成半木质化的侧根。侧根长而粗，栽培两年后，在条件适宜情况下易形成块根。茎蔓生，分枝性强。叶片掌状五角。

雌雄同株异花，一般同节腋生。雄花为总状花序，雌花单生，多着生在孙蔓上。果实呈梨形，有5条明显的纵沟，表皮绿色或白色，果肉白色，纤维少，有香味，单瓜重300～500克。

图46 佛手瓜

每瓜有1粒种子，当种子成熟时，几乎占满整个子房腔，种皮与果肉紧密贴合，不易分离。种子脱离果实后极易干瘪，种植时多以整瓜为播种材料。种子无后熟和休眠期，果实成熟后应及时采收，以免种子在瓜中萌发（图46）。

（二）营养成分及功效

佛手瓜主要食用果实，另外其嫩蔓及根茎也可食用。佛手瓜嫩瓜清脆多汁，味美可口，据测定分析，它富含维生素、氨基酸及矿物元素。佛手瓜的糖类和脂肪含量较低，蛋白质和粗纤维含量较高，高蛋白低脂肪低热量是其特性，具有良好的保健价值，可预防心血管方面的疾病。含有丰富的氨基酸，种类齐全，配比合理，并且，在各种氨基酸中谷氨酸含量最高，谷氨酸具有健脑作用，能促进脑细胞的呼吸，有利于脑组织中氨的排除，有防癫痫、降血压等作用。谷氨酸与钠离子结合形成谷氨酸钠（味精主要成分），所以其味道鲜美。

佛手瓜嫩瓜还含有丰富的矿物元素，如钾、钠、钙、镁、锌、磷、铁、锰、铜等。其含钙量比黄瓜、冬瓜、西葫芦高2

倍，含铁量是南瓜的4倍，黄瓜的12倍。钙铁对人体健康的作用，已普遍被人们所重视。尤为可贵的是含钾量特别高，每100克鲜瓜含钾340.4毫克。是其他蔬菜无法相比的，钾是人体生理活性十分活跃的离子，能利尿排钠、扩张血管、降低血压。此外佛手瓜嫩瓜含锌量亦较高，锌对人的智力发育、减缓老年人视力衰退等有明显作用，对因缺锌引起的儿童智力发育不良，男女不育症，尤其对男性性功能衰退等有一定疗效。

佛手瓜“两低两高”（热量、钠量低，氨基酸、钾量高）的特性，是一般食物不能同时具备的，其营养价值和药用价值都是较高的，不愧有“保健蔬菜”之称。

（三）主要品种

1. 绿皮瓜 植株生长势强，蔓粗壮而长，分枝性强，结果多，产量高，瓜上有刚刺，瓜大，皮绿或深绿色，品质稍次。

2. 白皮瓜 生长势较弱，蔓细而短，叶色淡绿，茎蔓和叶柄白绿，卷须和叶片对生，结瓜较少，瓜形较圆，表面光滑，瓜小，皮色白绿，品质佳，产量较低。

（四）对栽培环境的要求

种子发芽适温为18～25℃。幼苗生长适温为20～30℃。开花结果最适温度为15～20℃，低于5℃，瓜停止膨大，植株易受寒害而枯死。短日照植物，在长日照条件下不能开花结果。喜中等强度光照，强光对植株生长有抑制作用。

喜湿，不耐涝，长时间积水易引起烂根。对土壤要求不严，以壤土为宜。喜肥，除施足基肥外，还应分期追肥，前期以氮肥为主，后期适当配合磷、钾肥。

（五）栽培技术要点

1. 栽培方式 佛手瓜生长期长，株型较大，作为观赏用蔬菜，多进行槽栽或畦栽。温暖地区多于9～10月份直播；寒冷地区为保全苗，应采取育苗移栽，一般3～4月份播种，利用设施可提早播种育苗。

2. 繁殖方式　佛手瓜繁殖方式有整瓜繁殖、裸种繁殖、扦插育苗等，以种瓜繁殖应用最为普遍。

（1）整瓜繁殖　以整个瓜作为播种材料进行繁殖，较易培育出健壮苗，但由于种瓜体积较大，在贮存、调运等方面有诸多的不便，育苗过程中往往会因温湿度控制不好而引起腐烂。

该法育苗要求种瓜无损伤、无冻害、成熟好，重量在200～300克左右的中等瓜，霜后瓜、病瓜、伤瓜、冻瓜等不宜作种。

将种瓜装入塑料袋或埋在湿沙里，沙的相对持水量保持在75%左右，温度控制在15～20℃，大约15天左右，瓜的项端就开裂并陆续长出稀疏根系。

（2）裸种繁殖　又称光胚繁殖，是将刚裂开的种瓜剖开，取出种子进行繁殖。此法育苗，出苗快且出苗率高，便于运输，剖取裸种后的瓜仍可经济利用，比较适合集约化育苗。但该法对技术要求较严格，加上目前大多为零星种植，应用很少。

育苗时将选好的种瓜放在20℃左右的环境中催芽，当幼芽长至3厘米长左右时，轻轻掰先端的缝合线，用无菌镊子拨动胚胎，然后取出栽在育苗钵或苗床上。

（3）扦插繁殖　利用植株的丛生枝，或将佛手瓜提前育苗，培育出具有多侧蔓的健壮秧苗，然后将秧苗剪下切段，每段带2～3个节，用吲哚乙酸或生根剂处理后，扦插在苗床中进行育苗。但扦插苗往往长势较弱，成株产量低，生长上应用的不多。

3. 育苗　种瓜播种时可先进行催芽，具体做法是：选择完整且较大的种瓜，用刀把首端的合缝处开口，装入长25厘米、宽15厘米的塑料袋里，码入筐中；或者将种瓜放在河沙间，下铺上盖各2～3厘米的河沙，于15～20℃环境下催芽，经15天左右，种瓜由首端合缝处长出根系，子叶展开后即可播种。

为满足佛手瓜所需营养，播种前要配制营养土，用肥沃田土和细沙各50%拌匀，加入清水，湿度以不粘手为度，装入直径20～30厘米、高20厘米的薄膜筒或花盆中，把发芽的种瓜芽朝上，直立或斜栽其中，每盆栽 1 个，覆土 4～6 厘米。

育苗过程中严格控制水分，只要叶片不萎蔫就不要浇水，以防烂瓜。出苗前保持 20～25℃的温度。一般播种后 20 天左右出苗。出苗后降温至 10～20℃，苗长大后适当喷水。佛手瓜幼苗对人粪尿特别敏感，不宜施用。当苗高 20 厘米左右，具 5～6 片真叶，露地断霜后定植。

4. 定植 定植前施足底肥。先挖长、宽、深各 1 米的栽培穴，每穴施入 30 千克优质腐熟有机肥，3～5 千克复合肥，与穴土混匀后整平，将幼苗带土栽入穴中，培土、浇水、压实。一般肥力好的地块，每亩种植 20～25 株，肥力差的种植 25～30 株，行、株距为 4 米×6 米。直播时把已出芽的种瓜放入施好基肥的栽培穴中，深度以不见种瓜为宜。

5. 田间管理

（1）肥水管理 春季定植前期温度低，应多中耕，少浇水，以免影响生长并造成种瓜腐烂。夏季高温季节，要增加浇水量和浇水次数，降低地温。进入秋季后，植株转为生殖生长为主，应保持土壤湿润，但不宜大水漫灌，避免影响瓜的膨大。雨后及时排水防涝。

除施足基肥外，还应多次追肥，追肥多采取环状沟施。引蔓上架后进行第一次追肥，在距瓜苗 30～40 厘米处开沟，每株施入腐熟有机肥 5 千克，复合肥 1 千克，施后覆土浇水。坐瓜后进行第二次追肥，在距瓜苗 60～65 厘米处开沟，每株施腐熟有机肥 10 千克，复合肥 5 千克。盛瓜期再追肥 1～2 次，追肥次数及数量依植株长势而定。

（2）植株调整 植株开始抽蔓时及时搭架，多采用高 2 米、宽 4 米的棚架。

佛手瓜分枝性强，前期应及时抹除茎基部的侧芽，每株保留 3～5 个生长健壮的蔓上架。上架后进行 1～2 次摘心，去除部分卷须，并对枝蔓进行整理，使植株在棚架上分布均匀，以利通风透光，增加结瓜数。

（3）*越冬管理*　当植株停止生长后割蔓，一般留主茎1米左右长，在根部周围覆盖稻草、锯末、草木灰、草粪等保温材料，厚度30～50厘米，上覆塑料薄膜，保证地温不低于5℃，以安全越冬。翌春气温稳定在15℃以上时，揭去覆盖物，使其发芽和结瓜，之后管理同第一年。一般可连续生产3～4年。

6. 病虫害防治

（1）*主要病害防治*

①佛手瓜霜霉病　保护地栽培时易发生此病。发病初期，叶面叶脉间出现黄色褪绿斑，后在叶片背面出现受叶脉限制的多角形黄色褪绿斑，发病严重时叶片向上卷曲，湿度大时病叶背面生有白霉，即病原菌的孢子囊和孢子梗，而环境干燥时则很少见到霉层。

主要防治措施：

保护地栽培加强大棚内的温湿度管理，及时通风排湿，降低棚内湿度；及时整治，保持田间良好的通风性；发病初期可喷洒70%乙膦·锰锌可湿性粉剂500倍液，或64%杀毒矾可湿性粉剂500倍液，72%杜邦克露可湿性粉剂800倍液，50%甲霜铝铜或甲霜铜500倍液等，每7～10天防治1次，连续防治2～3次。

②佛手瓜白粉病　该病主要危害叶片，叶柄和茎蔓也能染病，但果实受害少。初发病时叶面先产生白色小粉斑，后逐渐向四周扩展融合形成边缘不明显的连片白粉，严重时整个叶面覆一层白色粉霉状物，一段时间后，致使叶缘上卷，叶片逐渐干枯死亡。叶柄和茎蔓染病时，症状基本与叶片相似。

主要防治措施：

采用人工大量繁殖白粉寄生菌，于佛手瓜白粉病发病初期喷洒到植株上面；发病初期喷洒农抗120，或武夷菌素水剂100～150倍液，或20%三唑酮乳油2 000液，或60%防霉宝2号1 000倍液，或12.5%速保利可湿性粉剂2 500倍液等，每7～10

天防治一次。保护地栽培时也可用5%百菌清粉尘剂，每亩用药量为1千克。

③佛手瓜黑星病　一般只侵染叶片，叶片染病时病斑圆形或近圆形，大小1～2毫米，褐色，四周组织常为黄色，病叶卷缩不平整，病部生长缓慢，后穿孔，病叶一般不枯死。

主要防治措施：

定植后至结瓜期控制浇水；保护地栽培中，采取措施降低棚内湿度，减少叶面结露，抑制病菌萌发和侵入，阴雨天可用10%多百粉尘剂喷撒，每亩用量1千克，或用45%百菌清烟剂，每亩用量250克，连续防治3～4次；发病初期可喷洒70%代森锰锌可湿性粉剂800倍液，或2%武夷菌素水剂150倍液加50%多菌灵可湿性粉剂600液，或75%百菌清可湿性粉剂600倍液，或50%苯菌灵可湿性粉剂1 500倍液等，每7～10天喷洒一次，连续防治3～4次。

（2）主要虫害防治　佛手瓜虫害较少，主要防治金龟子和其幼虫蛴螬，可采用1∶50茶枯水或50%辛硫磷600倍液浇根部。

（六）收获

佛手瓜授粉后15～20天即可采收嫩瓜，商品瓜和留种瓜以花后25～30天、瓜重达300～500克、瓜皮由深绿色变为浅绿色时采收为宜。佛手瓜结瓜集中，应早采、勤采，以免影响幼瓜的生长发育。一般每7～10天采收一次，每株可采收200～300个瓜。为增加耐贮性，霜降前应采收完毕。

二、紫甘蓝栽培特性

紫甘蓝别名红甘蓝、赤球甘蓝、紫洋白菜或紫椰菜等，属十字花科芸薹属甘蓝种的一个变种。紫甘蓝食用叶球，色泽艳丽，营养丰富。紫甘蓝叶球较普通甘蓝坚硬，产量高，耐贮运，其色泽艳丽，是大宾馆和洋快餐店必不可少的配色高档菜，是一种具有较高种植价值的蔬菜（图47）。

图 47　紫甘蓝

（一）形态特征

紫甘蓝根系主要分布在 30 厘米的土表中，其开展度的半径在 60 厘米范围内。植株开展度 50 厘米左右。有外叶 20 片左右，叶近圆形，长约 33 厘米，宽约 30 厘米，紫红色，叶脉附近略带绿色，中肋深红色，叶面白粉多。叶球近圆形或扁圆形，高 12 厘米左右，横径 20 厘米左右，紫红色有光泽，叶球重 1.5～2 千克。

花黄色，总状花序，异花授粉。长角果，种子黑褐色，无光泽、千粒重 3.3～4.5 克。

（二）营养成分与功效

紫甘蓝的营养丰富，尤以丰富的维生素 C、较多的维生素 E 和维生素 B 族，以及丰富的花青素甙和纤维素等，备受人们的欢迎。主要营养成分与普通结球甘蓝差不多，每 100 克食用部分含胡萝卜素 0.11 毫克、维生素 $B_1$0.04 毫克、维生素 B_2 0.04 毫克、维生素 C39 毫克、尼克酸 0.3 毫克、糖类 4%、蛋白质 1.3%、脂肪 0.3%、粗纤维 0.9%、钙 100 毫克、磷 56 毫克、铁 1.9 毫克。其中含有的维生素成分及矿物质都高于结球甘蓝。所以公认紫甘蓝的营养价值高于普通结球甘蓝，用于炒食、煮食、凉拌、配色，具有特殊的香气和风味。可将其切成两半，焯后放在盘中浇上调味汁食用；欧洲人多将其切丝拌色拉酱。

紫甘蓝具有重要的医学保健作用，200 克甘蓝菜中所含有的维生素 C 的数量是一个柑橘的两倍。此外，这种蔬菜还能够给人体提供一定数量的具有重要作用的抗氧化剂：维生素 E 与维生素 A 前身物质（β-胡萝卜），这些抗氧化成分能够保护身体免受自由基的损伤，并能有助于细胞的更新，甘蓝还能刺激细胞制造对人体有益的Ⅱ型酶。因此，紫甘蓝是一种天然的防癌药物。在国际医学领域，甘蓝还是一种重要的护肝药品，甘蓝的化学成分中含有半胱氨酸和优质蛋白，这都是协助肝脏解毒的重要元素，对脂肪肝、酒精肝、肝脏功能障碍等常见肝病有治疗作用。在十大日常健康食品中，甘蓝在防癌和护肝方面功能遥遥领先，是目前医学界非常推崇的十字花科植物之一。

凡是经常吃甘蓝蔬菜的人，都能轻而易举地满足机体对纤维素的需求。这类蔬菜中含有的大量纤维素，能够增强胃肠功能，促进肠道蠕动，以及降低胆固醇水平。此外，经常吃甘蓝蔬菜还能够防治过敏症，因此皮肤过敏的人最好把甘蓝视为一道保留菜。

（三）主要品种

1. **红亩** 品种来自美国。中熟品种，植株较大，生长势较强，开展度60厘米×70厘米，叶色深紫红色，包球紧实，叶球近圆球形，单球重1.5～2千克，每亩产量可达3 000～3 500千克。移栽到收获需要80天左右的时间，耐贮性好，抗病性强。

2. **早红** 品种来自荷兰。早熟品种。植株中等大小，生长势强，开展度60厘米×60厘米。有外叶16～18片，叶紫色，有蜡粉。叶球卵圆形，基部较小，叶球紧实，单球重0.75～1千克，一般每亩产量2 500千克左右，从移栽到收获需要65～70天的时间。

3. **旭光** 早熟品种，定植后65天左右即可收获。有外叶14～16片，叶紫绿色，叶缘稍有波状。叶球圆球形，紫红色，单球质量1千克左右。结球紧实不易裂球，耐贮运，中心柱细，叶肉白色，配色优美。对温度适应性较广，耐低温和高温能力较强。

4. **超紫** 品种来自日本。叶球为圆球型，球重1.2～1.5千克，定植后70天可以收获。叶色深紫，整齐一致，易于管理。

裂球晚，耐贮运，适合加工及各种料理。春秋两季种植表现好。

5. **早生** 叶球为圆球型，球重 1.5 千克左右，定植后 65～75 天可以收获。叶色深紫，结球整齐，商品性好，裂球晚，耐贮藏，适合春秋两季种植。

6. **豪特** 品种来自日本。中早熟品种，定植后 70～75 天收获。植株长势强，外叶宽大厚实，色泽深紫红色，蜡粉中等，抗病耐寒。结球紧实，叶球正圆形，单球重 1.2～1.5 千克，不易裂果，田间保持时间长。商品性佳。适合鲜食或加工出口，还可以提取紫色素。

7. **巨石红** 品种来自美国。中熟品种，从定植到收获约 85～90 天。植株较大，生长势强，开展度 65～70 厘米。有外叶 20～22 片。叶球深紫红色。叶球圆形略扁，直径 19～20 厘米，单球重 2～2.5 千克。每亩产量 3 500～4 000 千克，耐贮性强。

8. **紫玉** 品种来自荷兰。长势旺盛，低温肥大性好，高温结球性也非常出色，播种幅度大，可春、夏、秋三季播种。叶球包裹紧实，内叶紫红色光泽度好。叶球丰圆球型，单球重 1.0～1.8 千克，裂球特别迟，商品性佳。

9. **紫阳** 品种来自日本。适合春夏秋种植，中早熟，植株长势旺盛，栽培容易，单球重 1.5～2.0 千克，正圆球形，颜色赤紫色，从定植到收获 70～75 天。耐暑性、抗病性强。

（四）对栽培环境的要求

紫甘蓝属半耐寒蔬菜，喜凉爽气候。抗寒力较强，能耐 −5～−7℃的短时间低温。气温 20～25℃时适于外叶生长，结球期适宜温度 15～25℃。

为长日照植物，第一年形成叶球，翌年在 2～6℃的低温条件下完成春化，遇上长日照条件，就能抽苔、开花、结果。

对水分需求多，对养分以氮肥需要量最大。对土壤的适应性虽广，但以土层深厚肥沃、排水良好的砂质壤土或黏质壤土为好。

（五）栽培技术要点

1. 栽培方式 露地紫甘蓝栽培多以春、秋两季为主。秋季栽培收获后，可带根假植贮藏。利用温室、大中小棚等保护地设施，错开播期，分期上市，一年四季均可生产。

2. 露地栽培技术要点

（1）育苗 春季育苗选用早熟品种，夏季育苗选择适应性强，抗热性强的品种。春季育苗尽量提早播种，育苗可在温室、大棚和小棚中进行；秋季栽培正值高温多雨季节，要搭遮阳棚育苗，并且要提前几天播种。紫甘蓝春季苗龄70～90天，秋季苗龄30～35天。用种每平方米50克左右。

播种前用30℃水浸泡2～3小时，捞出种子后置20～25℃环境下催芽，待70%种子发芽后，采用撒播法进行播种。

播前苗床浇足底水。幼苗出土前，白天温度保持在20～25℃，夜间15℃为宜。定植前进行低温炼苗，白天15℃，夜间7～8℃。

幼苗6～8片真叶长出后进行定植。

（2）定植 定植前施足底肥，每亩施入有机肥5 000千克，磷肥25～30千克，尿素30～40千克，钾肥20～30千克，还要适当补充一部分钙肥。撒匀后整地作成1～1.2米宽的低畦。早熟品种株、行距各50厘米，每亩栽植2 500～2 600株，中熟品种株、行距59厘米×60厘米，每亩栽植2 200株。

春季定植后要覆盖地膜。

（3）田间管理 定植时浇大水，缓苗后进行补苗，并浇缓苗水，然后中耕，控水蹲苗15～20天后开始浇水。进入结球期后，要增加灌水量与浇水次数，并结合浇水追肥，每亩用磷酸二铵25千克。后期少量追肥，并使用叶面肥，收获前7～10天，停止水肥供应，以免裂球。

3. 保护地早春茬紫甘蓝栽培技术

（1）育苗 日光温室播种期不甚严格，根据上市要求可在

10月下旬至12月上旬育苗；大棚于12月中下旬育苗。

苗床应施足底肥，每平方米施腐熟有机肥10～15千克，复合肥0.1千克。

选晴天播种，播种量为每平方米约3克，播后覆盖1厘米厚的过筛细土。苗床白天温度保持25℃左右，夜间15℃左右宜。播种后20～30天，当幼苗长出3片真叶时，移栽到育苗钵内。分苗后45～60天，当幼苗长至6～8片真叶大小时进行定植。

（2）定植 日光温室在12月上旬至翌年2月中下旬，大棚在3月上旬定植。定植前施足基肥，每亩施用有机肥4 000～5 000千克，过磷酸钙20～30千克，草木灰150千克，与土壤耕耙均匀。按行距60厘米做宽30厘米、高15厘米的小高畦。按株距50厘米栽苗，每亩栽植2 000～2 200株。

（3）田间管理 从定植到缓苗阶段，白天25℃左右，夜间15℃左右，缓苗后逐渐降温。结球期白天温度15～20℃，夜间10℃左右。

缓苗后浇一水，之后适当控制浇水。进入结球期结合浇水追肥2～3次，结球初期每亩追施尿素10～15千克，中期7～10千克，后期5千克。结球期勤浇水，保持地面湿润。收获前期停止浇水，以免裂球。

4. 病虫害防治

（1）主要病害防治

①紫甘蓝霜霉病 紫甘蓝叶片染病，下部叶片出现边缘不明显的受叶脉限制的黄色斑，呈多角形或不规则形，有的在叶面产生稍凹陷的紫褐色或灰黑色不规则病斑，生有黑褐色污点，潮湿时叶背可见稀疏的白霉，叶背面病斑上，也有明显的黑褐色斑点，略突起，上有白色霉层，严重的叶片枯黄脱落；花梗染病，病部易折倒，影响结实。

主要防治措施：

选用抗病良种；高畦或高垄栽培，保护地内严格肥水管理；收获后彻底清除病残落叶；发病初期选用72%克露可湿性粉剂600～800倍液，或72%霜脲·锰锌可湿性粉剂600～800倍液，或66.8%霉多克可湿性粉剂800～1 000倍液，或50%多菌灵可湿性粉剂600～800倍液，或69%安克·锰锌可湿性粉剂800～1 200倍液喷雾防治。保护地种植每亩选用5%百菌清粉尘，或5%霜霉清粉尘剂1千克喷粉防治效果更佳。有条件的宜采用常温烟雾施药。

②紫甘蓝病毒病　苗期染病，心叶扭曲畸形，叶色浓淡不均，心叶与外叶比例严重失调，扭帮卷缩，不包心。中后期染病，外叶颜色浓淡不均，叶片不正常展开，呈勺状上卷，叶面抽缩。心叶畸形呈波纹状不规则扭曲，不包心或心叶不能相互抱合，或包心松散。随病害发展外叶上出现不规则灰褐色坏死斑，最后植株逐渐萎蔫，干缩坏死。

主要防治措施：

选种抗病品种，带菌种子经78℃干热处理48小时后播种；适期早播，躲过高温及蚜虫猖獗季节；苗期防蚜，尤其春季气温升高后早防蚜虫；发病初期喷洒20%毒克星可湿性粉剂500倍液，或5%菌毒清可湿性粉剂500倍液，0.5%抗毒剂1号水剂300倍液，或20%病毒宁水溶性粉剂500倍液，或83增抗剂100倍液，隔10天1次，连续防治2～3次。

③紫甘蓝褐腐病　以苗期发病普遍而严重，多数病苗染病后根茎略缢缩，沿病部向上、向下发展，使根茎和幼根变褐坏死而腐烂。空气潮湿病部产生较稀疏灰白色蛛丝状物。成株期发病，多造成根部和根茎褐色腐烂，同时基部叶柄呈灰褐色至紫褐色坏死腐烂，植株萎蔫。

主要防治措施：

施用充分腐熟的有机肥，用高畦或高垄栽培，浇水时注意浇小水，避免田间积水；发病初期喷50%多菌灵可湿性粉剂500

倍液，或5%井冈霉素1 500倍液，或72.2%普力克水剂600倍液防治。

（2）主要虫害防治　紫甘蓝主要害虫有蚜虫、菜青虫。蚜虫用黄色纸板涂10号机油诱杀，或用洗衣粉400～500倍溶液，或10%吡虫啉可湿性粉剂4 000～6 000倍液，或3%莫比朗乳油1000～1 500倍液防治；菜青虫用40%绿菜宝乳油1 000～1 500倍液，或2.5%天王星乳油2 000～3 000倍液防治。

（六）收获

叶球充分紧实时收获。收获时切去根蒂、去掉外叶，做到叶球干净，不带泥土。紫甘蓝耐贮耐运，一般2℃恒温下可贮藏3个月左右。

三、黄秋葵栽培特性

黄秋葵广泛生长于热带和地中海气候地带，是一种分布于热带到亚热带的植物。目前认为黄秋葵可能源于非洲东部。黄秋葵引入我国大陆比较晚，是近几年从中国台湾、日本引入中国大陆的。现在，我国南北方各地均有黄秋葵的分布与栽培，种植较多的有北京、广东、上海、山东、江苏、浙江、海南、云南、安徽、福建、台湾等省市，特别是在台湾。在南方一年可种植2次（图48）。

图48　黄秋葵

（一）形态特征

黄秋葵主根比较发达，多分布于50～60厘米深土壤中，抗旱力较强。茎直立，高1～2米。茎基部节间较短，叶腋间常发生侧枝。而上部节间较长，无侧枝发生。叶互生，叶面有茸毛，掌状3～5裂。叶柄细长中空，下部叶片阔大，缺刻浅，上部叶片狭小，深裂，且叶柄较短。

一般第三片真叶以上各叶腋均着生一花。花单生，两性花，花冠黄色。开花通常自下而上，一天开1朵或2朵。温度较低时开花慢而晚，1～2天开一朵花。早上8～9点开花，下午凋萎，次日落花。

蒴果，顶端尖细，弯曲似羊角，果面有5～10个棱角，果长6～25厘米。果实表面密生茸毛，子房5～11室，平均每果结籽47～180粒。嫩果初始浓绿色，后为深绿色。单果重20～70克。果实成熟后变黄，最后变褐，自然开裂。种子近球形，直径4～6毫米，种皮呈灰绿色，种子发芽年限为3～5年，千粒重约55克。

（二）营养成分与功效

黄秋葵各个部分都含有半纤维素、纤维素和木质素。嫩果含有丰富的蛋白质、游离氨基酸、VC、VA、VE和磷、铁、钾、钙、锌、锰等矿质元素及由果胶和多糖等组成的粘性物质。每100克嫩果中含有蛋白质2.5克、脂肪0.1克、碳水化合物2.7克、粗纤维3.9克、维生素B_1 0.2毫克、维生素B_2 0.06毫克、维生素C44毫克、维生素E1.03毫克、维生素PP1.0毫克、维生素A660国际单位、矿质营养钾95毫克、钙45毫克、磷65毫克、镁29毫克。

黄秋葵的营养保健价值很高，如：黄秋葵中的维生素A能有效地防护视网膜，确保良好的视力，防止白内障的产生；果胶和多糖等组成的粘性物质，对人体具有促进胃肠蠕动、防止便秘等保健作用，适当多食可增强性功能，还可以增强人体的耐力，因此黄秋葵在国际上享有“植物伟哥”之美誉；另外黄秋葵低脂、低糖，可以作为减肥食品；由于其含锌和硒等微量元素，可以增强人体防癌抗癌能力；其富含维生素C可预防心血管疾病发生，提高免疫力。另外丰富的维生素C和可溶性纤维（果胶）结合作用，对皮肤有一定温和的保护效应，可以代替一些化学的护肤用品，不少女性将它磨碎榨汁擦上脸部，因其不仅有润滑保护皮肤的作用，且有使皮肤美白、细嫩、防黑的特殊功效；可溶性纤维还能促进体内有机物质的排泄，减少毒素在体内的积累，降低胆固醇含量；黄秋葵的黏液还可用于医药方面，作为润肤剂、镇定剂和止痰剂。

黄秋葵除可生食外，还可以炒食、煮汤、做色拉、油炸、凉拌、酱渍、醋渍、制泡菜等多种烹调方法。即可以单独煮食也可以和其他的食物一起烹调，黄秋葵常被用来熬制浓汤或者炖肉，汤的口感就变得浓浓稠稠，味道也很鲜美。这是由于黄秋葵特有的果胶成分，使汤变稠。秋葵肉片、秋葵鱼片、素炒黄秋葵、秋葵香虾、秋葵肉（鱼）片汤、秋葵番茄浓汤这些都是由黄秋葵做出的鲜美菜肴。

（三）主要品种

1. **粤海** 品种来自中国台湾省。半矮秆型，株高73.9厘米，早熟，始花节位6.2节，叶片长35.1厘米，嫩果5棱，果面柔滑无刚毛，果色翠绿，果长约11厘米，单果重约11克。维生素C含量为1 076毫克/千克，还原糖含量为3.60%，有机酸含量为0.023%。每亩产量1 500千克以上。

2. **清福** 品种来自中国台湾省。植株生长势强，茎秆粗壮，株高约1.5米。嫩果5棱，果型端正，长约7厘米，果色浓绿。早熟，定植后36天可采收，结果力强，产量高。

3. **五福** 品种来自中国台湾省。生长势强，株高约1.2～1.5米，嫩果翠绿，光滑，果长8～10厘米。早熟，定植后40天左右开始采收。

4. **南洋** 品种来自中国台湾省。高秆型，株高1.5米以上，生长势强。嫩果5棱，细而长，色淡绿。植株分枝性强，一般有侧枝3～4条，结果力强。早熟，定植后约35天即可采收。

5. **早生五角** 品种来自日本。主茎直立，高100厘米以上，色紫绿相间，分枝极少。叶互生，叶柄长，呈掌状3～5裂。第5片以上各叶腋均可着生一朵花。角荚色浓绿、细长。

6. **新星五角** 品种来自日本。果色特浓绿，蒴果五角，发生弯曲果少、小疙瘩很少，色绿肉厚。侧枝2～3条，适宜密植栽培。结果节位低，初期产量高。

7. **新东京5号** 品种来自日本。株高1.5米左右，叶片掌状3～5裂，花黄色，茎部暗红色，十分美观。果长约20厘米，5个心室，果深绿有光泽，纤维少，每亩产量3 000千克。

（四）对栽培环境的要求

黄秋葵喜温暖、耐热、不耐霜冻。种子萌发最适温度为25～30℃，植株生长发育最适温度为25～28℃，10℃以下几乎不能生长，遇到霜冻即死亡。26～28℃适温开花多，座果率高，果实发育快，产量高，品质好。耐旱、耐湿，但不耐涝。结果期干旱，植株长势差，品质劣，应始终保持土壤湿润。喜光，要求光照时间长，光照充足。

黄秋葵对土壤适应性较广，但以土层深厚、疏松肥沃、排水良好的壤土或砂壤土较宜。生长前期以氮为主，中后期需磷钾肥较多。

（五）栽培技术要点

1. **栽培方式** 黄秋葵喜温暖，怕霜冻，整个生育期应安排在无霜期内，开花结果期应处于各地温暖湿润季节。华北地区一般于4月中下旬至5月播种。北方寒冷地区常用日光温室、塑料大棚集中育苗，待早春晚霜过后，再定植于大田。长江流域露地直播以4月上旬至下旬，华北地区在5月中旬，华南地区3～4月份为宜。设施栽培主要有日光温室秋冬茬和冬春茬以及塑料大棚春连秋栽培。

由于黄秋葵前期生长缓慢，到7月份才开始采收，为提高土地的利用率，可与其他生育期短的蔬菜和农作物间作。

2. 育苗　育苗栽培黄秋葵栽培期长，产量高，因此不提倡直播，应提倡育苗移栽。用塑料钵育苗。

北方地区多于3月上中旬在阳畦、日光温室播种育苗。床土以4份园土，5份腐熟有机肥，1份细沙混匀配制而成，每方土中加氮磷钾三元复合肥2千克、50%多菌灵可湿性粉剂150克、50%辛硫磷乳油150毫升，混合均匀后装入育苗钵中备用。

黄秋葵种子外皮粗，种皮厚，不易出苗，播种前应对种子进行浸种催芽处理。具体做法：用55～60℃热水浸种15分钟，然后投入30～32℃的温水中浸种10小时，捞出沥干后，包好，放在25～28℃的培养箱中催芽2天，当有一半的种子露白时，开始播种。

播种前浇透水，每钵播带芽的种子1粒，覆土厚约2厘米。

播种后保持白天温度25～30℃，夜间15～20℃，一般4～5天即可出苗。幼苗出土后降温，白天22～25℃、夜温13～15℃。黄秋葵怕寒，育苗期间应注意防寒，最低温度保持8℃以上。育苗钵育苗容易发生干旱，要保持水分供应。

当幼苗达到3～4片真叶时定植。

3. 定植　播种前深耕20～30厘米；施足基肥，每亩施腐熟有机肥3 000千克左右，磷酸二铵15～20千克，草木灰100～150千克或硫酸钾15千克，整平地面后做畦。采用高畦或垄畦栽培。高畦畦面宽60～70厘米，每畦栽种2行，畦间开排水沟40～50厘米；垄畦宽50～60厘米，垄顶栽种1行，垄高15～20厘米。

定植前在定植沟内撒施复合肥10～15千克，与沟土混匀后栽苗。早熟品种行、株距50厘米×40厘米，中晚熟品种行、株距60厘米×40厘米。提倡大小行距栽培，大行距60～80厘米，小行距40厘米。

定植后覆盖地膜。

4. 田间管理

（1）肥水管理　缓苗后浇一次水，之后控制浇水，进行蹲苗。开花座果期要经常浇水，保持土壤湿润，炎夏季节正值黄秋葵采收盛期，需水量大，应保持水分供应，但雨水过多时，应及时排水。

定植缓苗后施提苗肥，每亩施复合肥15～20千克。田间大多数植株第一果采收后重施肥，冲施入粪稀2 000～3 000千克，或氮磷钾复合肥20～30千克。生长中后期，酌情多次少量追肥，防止植株早衰。

结果期叶面喷施0.1%磷酸二氢钾和0.1%硼肥，有利于提高果实品质，提高产量。

（2）植株调整　黄秋葵在正常条件下植株生长旺盛，主侧枝粗壮，叶片肥大，往往延迟开花结果，可采取扭枝法，即将叶柄扭成弯曲状下垂，控制营养生长。生育中后期，对已采收嫩果以下的各节老叶及时摘除，改善通风透光条件。

采收嫩果者适时摘心，可促进侧枝结果，提高早期产量。采收种果者及时摘心，可促使种果老熟，以利籽粒饱满，提高种子质量。

5. 病虫害防治

（1）主要病害防治

①黄秋葵病毒病　植株染病后全株受害，尤其以顶部幼嫩叶片十分明显，叶片表现花叶或褐色斑纹状。早期染病，植株矮小，结实少或不结实。

主要防治措施：

不从病田留种，选用抗病品种，对带菌种子进行消毒处理后播种；及时防治蚜虫；发病初期用5%菌毒清可湿性粉剂400～

500倍液，或20%病毒A可湿性粉剂400倍液，或15%植病灵1 000倍液，或83增抗剂100倍防治3次，隔7～10天1次。

②黄秋葵疫病　苗期、成株期均可染病。苗期病斑由叶片向主茎蔓延，使茎变细并呈褐色，致全株萎蔫或折倒。叶片染病多从植株下部叶尖或叶缘开始，发病初为暗绿色水渍状不整形病斑，扩大后转为褐色。

主要防治措施：

选用抗病品种、播种前对种子进行消毒处理；选择地势高燥、排水良好的地块，并且采用深沟高畦栽培；施足腐熟农家肥，增施磷、钾肥；发病初期用72%锰锌·霜脲可湿性粉剂500倍液，或69%安克锰锌可湿性粉剂900倍液，或64%杀毒矾可湿性粉剂400倍液，或58%甲霜灵·锰锌可湿性粉剂500倍液隔7～10天喷雾1次，防治2～3次。

（2）主要虫害防治　黄秋葵主要害虫是蚜虫、棉铃虫等。棉铃虫于幼虫蛀果前用5%氟虫脲乳油1 500～2 000倍液，或48%毒死蜱乳油1 000倍液，或50%辛硫磷乳油1 000倍液防治；蚜虫可用10%吡虫啉可湿性粉剂1 500倍液，或3%啶虫脒乳油2 000倍液防治。

（六）收获

当果长8～10厘米，果外表鲜绿色，果内种子未老化时进行收获。

通常花谢后4天采收嫩果，品质最佳。如果采收不及时，肉质老化，纤维增多，商品食用价值大大降低。一般第一果采收后，初期每隔2～4天收一次，随温度升高，采收间隔缩短。盛果期，每天或隔天采收一次。采收时间以早晨为宜，用剪刀从果柄基部剪下，带果柄1厘米长。

采收时套上手套，以免茎、叶、果实上刚毛或刺瘤刺伤皮肤，奇痒难耐，此时用肥皂水洗一下或火上轻烤，可减轻痛痒程度。

四、西芹栽培特性

西芹，又叫西洋芹菜，属伞形花科蔬菜。原产于地中海沿岸及瑞典等地，是近年来从国外引进的区别于中国芹菜的大型芹菜品种。植株紧凑粗大，叶柄宽厚，实心，质地脆嫩，有芳香气味，目前已广泛栽培并深受百姓喜爱。西芹叶柄宽厚，单株叶片数多，重量大，可达1千克以上。其营养丰富，富含蛋白质、碳水化合物、矿物质及多种维生素等营养物质，还含有芹菜油，具有降血压、镇静、健胃、利尿等疗效，是一种保健蔬菜（图49）。

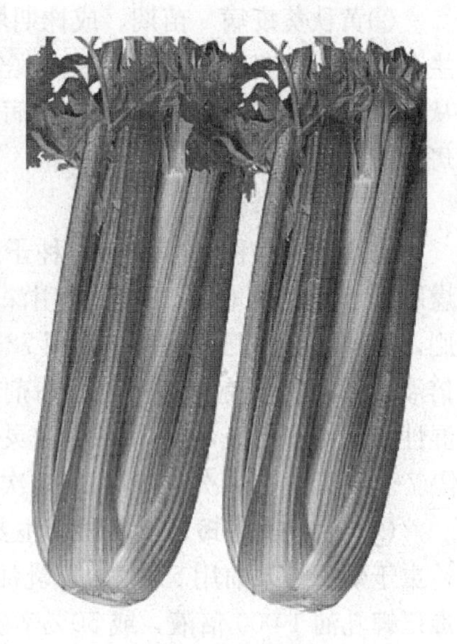

图49 西 芹

（一）形态特性

西芹原产于地中海沿岸的沼泽地区。根系属浅根系，主要根群分布在20厘米内的土层中，横向分布30厘米左右，叶为二回奇数羽状复叶，叶柄发达，肥厚而宽扁，长30～80厘米，柄基部宽3～5厘米；株型紧凑，植株大，株高70～80厘米，栽植密度大时柄长而窄；反之，柄短而宽。构成产品的叶有8～13片。茎在生长前期短缩，茎端分化花芽后，伸长成为花薹。

（二）营养成分及功效

西芹株型紧凑粗大，叶柄宽而肥厚，纤维少，质脆味甜，可生食或炒食，西芹含有丰富的营养，每100克鲜菜含碳水化合物3克，蛋白质2.2克，脂肪0.3克，维生素A240国际单位，维

生素 B_1 0.03 毫克，维生素 B_2 0.03 毫克，维生素 C10 毫克，钙 170 毫克，磷 34 毫克，铁 0.5 毫克。叶片中维生素 P 的含量很高。大多数地区主要食用叶柄，实际上叶片中所含的营养物质比叶柄要高得多。

西芹性凉、味甘。含有芳香油、维生素 P 及多种维生素、多种游离氨基酸等物质，有促进食欲、降低血压、健脑、清肠利便、解毒消肿、促进血液循环等功效。实验表明，芹菜有明显的降压作用，其持续时间随食量增加而延长。并且还有镇静和抗惊厥的功效。

西芹一方面含有大量的钙质，可以补“脚骨力”，另一方面亦含有钾，可减少身体的水分积聚。

（三）对栽培环境要求

西芹对温度的适应性强，生长适宜温度为15～20℃，在30℃以上的高温下仍可生长，4～5 片叶的幼苗可在－10～－12℃的低温下露地安全越冬，成株可耐短期－8～－10℃的低温，但品种间有所差异。种子发芽适温为15～20℃。

西芹为绿体春化植物，3～4 片叶的幼苗，在 2～5℃低温下，15～20 天即可通过春化阶段。春化后的幼苗在长日照下，即可分化出花芽并抽薹、开花、结实。

西芹要求中等光强，强光照可抑制纵向生长，促进横向生长。强光照射下的叶柄，组织纤维化程度高，品质下降。

西芹幼苗生长期长，根的吸收能力相对较弱，对水分的要求严格。植株进入缓慢生长期需水较幼苗期为少；植株进入旺盛进入旺盛生长期，地表布满白色须根，需水量最多。西芹对营养的需求是，前期以氮、磷为主，生长后期以氮、钾为主。西芹对硼和钙的需求量较大，缺硼叶柄易“劈裂”，缺钙易诱发黑心病。

（四）主要品种类型

西芹可以分黄色种、绿色种和杂色种群三种。

1. 美国西芹 品种来自美国。该品种长势旺盛，株高 65～

80厘米，植株粗壮。叶柄黄绿色，宽大肥厚，光滑无棱，具光泽，实心，组织脆嫩无渣，稍带甜味，品质优。耐热耐湿，不易抽苔，单株重500克以上属较好品种。

2. **佛罗里达683** 品种来自美国。株高60厘米左右，株型呈圆筒形，叶柄长25～30厘米，叶柄、叶片均为深绿色，叶柄实心、质脆。耐寒性稍差，但抗病力较强。

3. **意大利冬芹** 株高60厘米，植株较直立，叶柄长30厘米左右。叶片深绿色，表面光滑。叶柄肥厚、较圆、实心、纤维少、不易老化、脆嫩。抗病抗寒，适宜在秋冬季节栽培。

4. **意大利夏芹** 品种来自意大利。该品种生长旺盛，株高80厘米左右。叶柄平均长40厘米，肥厚脆嫩，基部宽1.6厘米。叶柄棱线明显，实心。植株抗性稍差。

5. **犹他** 品种来自美国。株高65至70厘米，叶柄、叶片均绿色。叶柄长30厘米左右，肥厚光滑，易软化。外部叶片易老化空心，须及时采收，才能达到丰产、丰收之目的。

6. **康乃尔19号** 品种来自美国。株高50～60厘米。叶柄、叶片黄色。叶柄长25～30厘米，易软化，软化后呈白色。该品种品质好，抽苔迟，适合软化栽培。

7. **精选文图拉** 品种来自美国。生长势强，高产抗病。生长势强，株形紧凑，株高80厘米以上，叶片大小中等，叶柄亮绿，有光泽，腹沟浅，较宽平，品质脆嫩，纤维极少，商品性及适口性均佳，抗病性强，亩产可达8 000千克，稀植单株可达2.0千克以上，密植也可生产小芹菜。

8. **高犹它52-70R** 品种来自美国。形较高大，株高70厘米以上。呈圆柱形，易软化。对芹菜病毒病和缺硼症抗性较强。定植后90天左右可上市，亩产可达7 000千克以上，单株重一般为1千克以上。嫩脆株形高大，达75厘米以上。植株紧凑，抗病性中等。定植后90天可上市，单株重1千克以上，亩产7 000千克以上。

9. 皇妃　品种来自法国。色嫩形美，抗病高产。由荷兰引进，中早熟品种，生长势强，株形紧凑，叶柄长35厘米左右，基部叶柄宽3厘米，叶片大小中等，叶柄亮绿淡黄色，有光泽，腹沟浅，较宽平，品质脆嫩，不空心，纤维极少，商品性及适口性均佳，抗病性强，单株重可达2.0千克以上，亩产可达8 000千克。

10. 挑战者　品种来自美国。生长势强，高产抗病。由美国引进，中早熟，生长势强，株形紧凑，首节长，株高80厘米以上，叶片大小中等，叶柄亮绿偏黄，有光泽，腹沟浅，较宽平，品质脆嫩，纤维极少，商品性及适口性均佳，抗病性强，单株重可达2.0千克以上，亩产可达8 000千克。密植也可生产小芹菜。

11. 顶峰　品种来自美国。植株健壮直立，株高85厘米，叶柄及叶片均为浅绿色，叶柄组织充实、宽厚、生长速度快，肉质脆嫩，单株重1千克以上，适应性广，耐寒性强，较抗热，适宜保护地栽培，春季栽培不易抽薹，最高产量8 000千克。

（五）栽培技术要点

1. 栽培季节与栽培方式　西芹对高温和低温的忍受能力均较低，因此栽培西芹必须考虑适宜的栽培时间。在长江中下游地区，一般有四种栽培形式，即秋季露地栽培、冬春大棚栽培、春季露地栽培和夏季高山栽培。

（1）*秋季露地栽培*　适播期6月上旬至7月上旬，需遮阴育苗，苗龄70～80天，商品成熟期11月下旬至12月上旬，宜在霜前采收完毕。

（2）*冬春大棚栽培*　适播期9～11月，10月以后播种需保护地育苗，苗龄80～100天，次年2～4月采收上市。当气温低于零下5℃时，应在大棚内加盖小拱棚保温。

（3）*春季露地栽培*　适播期10月下旬至次年1月，用塑料大棚播种育苗，苗龄70～90天，2～3月露地定植，5～6月采收上市。栽培前期宜用小棚覆盖保温，应选择抽薹晚的品种。

(4) 夏季高山栽培　当夏天平原地区白天温度高达30～35℃时，海拔800～1 000米的山上只有23～28℃，这样的温度正适合西芹生长。具体做法是：4～5月可先在山下进行育苗，待秧苗有4～5片真叶时，6月中旬至7月上旬可分批定植到海拔800～1 000米左右的山上，选土层深厚，有排灌条件的田块进行栽植，田间管理与平原地区秋季露地栽培管理相同，产品一般在8～9月的淡季上市供应。

2. 育苗

(1) 浸种催芽　夏季播种芹菜必须浸种催芽，否则不出苗。西芹每亩用种100克，苗床面积40～50平方米。将种子晒4～6小时后，在清水中浸12～16小时，洗净后用湿润纱巾或毛巾包裹保湿置于冰箱果蔬贮藏室内（5～10℃），或悬吊于井水上方5～10厘米处催芽；种子每天用水冲洗1次，再摊开见光半小时左右，并适时翻动使种子受光均匀；当有30%的种子露白时，即可拿出播种。

当日最高气温低于30℃时，则可不催芽，而直接播种。

(2) 播种　选排灌方便，土壤疏松肥沃的田块作苗床，播前备好营养土，夏季高温多暴雨地区，最好采用防雨遮荫棚育苗，即在盖有顶膜的大棚上再覆盖一层黑色遮阳网，这样既可遮阴，又可防雨。寒冷季节则利用大棚保温育苗，棚温10～20℃为宜。

西芹种子细小，播种前一定要将苗床整平整细，并浇透底水，播时用细土将种子拌匀散开，使播种均匀一致；播后薄覆细土，并将覆土洒湿。

高温季节床面用双层黑色遮阳网或稻草覆盖保湿，寒冷季节则覆盖薄膜保温保湿，待种子拱土出苗时，再将苗床上的覆盖物揭去。西芹苗期较长，为防除草害，可于播后苗前用60%丁草胺1 000倍液畦面喷雾。栽培70平方米大田需种子10～12克，播种床5～6平方米。

（3）分苗　出苗后至子叶平展露心之前，不宜浇水过多或使苗床积水，以免造成点片死苗或黄苗。高温季节每天清晨或傍晚需浇1次水，以达到降温保湿之效。当幼苗具3～4片真叶时，可分苗假植。分苗时需将秧苗按大小分开移植，以便管理。分苗株行距一般6～8厘米；分苗床面积约相当于播种床面积的3～4倍。分苗成活后，可视苗情浇施稀薄粪肥或0.3%的尿素水溶液1～2次，当幼苗长至5～7片真叶时即可准备定植。从分苗到定植大约需要30天左右，定植前7天左右开始控制肥水，炼苗壮根，提高秧苗的抗逆能力。

3. 定植　选择通风、光照充足、排灌方便的疏松肥沃田块栽培西芹；避免与小茴香、芫荽、大蒜等浅根系作物接茬，因为接茬容易使土壤缺乏部分营养元素，不利于芹菜的生长。前茬可以是豆类或瓜果类作物。

（1）整地施肥　一般每亩施腐熟厩肥4 000～6 000千克，过磷酸钙30～50千克，含锰、硼的叶菜专用复合肥25千克。施肥后翻耙作畦。南方地区一般作高畦，畦沟深15～25厘米，宽约30厘米，畦面宽1.2～1.4米。北方一般用平畦栽培，畦宽1.5米左右。

（2）定植　定植前1天将苗床淋透水，随起苗随定植。选用健壮无病、大小整齐一致的秧苗，淘汰弱小、有病苗。最好带土坨，选阴天或晴天下午，定植时可以人为折断主根，以促进幼苗侧根生长，并按大小苗分栽，栽后及时浇透稳苗水。

定植行距30～40厘米，株距20～30厘米，单株定植，每亩栽4 500～8 000株；春季栽培生长期短，为提高产量，也可实行双株定植。

高温季节应在下午4时以后或阴天定植，并在定植后设置小拱棚，用黑色遮阳网覆盖遮阳保湿，直至活棵后揭去。冬天温室栽培，则应在定植后覆盖塑料小拱棚保温保湿，以促进缓苗，缓苗后需及时打开小棚通风换气，降低地表湿度。

4. 田间管理

（1）肥水管理　定植后7～10天开始追肥，要结合浇水勤施薄肥，促进缓苗和前期生长。心叶变绿新根生出，开始中耕松土蹲苗；定植后40～50天，心叶直立，西芹进入旺盛生长期，应施大水大肥，保持田间湿润，前期以氮磷为主，后期以氮钾为主，一般亩用尿素10～15千克、叶面喷0.4%～0.6%磷酸二氢钾2～3次，为提高产量和改善品质，在采收前30～15天，喷100毫克/升的赤霉素。此外，应注意钙、硼元素的供应，一般每亩施硼砂500～700克。

（2）温度管理　西芹耐寒性较弱，温度较低时需覆盖大、小拱棚保温，一般当气温降至2～3℃时大棚应扣上薄膜，零下5℃时在大棚内套小拱棚保温，持续零下7℃以下温度时，小拱棚还应加盖草帘或草包以增强保温效果。

（3）中耕除草　西芹株行距大，前期生长又较缓慢，极易滋生草害。为减少除草用工，可用除草剂防治。可在定植前每亩用50%扑草净可湿性粉剂100克兑水60千克喷地表，或生长前期每亩用25%除草醚500克兑水100千克喷雾土表。

（4）其他管理　为提高产量和品质，在采收前30天和15天各叶面喷施1次赤霉素水溶液，并配合充足的肥水供应。

5. 病虫害防治

（1）主要病害防治

①芹菜斑枯病　芹菜斑枯病主要危害叶片，也能危害叶柄和茎。一般老叶先发病，后向新叶发展。我国主要有大斑型和小斑型2种。大斑型初发病时，叶片产生淡褐色油渍状小斑点，后逐渐扩散，中央开始坏死，后期可扩展到3～10毫米，多散生，边缘明显，外缘深褐色，中央褐色，散生黑色小斑点。小斑型，大小0.5～2毫米，常多个病斑融合，边缘明显，中央呈黄白色或灰白色，边缘聚生许多黑色小粒点，病斑外常有一黄色晕圈。叶柄或茎受害时，产生油渍状长圆形暗褐色稍凹陷病斑，中央密生

黑色小点。

主要防治措施：

选用无病种子或对带病种子进行消毒、施足底肥；保护地栽培要注意降温排湿，缩小日夜温差，减少结露，切忌大小漫灌；保护地芹菜苗高3厘米后有可能发病时，选用45%百菌烟剂熏烟，每亩每次200～250克，或喷撒5%百菌清粉尘剂，每亩每次1千克。发病初期可选喷75%百菌清湿性粉剂600倍液，或60%琥·乙膦铝可湿性粉剂500倍液，或64%杀毒矾可湿性粉剂500倍液，或40%多·硫悬浮剂500倍液，隔7～10天1次，连续防治2～3次。

②芹菜叶枯病　除危害叶片外，还危害叶柄和茎。先从老叶发病，向上传染。叶上病斑多散生，大小不等，直径3～10毫米。最初为淡褐色、油渍状小点，以后逐渐扩大，中部呈褐色坏死，外边缘多为深红褐色，中间散生少量小黑点，有的边缘生很多黑色小粒点，病外有一圈黄色晕环。叶柄或茎部染病，病褐色，长圆性稍凹陷，中部散生黑色小点。

主要防治措施：参照芹菜斑枯病。

③未熟抽薹　属于生理病害。春茬西芹常易产生未熟抽薹，严重影响商品品质。西芹一般受低于15.5℃的低温影响达15天，就可能发生未熟抽薹。低温效应是累加的，温度越低，引发抽薹所需的时间就越短，但高温对低温有抵消作用。

主要防治措施：

选用不易抽薹的品种，覆盖保护栽培预防未熟抽薹的产生。

④空心　西芹叶柄有时会发生空心现象，严重影响商品品质。产生空心的主要原因有：过熟，未及时采收；不良环境的影响，如土壤过干过湿，过多的土壤盐分或缺素、霜冻等；植株间相互竞争。

主要防治措施：

成熟时及时采收；保持土壤湿润，供水均匀；施足基肥，及时追肥；预防霜冻。

（2）主要虫害防治　病虫害防治　西芹主要病虫害有叶枯病、斑枯病、蚜虫等。

叶枯病也叫早疫病，叶、叶柄均可染病，初期叶片油渍状小斑，边缘明显，以后扩大成圆型或不规则型病斑，边缘褐色，后扩大连片造成叶枯，防治可用杀得400倍，杀毒矾500倍，霜疫一次净500倍液喷洒。

芹菜蚜虫可用吡虫啉600倍或好年多1 000倍液防治，也可用灭蚜烟剂熏蒸。

（六）采收

秋季露地栽培应在霜冻前采收；春季栽培则要求在抽薹前采收完毕；大棚栽培待心叶已充分发育、最外叶刚出现衰老迹象时采收为宜。日光温室内可延至春节前后，市场行情好时再卖。采后剥除老叶，西芹单株净重一般0.5～1千克，每亩产量4 000～6 000千克。

五、芦荟栽培特性

芦荟中的多糖和维生素对人体皮肤有良好的营养、滋润、增白作用，尤其是青春少女最烦恼的粉刺，芦荟对消除粉刺有很好的效果。芦荟中含有大黄素等属蒽醌甙物质，这类物质能使头发柔软而有光泽、轻松舒爽，且具有去头屑的作用。芦荟中的天然蒽醌甙或蒽的衍生物，能吸收紫外线，防止皮肤红、褐斑产生。芦荟中含的胶质能使皮肤、肌肉细胞

图50　芦　荟

收缩，保护水分，恢复弹性，消除皱纹。到目前为止，还没有发现有哪一种植物能够象芦荟这样同时具有美白、保湿、防晒、祛斑、排毒、镇静、消炎、杀菌、护发养发、防止断发及促进伤口愈合等全方位的美容功效，因此，芦荟也被誉称为“神奇的天然美容师”（图 50）。

（一）形态特征

芦荟多数为须根，少数为球根。多数为多年生草本植物，无茎或短茎。叶多浆，叶肉肥厚。有的叶背有刺或叶面有刺。叶全缘，多具有波状锯齿，少数为纤毛。

花顶生、侧生，总状、伞状、圆锥状、圆柱状或头状花序，通常为无限花序。花红色、棕色、粉红色、黄色、橙红色、乳白色。果实多为蒴果，少数为浆果。种皮灰色或黑色，种子为不规则三棱形至扁平形。

（二）营养成分与功效

芦荟富含烟酸、维生素 B_6 等，是苦味的健胃轻泻剂，有抗炎、修复胃黏膜和止痛的作用，有利于胃炎、胃溃疡的治疗，能促进溃面愈合。对于烧、烫伤，芦荟也能有很好的抗感染、助愈合的功效。它本身还富含铬元素，具有胰岛素样的作用，能调节体内的血糖代谢，是糖尿病人的理想食物和药物。芦荟富含生物素等，是美容、减肥、防治便秘的佳品。对脂肪代谢、胃肠功能、排泄系统都有很好的调整作用。芦荟多糖的免疫复活作用可提高机体的抗病能力。各种慢性病如高血压、痛风、哮喘、癌症等，在治疗过程中配合使用芦荟可增强疗效，加速机体的康复。

（三）主要品种

芦荟有 300 多个品种，可作为蔬菜食用的主要是库拉索芦荟，又称美国芦荟。

1. 库拉索芦荟　又称美国芦荟。须根系，茎干短，叶簇生在茎顶。叶呈螺旋状排列，厚肥汁浓。叶长 30～70 厘米，宽4～

15厘米，厚2～5厘米，先端渐尖，基部宽阔。叶粉绿色，叶面幼苗期布有白色斑点，成株后叶面斑点消失。叶缘长有刺状小齿。花茎单生，长有两三个高60～120厘米的分枝。总状花序。

2. 上农大叶芦荟 是上海农学院植物科学遗传育种研究室从美国引入的巴巴芦荟中选出的栽培变异类型，幼苗期叶背面和叶面均有白色斑点，成株后白斑消失。大叶芦荟生长速度快，具有极大的开发利用价值。在盆栽条件下，分蘖能力极弱，主茎不分枝，因此自然繁殖慢。

（四）对栽培环境的要求

芦荟怕寒冷，5℃左右停止生长，低于0℃，就会冻伤。生长最适宜温度为15～35℃，湿度为45%～85%。怕积水。在阴雨潮湿的季节或排水不好的情况下很容易叶片萎缩、枝根腐烂以至死亡。喜光，需要充分的阳光才能生长。

芦荟适宜在透水透气性好，有机质含量高，pH值6.5～7.2的沙质壤土上栽培。芦荟不仅需要氮磷钾，还需要一些微量元素。为保证芦荟是绿色天然植物，要尽量使用发酵的有机肥，饼肥、鸡粪等，蚯蚓粪肥更适合种植芦荟。

（五）栽培技术要点

1. 栽培方式 芦荟不耐寒，家庭栽培多盆栽。规模种植，北方多进行设施全年栽培。

芦荟一般采用芽插繁殖或分株繁殖等方式进行无性繁殖的。芽插繁殖是从母株的叶腋处切取新芽培育成苗后移栽，多应用于规模种植。分株繁殖于每年的春季或秋、冬季，将每株周围分蘖出来的小苗，连根挖取，并切断与母株连接的地下茎后定植，多应用于盆栽。

2. 育苗 从母株的叶腋处，切取长5～10厘米的新芽，放在阴凉的地方，夏季4～5小时，冬季1～2日，待切口稍干，扦插在搭有荫栅的苗床上。插后20天生根，在苗床培育2～3个月即可出圃定植。

3. 定植 定植前整地深翻，每亩施腐熟有机肥2 000～3 000千克，加复合肥100千克。整平地后作畦，一般单行种植畦宽0.5米，双行种植畦宽0.6～0.8米。

春季或秋季定植。行、株距50厘米×50厘米，或40厘米×50厘米，每穴栽1株。定植时将根舒展，覆土压紧。

4. 田间管理

（1）肥水管理 忌中午浇水，浇水要适量，如表土下2厘米处有湿土，就可不浇水。为了促进植株的生长，要及时施肥，以腐熟有机肥为主结合化肥，每年施化肥3～4次，每次每亩施腐熟有机肥4 000～5 000千克，尿素6千克，过磷酸钙50千克。

（2）松土除草 生长期间要勤除草和松土。

（3）注意防晒和防冻 芦荟怕暴晒，宜间种在果树下或套种高杆作物。冬季应防冻，气温低于5℃时应提前覆盖，并加温。

5. 病虫害防治

（1）*主要病害防治*

①芦荟褐斑病 危害叶片，初期病斑为水渍状，灰绿色，随着病情发展，病斑可扩大为圆形或不规则形，病斑中央凹陷，红褐色或灰褐色，周围有水渍状坏死晕圈，病斑可透过叶片正反两面，呈薄膜状，但不穿孔，病斑质地亦较硬，后期正面病斑可产生成堆黑色小点，在潮湿条件下更为明显，即为病菌的分生孢子器。严重时病斑密布，导致叶片腐烂。

主要防治措施：

选栽抗病性比较强的品种，科学施肥、浇水，注意氮、磷、钾肥均衡，防止积水；经常检查，发现病叶及时剪除利用或带出栽培区深埋，并喷洒75%百菌清等保护。苗期喷洒77%可杀得可湿性粉剂保护，每15～20天喷1次，1年内喷3～4次。种苗和土壤用瑞毒霉加入纳米硅消毒后能有效防治芦荟苗期褐斑病。

②芦荟茎枯病 发病部位主要是茎和枝条，而不侵害叶。发病初期为水渍状古铜色小斑点，逐渐扩展形成纺锤形边缘红褐色

或褐色的病斑；中后期病斑中央变灰褐色，稍凹陷，密生黑色小点，即分生孢子器。病斑能深入髓部，待绕茎或枝一周，致病斑上部干枯失水枯死。7～9 月为发病盛期，10 月下旬进入越冬阶段。全年发病时间近 6 个月。

主要防治措施：

保持芦笋田间的清洁卫生，降低侵染源；合理施肥，增施有机肥和磷钾肥；嫩茎抽发后要及时喷药，春天结合清洁田园用 50%多菌灵 1∶300 倍液灌根，5～6 月茎枯病发生初期可用 80%大生 400 倍液，或 75%甲基硫菌灵 500 倍液，每隔 7～10 天喷药 1 次，7～9 月发病盛期 5～7 天喷药 1 次，喷药时要以地面以上 60 厘米的茎、枝为主，上部枝叶为辅，要喷匀喷透，雨后要补喷 1 次。以上药剂要交替使用，以免产生抗药性。

（2）*主要虫害防治*　芦荟主要害虫有蚜虫和蓟马、螨类和红蜘蛛等。

蚜虫用黄色纸板涂 10 号机油诱杀，或用洗衣粉 400～500 倍溶液、10%吡虫啉可湿性粉剂 4 000～6 000 倍液、3%莫比朗乳油 1 000～1 500 倍液防治，设施内用 22%敌敌畏烟剂 250 千克熏杀；螨类和红蜘蛛用 20%复方浏阳霉素乳油 1 000 倍液，或 15%哒螨灵乳油 3 000 倍液防治；蓟马用“克蓟”乳油 1 000 倍液，或 70%吡虫啉可湿粉 6 000～7 500 倍液，或 3%啶虫脒 1 500倍液防治。

（六）收获

芦荟种植 2～3 年后即可收获。采收部位是蘖生芽、叶、花、花葶和根等。采收蘖生芽可用于繁殖。用于采收叶片的芦荟，必须是 3 年生以上的成株，每株要有 20 片以上的叶片，多数叶片要有 500 克重，每次可采收 3～4 片叶，每年可采收 3～4 次，采完的母株必须留有 12 片以上的叶片，不可超采。采收时可先在叶片下部叶鞘处轻划一刀，然后顺势剥下，这样既不伤芦荟植株，又可保持叶片完整。

六、食用仙人掌栽培特性

食用仙人掌又名仙巴掌、龙舌、观音掌等，是仙人掌中的一类，通常是指仙人掌科、仙人掌属多年生厚肉多浆植物。所包含的其肉质茎可以作为蔬菜食用，果实作为水果鲜食的品种。食用仙人掌原产美洲，盛产墨西哥，是墨西哥人从300多种仙人掌品种中选育出的蔬菜专用品种经过漫长的种植驯化、杂交选育后培育出来的食用型仙人掌，不仅营养丰富，而且具有较高的药用价值，食用仙人掌含有丰富的钾、钙、铁、铜、多糖、黄酮类物质和低钠、无草酸长期食用能有效降低血糖、血脂和胆固醇血、化瘀、消炎、润肠、美容之功效，是“一种有发展潜力的蔬菜”（图51）。

图51 食用仙人掌

（一）形态特征

仙人掌为多年生灌木，有明显的根、茎、花、果实等器官，多数种类的叶子已经退化。

仙人掌为肉质多年生植物。多数种类的叶或消失或极度退化，从而减少水分丢失的表面积，而光合作用由茎代行。仙人掌的茎呈扁平掌状，含有大量叶绿素，是仙人掌进行光合作用的器官。茎表面有光滑的角质层，角质层外面被蜡，能有效地阻止水份丧失。茎表面还有簇状分布的刺和刺毛，形成刺座，刺座呈有规律的线性排列。刺座处都潜伏着生长点。随着树龄增长，植株基部的茎会逐渐老化，叶绿素慢慢消失，表皮由绿色变为黄褐色并粗糙起来，进一步木质化后，扁平的茎变成了园柱状。

仙人掌的主根不明显，侧根比较发达，属浅根性植物。根分布的深度在 30 厘米左右，但在干旱地区，有时根可以延伸很远，在有水时能迅速吸取足够的水份以备急需，这是对干旱环境的适应。

仙人掌的花大而艳丽，黄色，直径 7～8 厘米，单生或数朵至数十朵生于扁化茎顶部边缘；花两性，雄蕊多数，数轮排列，花药二室；雌蕊 1，子房下位，1 室，胚珠多数，花柱白色，园柱形，通常中空，柱头 6 裂。浆果、肉质、卵园形，长 5～7 厘米，成熟时黄色或紫红色，表面有细毛刺；种子多数，扁园形，种皮坚硬。

（二）营养成分及功效

食用仙人掌营养丰富，在每 100 克可食仙人掌中，约含维生素 A 220 微克，维生素 C 16 毫克，蛋白质 1.6 克，铁 2.7 毫克，可以产生 25～30 千卡的热量。仙人掌以全株入药，四季可采，鲜用或切片晒干。性味归经：苦，凉。功能主治行气活血，清热解毒、消肿止痛，健胃止痛，镇咳。用于胃、十二指肠溃疡，急性痢疾，咳嗽；外用治流行性腮腺炎，乳腺炎，痈疖肿毒，浮肿，蛇咬伤，烧烫伤。用法用量：鲜品 1～2 两，外用鲜品适量，去刺捣烂敷患处。刺内含有毒汁，人体被刺后，易引起皮肤红肿疼痛，搔痒等过敏症状。

食用仙人掌的吃法很多可采用煎、炒、炸、煮、凉拌等多种烹制方法。它在欧洲、非洲的许多国家及日本颇受青睐。在墨西哥有 101 种烹调仙人掌的方法蒸炸煮炒，淹渍烧烤，或作料凉拌，无所不能。其中辣炒仙人掌、蛋煎仙人掌和仙人掌沙拉是最为著名的几种。人们吃仙人掌吃的是它嫩茎的部分，用仙人掌叶片做菜，通常是去刺去皮后，水煮、切片、加油、放入调料即成凉菜；若做热炒则不需水煮直接切后烹饪。

（三）对栽培环境要求

仙人掌属于喜光作物，长日照会促进营养吸收，生长更加旺盛。光照不足，生根时间延长，生长不快，同时地上生长部分易形成畸形。仙人掌喜温怕寒，0℃以上即可生存，20～35℃为最适宜温度，45℃以上注意防高温及灼伤，5℃以下注意防寒。仙人掌的耐寒性强，人工栽培的适宜土壤相对持水量在60%左右，即地表下10厘米处土壤达到手捏成团、落地即散的程度。仙人掌生长快，产量高，要求土层深厚、土质疏松、排水良好的中性砂质壤土，需大量元素氮、磷、钾，同时也需要一定量的微肥，即钙、镁、铁、锌、锰等，最好用充分腐熟的农家肥。

（四）主要品种类型

食用仙人掌的种类比较多，主要有米邦塔食用仙人掌、墨西哥皇后果用仙人掌、墨西哥金字塔食（菜）用仙人掌、西班牙可观赏的食用仙人掌、墨西哥无刺食（菜）用仙人掌等，其中，我国种植规模较大的是米邦塔食用仙人掌。

米邦塔食用仙人掌由我国农业部优质农产品开发服务中心从墨西哥米邦塔地区引进，经过适应性栽培和品种筛选，选出“米邦塔”仙人掌作为菜用品种。其形态特征为肉质绿色、有节、无刺或基本无刺，茎节为扁平状，呈卵形，长14～40厘米，株高2～3米，生产期10～15年。喜干燥、喜光、喜热。我国南方冬季气温保持在0℃以上可露天种植，北方采用大棚种植。

（五）栽培技术要点

1. 选地、整地　栽植时选择不窝水、滞水，背风向阳，排水良好的地块。食用仙人掌对土壤的适应性较强，但以含有一定有机质和腐殖质，pH值为中性或微酸性的沙壤土为佳。

结合整地进行土壤改良，可根据土壤团粒结构在土壤中掺入一定比例的河沙，并施入充分腐熟的优质有机肥，施肥量为每亩3 500～4 000千克。翻耕深度以25厘米左右为宜，应尽量做到翻到、翻透，土肥混匀。

露地栽培时，多采用南北向起垄单行栽培的种植方式。保护地栽培，宜采用做高畦的栽培模式。畦的走势为南北向，畦的长度随大棚的宽度而定，畦高为15～25厘米。畦宽可根据需要采用大畦或小畦，一般小畦宽60厘米，大畦宽80厘米。两畦间距为30厘米，留作排灌沟和工作道。

2. **栽植** 人工种植米邦塔食用仙人掌主要采用无性繁殖，其中扦插是最常用的方法。如果条件具备，也可以采用组培技术繁殖种苗。

扦插时间以春、夏、秋三季为宜。保护地栽培，只要夜间温度不低于15℃，便可以进行扦插，扦插时应避开雨天。

扦插时应选用合格的掌片作种片。作种用的掌片，若是北方栽培的，生长期一般要达到8个月以上；南方栽培的，生长期一般要达到6个月以上，长度须在25厘米以上，宽度为15厘米左右，厚度应在1厘米以上。优良种片厚实、光滑、周正，颜色深绿，无病斑和虫斑。选用不合格的种片扦插，栽后容易腐烂，成活率很低。

在扦插前，应选择阴凉、干燥、通风的地方对种片进行充分晾放，这是种片扦插成活的关键。经过4～5天的晾放，种片的茬口变得收缩、干燥，这时扦插，极易成活。

扦插时土壤中的水分不易太大，以地表下3～5厘米的土壤潮湿时适宜。扦插株距为30厘米，若在80厘米的宽畦上栽种两行，行距为25～30厘米。扦插时，要将种片的2/5埋入土中，然后压实。种片掌面要斜向东，呈45度，有利于提高菜片的产量和外观质量。

扦插时，对种片上萌发过大的嫩芽，要及时掰除，以免过早地消耗种片养分，影响种片生根和新芽、壮芽的萌发。

3. 田间管理

（1）*种片护理* 栽种后，每天早晚勤检查种片，发现种片根部腐烂，拔出种片，切割病部，同时将边缘好的部分再切除1厘米左右，创面用杀菌药或草木灰涂抹一下放在通风处晾6～7天，等伤口干涸后再栽。原先栽植处的空穴，在拔出病片的同时用药液消毒。

（2）追肥　种片扦插生根发芽后，要适时追肥。追肥要求是完全腐熟的有机肥，以穴施为好。在2个种片之间挖穴，灌入肥料，盖好土，所施肥料不可接触种片，防止肥烧苗。

（3）浇水　仙人掌扦插生根后，对水分的要求逐渐增大，夏季在清晨或傍晚浇水。冬季应视土壤干湿程度适时浇水。浇水应遵循“不干不浇，浇则浇透”的原则，但不能积水。追肥结束后必须及时浇水，以利稀释肥料，便于仙人掌对养分的吸收。

（4）中耕、除草、培土　中耕除草是仙人掌正常生长发育的重要管理措施，特别是大雨过后一定要松土，松土时千万不可碰伤种片，以免造成腐烂。一旦碰伤，立即将土扒开，使其伤口完全暴露在阳光下，然后抹上草木灰或酒精消毒，等伤口完全干涸后再覆土。在生长中、后期，因植株较大，应及时进行培土、护根，加固植株基部，防止倒伏。培土应结合中耕、除草和施肥等一起进行。

（5）植株固定　仙人掌生长到第3层以上时，为防倒伏，应及时插上与仙人掌等高的竹桩，用软布条系在掌片中部，系时不可过紧。竹桩应与植株间隔7～8厘米，避免伤根。

（6）定芽修剪　定芽修剪是通过对食用仙人掌的新芽和嫩芽的适当调整，使其具有合理的营养体，减少养分消耗。定芽修剪是一项直接关系到稳产、高产和健康发展的关键性技术措施。因此，要结合生产实际和仙人掌的生长特点，做到科学定芽，合理修剪。

定芽修剪的重点在第2层（扦插的种片为第1层）掌片以上进行。将第2层作为种苗培育，第3层为嫩片的主要生产代。因此，修剪、养壮第2层是高产、稳产的基础。定芽修剪主要从以下3个方面进行：

一是定芽数量。主要根据母片大小，植株长势以及所处层级。一般第2层选留3～4片生长健壮的掌片培养，第3层保留2～3片。

二是茎片方向和生长位置。应保留的掌片要具备3个条件：

第一、掌片方向与母片方向一致；

第二、掌片生长在母片两侧纵向边缘和顶端；

第三、生长发育健壮并分布均匀合理。

所以，凡与母片方向不同的，生长在掌片茎面上的嫩茎应切除，达到通风透气条件。

三是残缺畸形的、长势弱小的、掌片基部萌生的以及有病斑、虫斑的嫩茎应及时全部切除，以免造成营养浪费，影响其他茎片生长。

4. 病虫害防治

(1) 主要病害防治

①炭疽病　炭疽病是仙人掌的重要病害，其特征是病斑处有粉红色粘状物。随着病斑的发展，产生圆形或半圆形病斑，染病部位叶肉组织发软，色泽变黑，迅速扩展蔓延，以后病斑扩展为淡褐色湿腐，直至部分茎或全株腐烂，最后干枯死亡。梅雨季节，由于高温高湿，发病普遍且严重。

主要防治措施：

选择石灰质砂土或砂壤土，浇水要适量；栽培前可用用1%福尔马林或40倍甲醛溶液进行土壤消毒；将患病植株加以隔离，并将受害病叶剪下焚烧；发病初期或发病前期每间隔10天喷一次50%甲基托布津600～1 000倍液，或75%百菌清800倍液，或1%波尔多液（上述药剂任选一种即可）。

②根结线虫　又称根瘤线虫，根结线虫侵入幼苗的根部，在主根和侧根上长出许多大大小小的瘤状物，线虫在瘤内吸食汁液，感病植株呈现营养不良、矮化、叶片小而皱、丛生等症状，以后渐渐枯萎，根系坏死。根结线虫繁殖快，能分泌毒素使根部

迅速变褐腐烂，对植物的危害相当严重。

主要防治措施：

加强外来植物的检查，不让带根瘤的植株混入；栽种前进行土壤消毒，一般利用55℃以上高温灭杀；将带病植株浸泡于50～55℃的温水中10～15分钟，或用50%多菌灵可湿性粉剂1 000倍液喷洒。

③茎腐病　幼小的仙人掌和嫁接的植株对此病特别敏感。病害发生在近地茎部，可向上逐渐蔓延，也可发生在上部茎节处。发病初期病变部位组织会产生水渍状暗灰色（或黄绿色至黄褐色）病斑，并逐渐软腐，后期茎肉组织会腐烂失水，只剩干枯的外皮及残留芯轴，腐烂快慢随不同病菌种类而异，或病变组织腐烂后仅残留一个髓部，最后导致全株死亡。

主要防治措施：

土壤消毒；适时适量浇水，注意排水，合理灌溉；适量多施钾肥，中耕松土，保持植株基部干燥；发现病株立即切除病组织，切口用硫磺粉或木炭粉涂抹消毒。发病初期向植株基部喷洒1∶1∶100的波尔多液，或4 000倍农用链霉素，每隔半月一次，连喷2～3次。

（2）主要虫害防治

①白盾蚧　成虫、若虫吸食寄主肉质茎中汁液，使受害处变白，同时还会感染其他病菌。被害植株生长发育受到抑制，严重时肉质茎部分或全部腐烂。

主要防治措施：

人工用毛刷或竹片刮除肉质茎叶上虫体；保持通风透光的生态环境；若虫孵化期，可选50%敌敌畏乳油1 000倍液，或5%吡虫啉乳剂1 500倍液，每隔7～10天喷1次，连续喷2～3次。

②红蜘蛛　红蜘蛛以成虫、幼虫、若虫刺吸寄主汁液，被害叶的叶绿素受到破坏。危害严重时，叶面呈现密集细小的灰黄色斑点或斑块。叶片渐渐枯黄脱落，甚至变成光杆，严重影响

生长。

主要防治措施：

栽培环境要保持一定的湿度，避免闷热和干燥；化学防治可选用 20%螨死净可湿性粉剂2 000倍液，或 15%哒螨灵乳油2 000倍液，或 1.8%齐螨素乳油 6 000～8 000 倍等。

（六）采收

1. **采收菜片**　在田间管理上只要满足了食用仙人掌生长所需要的温度、湿度、光照和水、肥，栽种 3 个月后，就可以采收第一茬菜片。北方保护地栽培，在北京地区，如果春季栽苗，进入 7 月份就到了采收旺季，在 7、8、9 三个月内，每隔 20 天左右就能采收一茬菜片。采收菜片要注意保护母株，不要紧贴着母株采割，应在母株上适当留茬。

食用仙人掌越嫩酸度越小，口感越好，越老酸度越高，口感越差。当菜片长到 20～45 天时，酸度适中，掌片大小适于烹饪。在此阶段采割的菜片，口感较好，产量又高，既受市场欢迎，经济效益又好。

2. **种片采收**　食用仙人掌的掌片经过 6～8 个月的生长，变得又大又厚，掌片上的小刺变得又稀又少时，就可以进行种片采收了。种片的采割应在晴天进行。其手法与菜片的采割手法相同，也应注意保护母株，在母株上适当留茬，并使切口尽量平滑。

种片采割后应立即沾波尔多液进行杀菌处理。波尔多液的蘸涂深度以种片长度的 2/5 为宜。沾好波尔多液的种片，应根部朝南码放在通风干燥处，有益于切口的干燥和收缩。

3. **采后加工、上市**　为了使米邦塔食用仙人掌在上市时具有好的形象和较高的销售率，在上市前，应对刚采下的菜片进行简单的包装处理。先用软布擦去菜片上的嫩刺，再将大小相近的掌片 3～4 片装为一盒；然后用保鲜膜封好，便于贮存。经过包装处理的仙人掌看上去光鲜漂亮，既便于加工又便于选购。米邦塔食用仙人掌具有较长的货架期，在常温下一般可以保鲜 15 天以上，在恒温库中可以贮藏40多天。

七、荷兰豆栽培特性

荷兰豆，别名荷仁豆、回回豆等，为豆科豌豆属的攀缘植物。由原产于地中海和中亚的粮用豌豆而来。荷兰豆以嫩荚、嫩稍、豆粒供食，口感清脆，营养丰富。可做汤或炒食。

（一）形态特征

一年生缠绕草本，高90～180厘米，全体无毛。小叶长圆形至卵圆形，长3～5厘米，宽1～2厘米，全缘；托叶叶状，卵形，基部耳状包围叶柄。花单生或1～3朵排列成总状而腋生；花冠白色或紫红色；花柱扁，内侧有须毛。荚果长椭圆形，长5～10厘米，内有坚纸质衬皮；种子圆形，2～10颗，青绿色，干后变为黄色。花果期4～5月。偶数羽状复叶，顶端卷须，托叶呈卵形。花白色或紫红色、单生或1～3朵排列成总状腋生，花柱内侧有须毛，闭花授粉，花瓣蝴蝶形。荚果长椭圆形或扁形，根据内部有无内层革质膜及其厚度分为软荚及硬荚。

图52　荷兰豆

种子可呈圆形圆柱形、椭圆、扁圆、凹圆形，每荚2～10颗，多为青绿色，也有黄白、红、玫瑰、褐、黑等颜色的品种。可根据表皮分为皱皮及圆粒，干后变为黄色。根上生长着大量侧根，主根、侧根均有根瘤（图52）。

（二）营养成分及功效

每100克荷兰豆食品中含有钙51毫克、蛋白质2.5克、镁16毫克、硫胺素0.09毫克、铁0.9毫克、膳食纤维1.4克、核黄素0.04毫克、维生素A80微克、锌0.5毫克、维生素C16毫克、维生素E0.3毫克、胡罗卜素0.4微克、硒0.42微克、视黄醇当量91.9微克。

在荷兰豆荚和豆苗的嫩叶中富含维生素C和能分解体内亚硝胺的酶，可以分解亚硝胺，具有抗癌防癌的作用。荷兰豆与一般蔬菜有所不同，所含的止杈酸、赤霉素和植物凝素等物质，具有抗菌消炎，增强新陈代谢的功能。在荷兰豆和豆苗中含有较为丰富的膳食纤维，可以防止便秘，有清肠作用。

（三）主要品种

荷兰豆品种很多，但多以蔓生品种为主，其结荚期长，产量高，品质好，特别是软荚类型栽培最为广泛，目前生产上主要栽培的良种有如下几种：

1. **荷兰大荚豌豆**　大荚豌豆为蔓生种，株高2米左右，第一花在17～19叶腋，花紫红色，荚宽，达3～4厘米，每荚种子5～7粒，荚脆清甜，荚粒特大，纤维少，品质极佳，每亩产量为1 200千克。

2. **溶糖**　品种引自美国。植株生长势强，花紫红色，豆荚长11～12厘米，宽2.5厘米，荚大肉厚，含糖量高，脆嫩，味甜，质佳，一般每株结荚12～13个，播种后75天左右可采收嫩荚。

3. **旺农604荷兰豆**　播种至初收约60天，株高1.8米以上，花红色，大部分花穗只有1花结1荚，荚形较平直，质嫩品质好，荚长9厘米，宽1.7厘米。产量高，适应性广，耐旱耐寒，抗白粉病。适宜栽培气温0～30℃，株行距20厘米×160厘米，一穴3～5粒种子或条播，亩用种量2千克左右。

4. 二村赤花绢荚2号　品种引自日本。极早熟，丰产性好。荚长8厘米，宽2.5厘米，外形美观，色深绿。栽培适应性强，春、秋季播种均可。利用设施保护栽培，能做到排开播种，均衡供应。

5. 红花604　自荷兰引入甜豌豆品种，北方株高70厘米，植株半直立，茎秆较壮，鲜荚翠绿，油亮光滑，单株结荚15～20个，籽粒绿色，每束花序为双荚，纤维少，糖度高，幼荚宽1.8～2.2厘米，长7～9厘米，高产，嫩荚无纤维味甘甜。蔓生无限型，耐热耐寒性都极强，非常适宜于南方种植。青豆色绿，籽粒绿色，味鲜甜。青荚皮、豆可一起烹调，色美，味香，亩产青荚800～1 000千克，亩用种5千克左右。

（四）对栽培环境的要求

荷兰豆喜冷凉湿润气候，耐寒，不耐热，幼苗能耐5℃低温，生长期适温12～16℃，结荚期适温15～20℃，超过25℃受精率低、结荚少、产量低。

荷兰豆为长日照植物。多数品种的生育期在北方表现比南方短。北方地区早熟种65～75天，中熟种75～100天，晚熟种100～185天。

荷兰豆对土壤要求不严，在排水良好的沙壤上或新垦地均可栽植，但以疏松含有机质较高的中性（pH 6.0～7.0）土壤为宜，有利出苗和根瘤菌的发育，土壤酸度低于pH 5.5时易发生病害和降低结荚率，应加施石灰改良。豌豆根系深，稍耐旱而不耐湿，播种或幼苗排水不良易烂根，花期干旱授精不良，容易形成空荚或秕荚。

（五）栽培技术要点

1. 栽培方式　荷兰豆露地栽培和保护地栽培均可。

（1）*露地栽培*　长江流域多行越冬栽培，一般于10月下旬至11月中旬播种，露地越冬，次年4～5月采收。播种过早，冬前生长过旺，冬季寒潮来临时容易冻死；播种过迟，在冬前植株根系没有足够的发育，次春抽蔓迟，产量低。

高山地区以及我国北方一般春播夏收。长江中下游地区在 2 月下旬至 3 月上旬播种，高温来临前收获。东北地区春播夏收，一般 4～5 月份播种，根据需要，用小棚、地膜等覆盖也可早播。春季栽培生长期短，前期低温，后期高温，因此要选择生长期短的耐寒品种，如赤花绢荚、甜脆豌豆等，并尽量早播。秋季栽培宜选择早熟品种，于 9 月初播种，11 月下旬寒潮 来临之前采收完毕。秋季栽培生长期也短，可以通过夏季提前在遮荫棚内育苗，冬季用塑料薄膜覆盖延长生长期。

（2）保护地栽培　早春日光温室栽培，于 1 月下旬至 2 月上旬播种，4 月下旬至 6 月中旬收获。早春大棚栽培于 2 月下旬至 3 月上旬播种，5 月上中旬至 6 月中下旬收获。春季露地栽培于 3 月中下旬播种，5 月中旬至 6 月下旬收获。秋季日光温室延后栽培 7 月下旬播种，10 月中旬至 12 月中旬收获。秋季大棚延后栽培于 8 月上旬播种、10 月中旬至 11 月中旬收获。

2. 栽培技术要点

（1）整地播种　以直播为主，垄作或畦作，播前亩施有机肥 2 000 千克、过磷酸钙 20 千克，耕翻整平后做垄或做畦。为促进早熟和降低开花节位，播前可先浸种催芽，在室温下浸种 2 小时，5～6℃的条件下处理 5～7 天，当芽长至 5 毫米时播种。干种子播后要及时浇水。采用条播，行距 30～40 厘米，株距 8～10 厘米，覆土 2～3 厘米，每亩矮生种用种量为 15 千克，蔓生种为 12 千克。

（2）田间管理　出苗前不浇水，出苗后的营养生长期，以中耕锄草为主，适当浇水，只要不干裂即可。蔓生种在蔓长 30 厘米时搭架。在现蕾前浇小水，花期不浇水。

荷兰豆有固氮能力，不需要很多肥料，但多数品种生长势强，栽培密度大，一般需要追肥 3 次，第一次于抽蔓旺长期施用，亩施复合肥 15 千克，或人粪尿 400 千克；结荚期追施磷钾肥，亩施磷酸二铵15千克，硫酸钾或氯化钾5千克，增产效果明显。

植株长至15节时摘心，将下部老叶、黄叶摘除，以改善通风透光条件。为防止落花落荚，可用30毫克/升的防落素喷雾。

3. 病虫害防治

（1）主要病害防治

①荷兰豆根腐病　幼苗至成株期均可发生，主要为害根及茎基部。发病时，叶片自下而上逐渐变黄枯萎，但不脱落；病株茎基部及主根变褐，皮层腐烂，剖开茎部可见维管束变褐，严重时全株枯死。若菜地低洼、土壤黏结、多年重茬或基肥不腐熟，加上天气高温高湿，该病发生严重。

主要防治措施：

与非豆科作物合理轮作；采用高畦栽培，雨后及时排水，施用农家肥应充分腐熟；发现病株及时拔除，并撒生石灰消毒；用种子重量0.3%的适尔时拌种，发病初期选用10%世高1 200倍液，或50%多菌灵500倍液，或30%氧氯化铜500倍液喷淋根茎部。

②荷兰豆白粉病　该病为害叶、茎、荚。多从叶片开始发病，最初叶面出现白色粉斑，后逐渐扩大，连成片，严重时，叶正背两面均布满白粉，叶片干枯。茎、荚染病后也出现白色粉斑。在湿度较高、昼夜温差大条件下易发病。

主要防治措施：

加强肥水管理，增施磷钾肥，合理密植，保持田间通风透光；发病初期选用10%世高1 000～1 500倍液，或15%粉锈宁1 000倍液，每7～10天一次，共2～3次。

③荷兰豆褐斑病　叶片感病后产生淡褐色圆斑，边缘明显。茎上病斑褐色椭圆形，后期病部可见黑色小点。高温高湿天气有利于病害发生。

主要防治措施：

合理轮作，加强田间管理；选用无病种子或用种子重量0.3%的适乐时拌种；发病初期选用喷30%氧氯化铜600倍液，或70%甲基托布津800倍液，或10%世高1 500倍液防治。

（2）主要虫害防治　主要虫害有豆杆黑潜蝇、豆荚螟、菜青虫和螨类等。

豆杆黑潜蝇以苗期作为防治重点，播种前，亩用1.5公斤米乐尔随基肥一起撒施，种子出苗后，采用辛硫磷1 000倍、乐果1 000倍、杀虫双1 500倍液农药；豆荚螟在初龄幼虫蛀果前，选用功夫5 000倍，或5%高效氯氰菊酯等，从现蕾开始喷药，每10天左右一次，重点喷花蕾、嫩荚；菜青虫和螨类用氯氰菊酯防治。

（六）采收

嫩梢可随时采收，开花后10天左右嫩荚充分肥大，但籽粒没饱满，颜色鲜绿即可从基部采收嫩荚。对于硬荚品种，一般只采收青豆料，当荚皮白绿，豆粒肥大饱满时采收。收获干豆粒，要在开花后30～40天荚皮变黄时进行，收获应在清晨进行，以防荚皮爆裂。